U0179444

北京舆图集成

图说北京水系变迁

成二丽　白鸿叶　著

北京出版集团
文津出版社

图书在版编目（CIP）数据

图说北京水系变迁 / 成二丽，白鸿叶著 . — 北京：文津出版社，2023.1
ISBN 978-7-80554-814-2

Ⅰ. ①图… Ⅱ. ①成… ②白… Ⅲ. ①水系—史料—北京—图集 Ⅳ.① P641.621-64

中国版本图书馆 CIP 数据核字（2022）第 064604 号

审 图 号　京S（2021）023号

项目统筹　董拯民
责任编辑　董拯民
责任印制　燕雨萌
责任营销　猫　娘
封面设计　风尚传媒
内文设计　云伊若水

图说北京水系变迁
TUSHUO BEIJING SHUIXI BIANQIAN
成二丽　白鸿叶　著
*
北 京 出 版 集 团
文 津 出 版 社　出版

（北京北三环中路6号）
邮政编码：100120

网　　址：www.bph.com.cn
北京伦洋图书出版有限公司发行
新 华 书 店 经 销
北京汇瑞嘉合文化发展有限公司印刷
*
787毫米×1092毫米　16开本　19.25印张　200千字
2023年1月第1版　2023年9月第2次印刷

ISBN 978-7-80554-814-2
定价：98.00元

如有印装质量问题，由本社负责调换
质量监督电话：010-58572393

目 录

第一章

地图上的北京水系变迁

第一节
概述

已建城3000多年的北京城，自古就非凡城俗地，它与世界上其他古老的历史名城一样，依水而建、傍水而生，一直保持旺盛生命力，千年不衰，这与它所拥有的优越水环境密不可分，因为水是万物生灵的源泉，是城市赖以存在和发展的根本条件及基础。大约在12亿至4亿年前，北京地区仍处在滔滔海湾中，经过几次沉没与浮出，直到2亿年前才大致形成今天的样子。距今1亿5000万年时，古老的北京大地又发生了一次强烈的地壳变动，炽热的火山岩浆堆积出燕山山脉的雏形。此后，燕山南麓又发生大面积地层断裂和沉降，在数百万年的漫长岁月中，大自然鬼斧神工地在北京这块古老大地上刻下了道道沟痕，使得北京拥有了天然丰富的水资源。经过千万年的冲刷激荡，北京大地河渠纵横，历经多次转弯改道，大大小小银镜般的坑洼湿地和池塘湖泽布满四地。

北京有五大水系，从东到西为蓟运河水系、潮白河水系、北运

（温榆）河水系、永定河水系和大清河水系。五大水系干流由西、北、东向中央流淌，跨度约为100千米，占北京市面积的89.8%。蓟运河水系在北京东南部，在北京境内部分主要为平谷境内的泃河，泃河源自河北兴隆，自蓟州区北入平谷，自东向西横穿平谷。潮白河水系是北京的主水系，上游两条河流分别源自河北承德的潮河和河北赤城的白河，两河进入密云水库，出水库后汇成潮白河。北运（温榆）河水系是北京最主要的水系，也是唯一发源于北京境内的水系，主要包括温榆河、北运河、沙河、清河和通惠河等河流，其流域包括昌平、顺义、朝阳、海淀、通州、大兴和丰台等地，主河道在通州以上称温榆河，以下称北运河，是京杭大运河的起点。永定河水系是北京曾经赖以建城的水系，主干发源于河北张家口，上游称桑干河，永定河在北京境内有清水河、妫水河、团河和凉水河等河流汇入。大清河水系镇守北京西南边境，其支流拒马河流经房山区。北京五大水系向东、向南流淌，最后都在天津汇入海河后入海。

河流是城市的生命线。从古至今的地图，都十分重视水系的描绘和记录，要了解一个城市的水系，地图是最好的切入点。所以我们先从各个时代的地图入手，沿着时间轴前行，了解历史上北京的水系变迁。

第二节
不同历史时期的北京水系

战国（前475—前221）

战国时期，北京地区为“燕”，都城为“蓟”。沟水经今平谷流入今河北、天津境内。修水进入燕境后称“治水”（今永定河），在今武清以南与湖灌水（今白河、潮白河、北运河）交汇。燕中都北侧有绳水南流，在东南侧汇入伦水（今拒马河）。

东汉永和五年（140）

东汉光武改制时，置幽州刺史部于蓟县，东汉永元八年（96）复为广阳郡驻所。广阳郡东为渔阳郡，东南为涿郡。沟水经今平谷流入今河北、天津境内，在今三河南侧与天津交界处分流二路，先后汇入鲍丘水。古鲍丘水上游即今潮河，下游略与今白河平行南流，折东南循今蓟运河下游入海。沽水（今白河）与温余水（今温榆河）

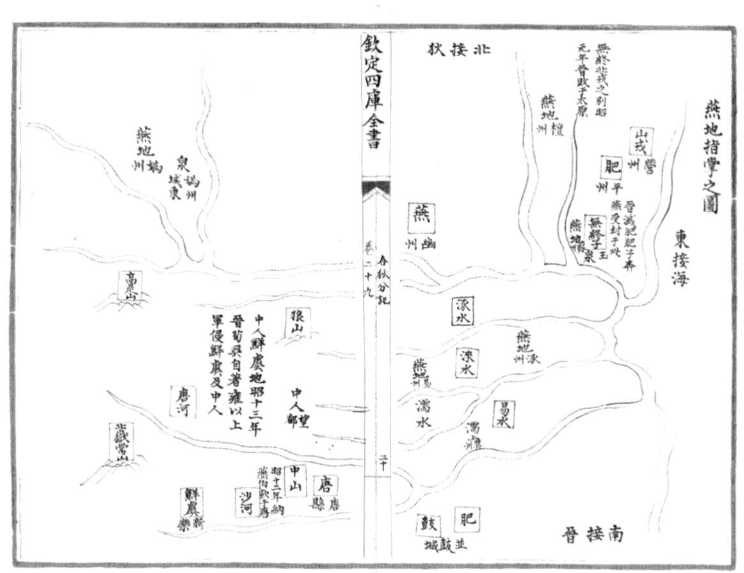

《燕地指掌之图》——选自《春秋分记》

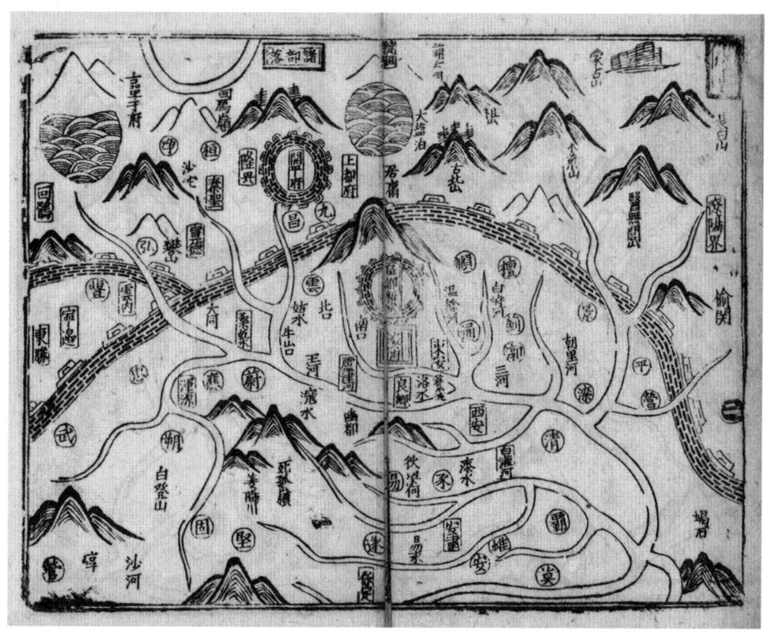

《腹里图》——选自《新编事文类聚翰墨大全甲集》

在今通州以北的顺义境内合流后，继续南流至今通州南端，汇入灅水(今永定河)。今延庆境内有 3 条支流汇成一较大河流(今妫水河)，自东北向西南流，在今官厅水库西南角汇入灅水。灅水上游称“于延水”。另有源出今北京城区西南的西湖（今莲花池）水和源出今北京城区西北的高梁水在广阳郡内先后汇入灅水。流入涿郡内的巨马水（今拒马河）在张坊分为二支，一支向南流，为今南拒马河，一支向东流，称“桃水”(今北拒马河)。桃水沿途又有汇入垣水（今胡良河)、圣水（今大石河）等。

元延祐三年（1316）

元代北京称“大都”，成为全国首都。大都路辖区包括今北京、天津大部及河北部分地区。泃河与其东侧的庚水（今州河）在今天津附近合流成今蓟运河。白河行至顺州（今顺义）牛栏山东北时，有两条支流汇入其中。一条是潮河，另一条由今怀柔境内怀沙河、怀九河合流而成。白河再行至通州潞县附近，温榆河汇入其中。温榆河上游有支流朝鲜水、芹城水、双塔河、榆河。紧随其后汇入的是源出昌平的白浮瓮山河。之后白河汇入今北运河。今河北境内的桑干河在洋河汇入之后，流入怀来、宛平县，称“卢沟河”，过卢沟桥后分为两支，均称“浑河”，先后汇入今北运河。今房山境内的拒马河仍在张坊附近分为如今的南拒马河、北拒马河。

《大明混一图》

这是一幅明洪武年间彩绘绢本地图，现存于中国第一历史档案馆。作为一幅明王朝及其邻近地区全图，地图所绘地理范围东起日本，西达西欧，南括爪哇，北至蒙古。全图没有明显的疆域界线，仅以地名方框的不同颜色区别内外所属。根据图上“广元县”“龙州”两处地名标注推断，此图绘制于明洪武二十二年（1389）。地图着重描述了明王朝各级治所、山脉、河流的相对位置，标注镇寨堡驿、渠塘堰井、湖泊泽池、边地岛屿及古遗址、古河道等共计数千余处。这些标注原先为汉字，在清康熙年间被覆以大小不一的满文标签。全图水道纵横，除黄河外，均以灰绿色曲线标识。标出名称的河流达百余条，针对较大河流还另外标明源流①。图中顺天府被两条大河环抱，东北侧为北运河，西南侧为永定河，两河最终汇入海河，向东入海。

《广舆图》之《北直隶舆图》

《广舆图》是明代罗洪先编绘的著名地图集，有明嘉靖三十四年（1555）初刻本，包括总图、分省图、边镇图、黄河图、漕运图、海运图、西域图、外域图等共40余幅。其中分省图由罗洪先据元代朱思本《舆

① 曹婉如等编：《中国古代地图集·明代》，北京：文物出版社，1995年，图版说明第1页。

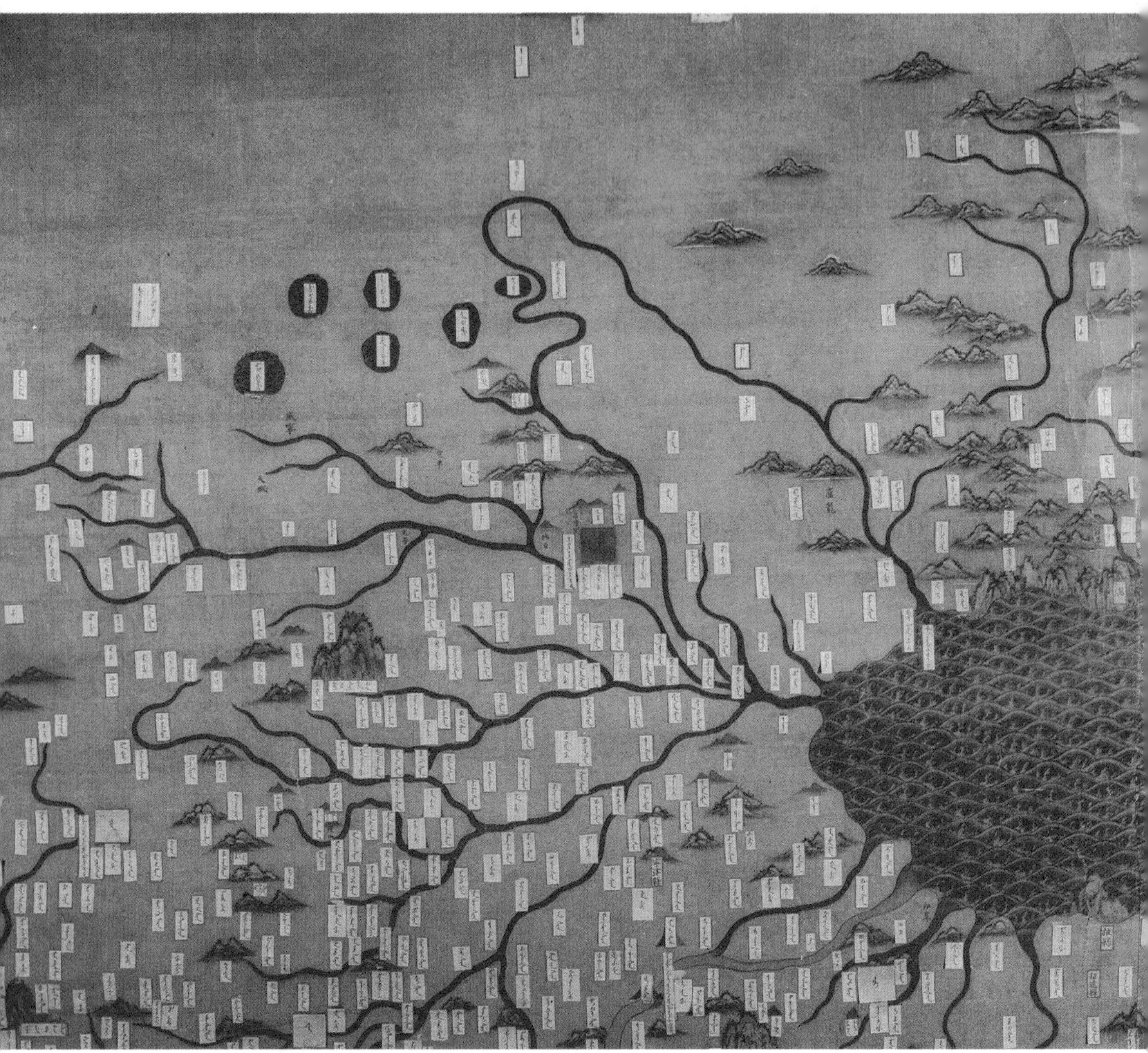

《大明混一图》（局部）[①]

① 曹婉如等编：《中国古代地图集·明代》，北京：文物出版社，1995年，图版2。

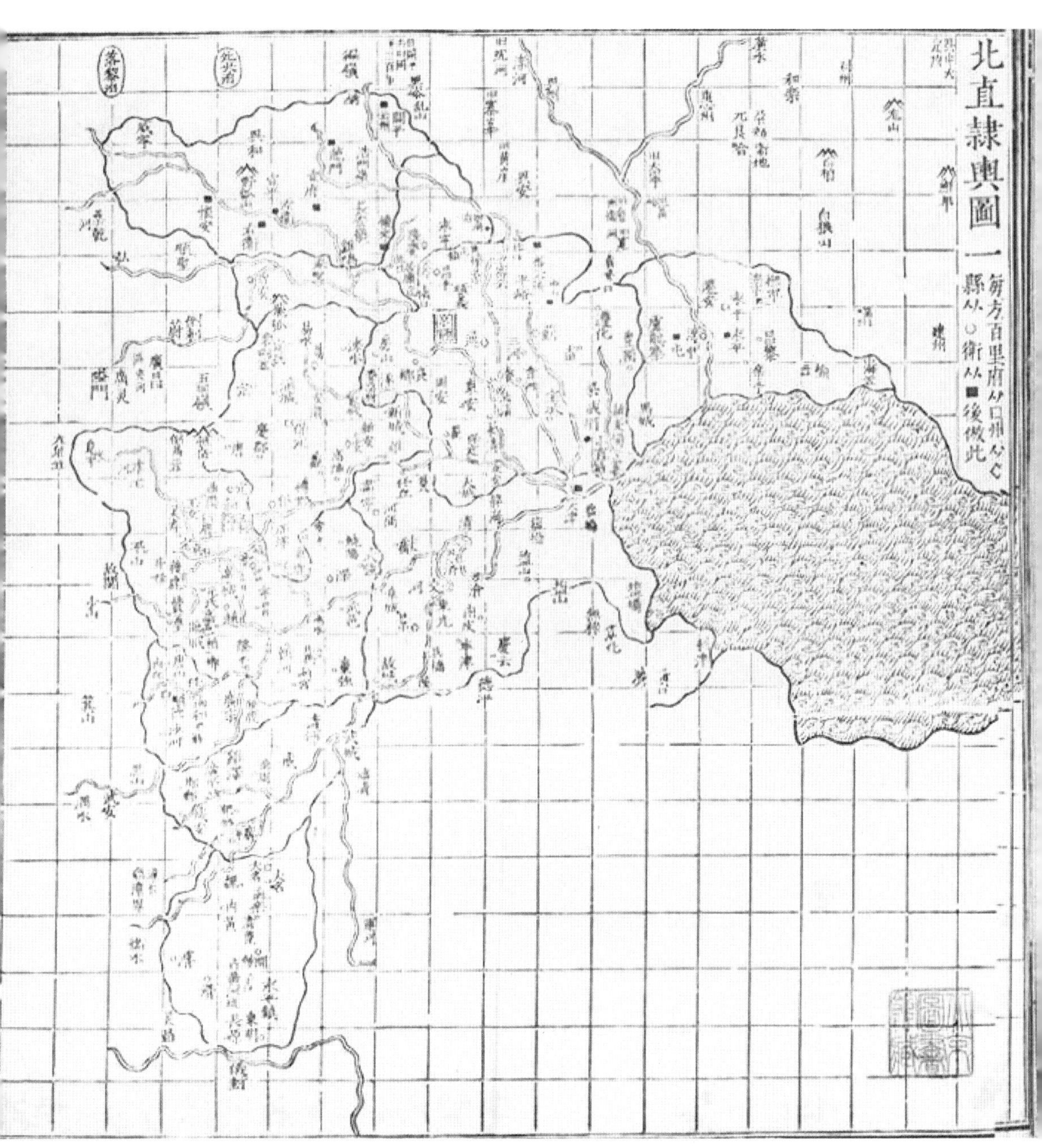

北直隶舆图》——选自《广舆图》

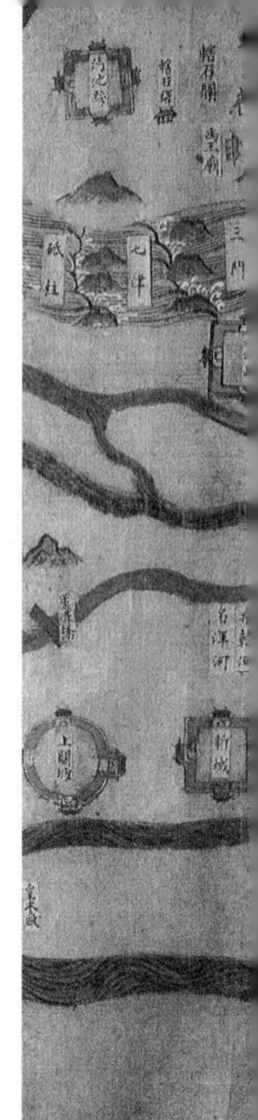

地图》及明代最新政区资料缩编而成。《广舆图》出版后，在海内外影响深远，明末清初及国外早期出版的中国地图，多以其为蓝本。

《北直隶舆图》是分省图之一。北直隶地区包括今天的北京、天津、河北大部分以及河南、山东小部分。图中水系绘制详细，以双线表示河流，较大河流均有呈现。例如，京师附近自东向西依次绘出了今天的蓟运河、潮白河、永定河、拒马河等。这些河流最终均汇入今天津海河入海。不过，地图上标出名称的仅有永定河上游的“桑干河”。

《河防一览图》

此图由明代治河专家潘季驯组织同僚于明万历十八年（1590）编绘而成。地图详细反映了明万历十六年至十八年（1588—1590）这 3 年间，河南、山东、南直隶 3 省修筑堤防的情况，对历年河患、地势、险情及河防须注意的问题均有详细说明[①]。图前附“祖陵图说”“皇陵图说”“全河图说”。地图将东西流向的黄河与南北流向的运河并排组织在一个画面上。所绘黄河起自发源地星宿海，直至江苏云梯关入海；所绘运河北起北京，中与淮河、黄河交汇，直至浙江杭州。《河防一览图》有多个版本。中国国家博物馆收藏有彩绘绢本。图中府、州、县等用不同符号表示，名胜古迹形象逼真，黄、运两河的主要支流在图上也有反映。黄河两岸堤、坝、闸等防护工程标注醒目，筑堤时间和堤长等也有记载，河流险要处标注决溢的

① 曹婉如等编：《中国古代地图集·明代》，北京：文物出版社，1995 年，图版说明第 2—3 页。

《河防一览图》（局部）[①]

① 曹婉如等编：《中国古代地图集·明代》，北京：文物出版社，1995 年，图版 34。

具体时间和地点。图中运河北段绘出了“神京”附近水系情形。榆河、沙河汇入源出密云县雾灵山南的白河，在通州汇合源出昌平州神山泉的通惠河及桑干河（浑河），至天津汇卫河入海。

明万历二十一年（1593）

明代顺天府版图与元代大都路版图较为相似。泃河与沽河（今州河）合流汇入潮河（今蓟运河）。泃河上游称“黄崖川”，在平谷区境内有独乐水、洳河（错河）汇入，在三河州境内有今金鸡河汇入。白河在赤城堡（今赤城）以北称“东河”，此后沿途汇入西河、红石河、南河、黑河、四海冶水、汤河、琉璃沟、今白马关河等支流。白河在密云西南纳入潮河后，称“潮白河”，在顺义境内纳入今怀河，至通州纳入榆河（今温榆河）后，称“潞河”，在张家湾附近与浑河合流，后称“北运河”。潮河在密云境内有今安达木河、清水河等支流汇入。今怀河的支流有小泉河(今怀沙河)、七渡河（今怀九河）。榆河上段分别称湿余水、沙河，即今北沙河，沿途支流有今东沙河、今南沙河、芹城水、清河等。其中清河又与京师西郊瓮山泊、玉河这些为京师内外城供水的水系相连；与京师内外城水系相连的京师东郊的今坝河、大通河等又与潞河相连。桑干河在今河北境内纳入洋河、矾山水、妫川河后流入宛平县，称“卢沟河”，继续纳入灵源川（今清水河）后过卢沟桥，至丰台看丹村附近分为二支，均称“浑河”。一支如上所述，在张家湾附近与潞河合流；一支南流至盐鲜岱附近又一分为二，西南支仍称“浑河”（今永定河），东南支在南苑黄垈继续一分为二，向东走为浑河，偏南支为今天堂河、今天堂新河。房山县、良乡县境内琉璃河、卢沟故道等在涿县境内汇入今白沟河（上游为今北拒马河）。

从元代至明代，京师地区水系中，变化最大的是永定河下游。永定河本身是一条善徙、善淤、善决的河道，尤其在明代以后，其迁徙改道愈加频繁。明万历元年（1573），浑河由十里铺向西南流，经固安城西，至金铺刺分为两支：一支沿牤牛河河道南流；另一支向东南流，经韩寨、青垡、李家口，到采木营入界河故道东流，至王庆坨以东入淀。明万历十年（1582），卢沟河决堤，水失故道，从卢沟桥以下分成两支：一支经大兴、安定、廊坊、屈家店，循元代卢沟河故道东南流，于屈家店南入三角淀；一支循现代永定河河道南下，到固安又分成东、西两支。东支经永清、后奕，东南入三角淀；西支从固安南下，大致仍循牤牛河故道入玉带河。总体而言，明代的京师地区水源较为充沛，纵横交错的河道以及白洋淀、五官淀、三角淀的存在可窥一二。

《三才图会》之《京都众水图》

《三才图会》是明朝著名的百科全书式图录类书，由明朝进士王圻及其子王思义编纂而成。该书于明万历三十五年（1607）编辑完成，明万历三十七年（1609）出版，目前有万历刊本存世。全书共有 106 卷，分天文、地理、人物、时令、宫室、器用、身体、衣服、人事、仪制、珍宝、文史、鸟兽、草木等 14 个门类，其中地图就有 170 余幅。《三才图会》中的《京都众水图》与《广舆图》中的《北直隶舆图》较为相似，只是前者未绘出用于计里的方格。地图上京师附近，标出名称的河流也只有“桑乾河”。

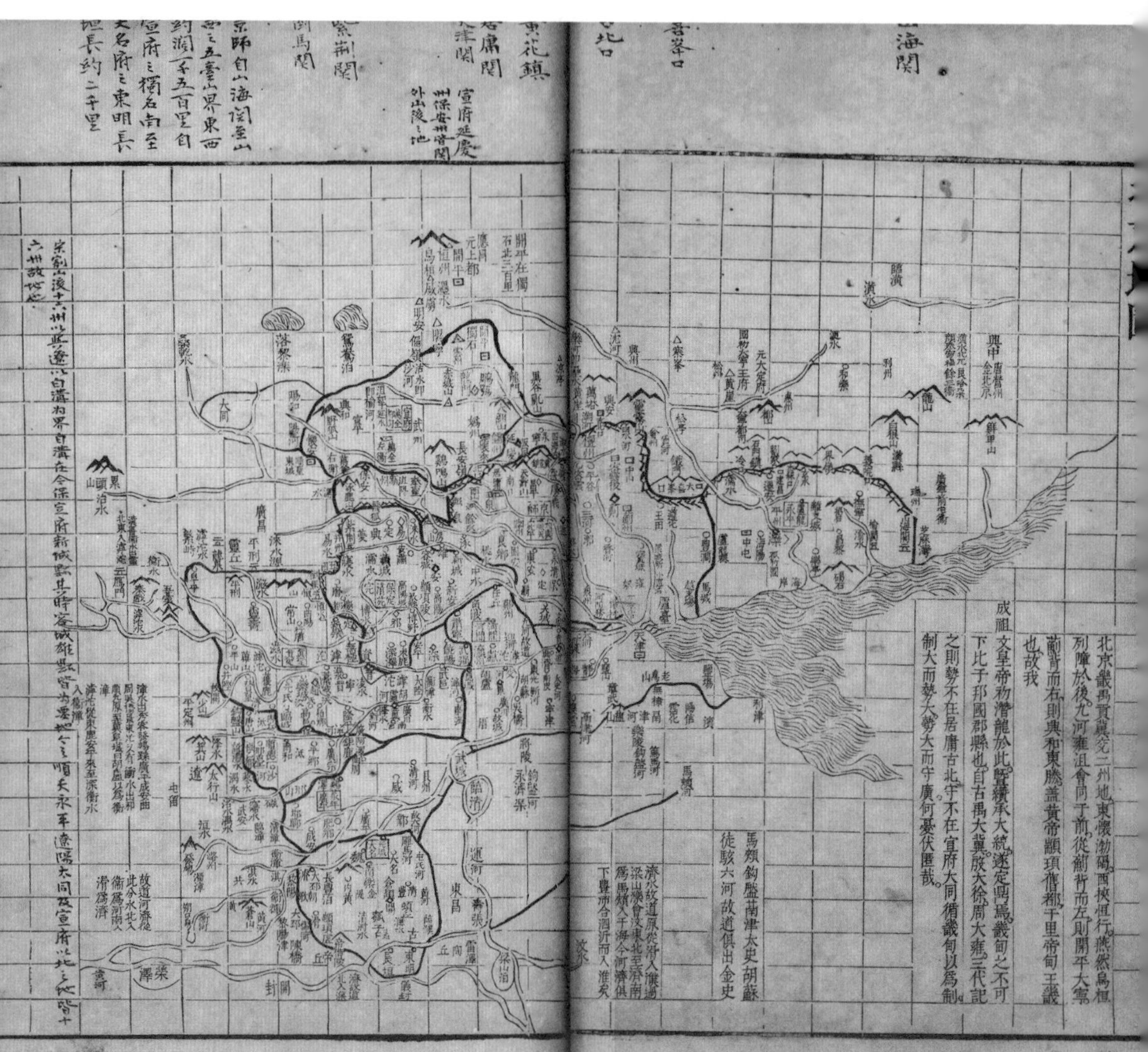

《北京地图》——选自《皇明职方地图》

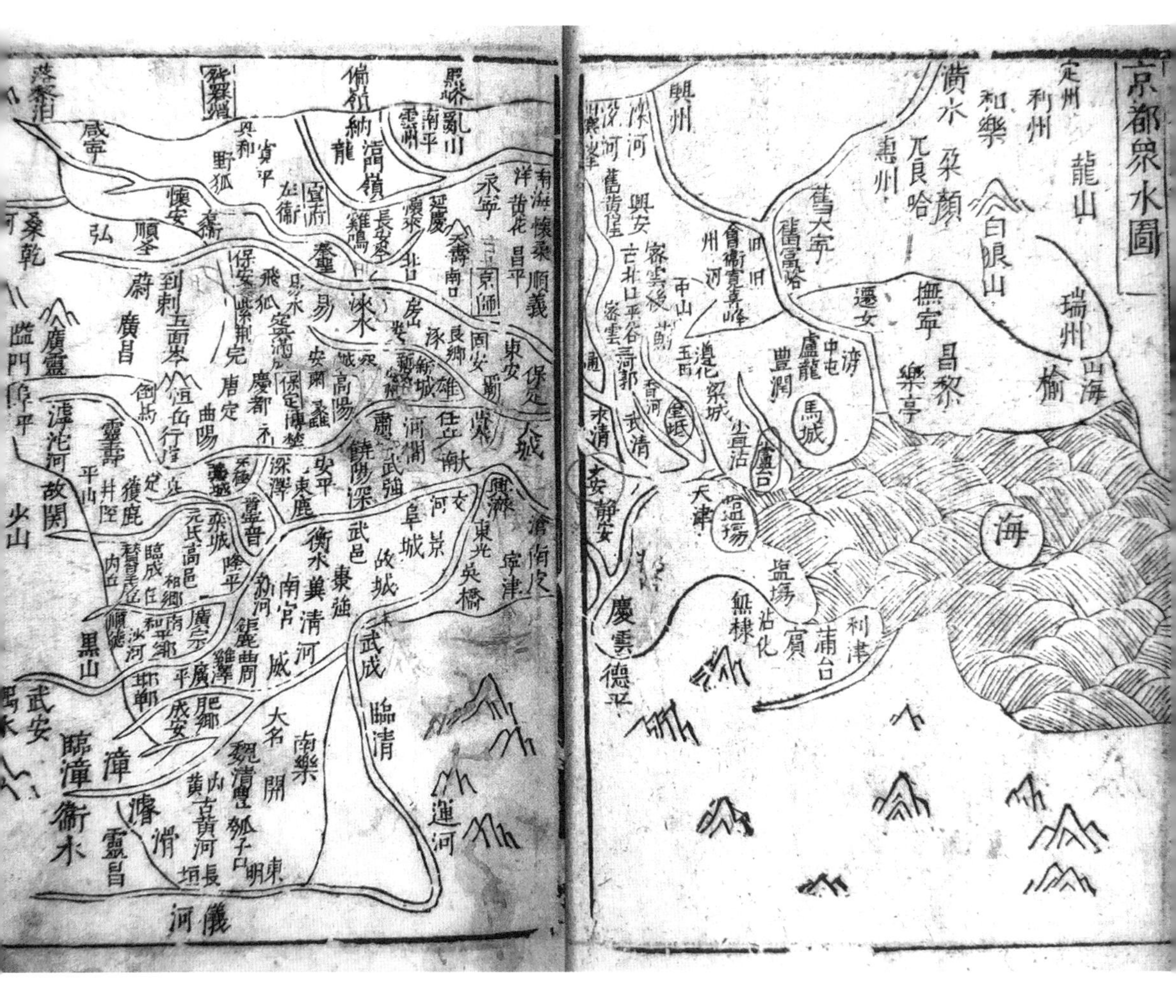

《京都众水图》——选自《三才图会》

《图书编》之《北直隶各郡诸名山总图》

《图书编》是明代章潢编撰的著名类书，明万历四十一年（1613）由章潢门人万尚烈付梓成书。全书共125卷，另有附2卷，其中共有地图171幅，包括世界地图、中国总图、历史地图、区域图、边防图、海防图、外域图、山川图等。《北直隶各郡诸名山总图》是一幅以描绘北直隶名山为主的省区专题图，不但详于注记山脉，也重点标注了水系。由于年代相近，其水系标注与《广舆图》之《北直隶舆图》、《三才图会》之《京都众水图》均较为相似。

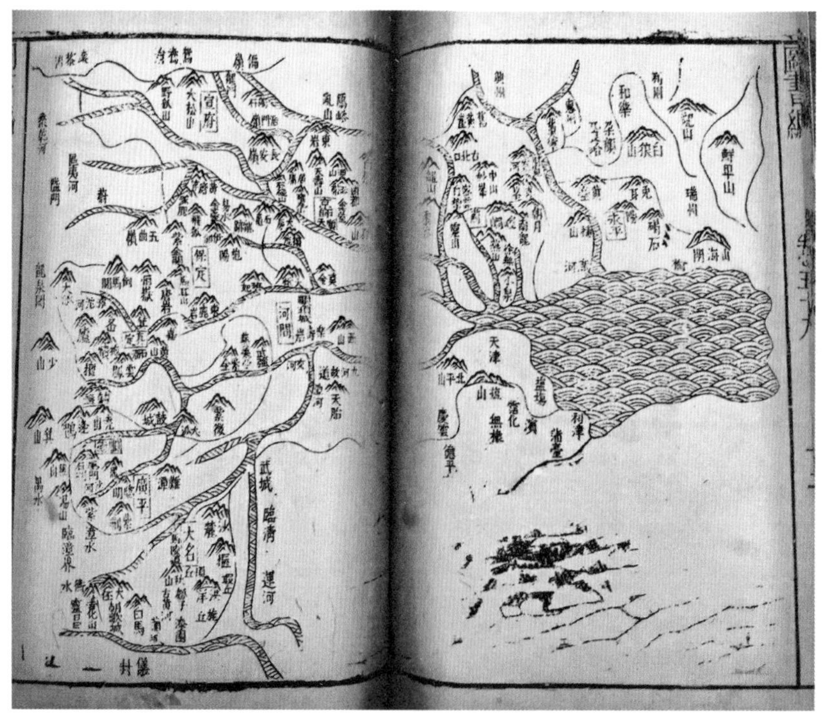

《北直隶各郡诸名山总图》——选自《图书编》

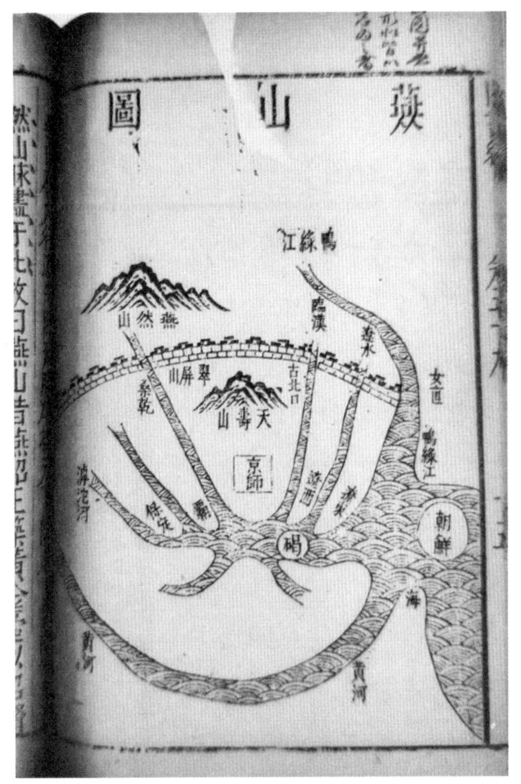

《燕山图》——选自《图书编》

《图书编》之《燕山图》

《图书编》中的《燕山图》以一种极其夸张的手法描绘了北京所处的地理位置。图中“京师”居于中心，其北侧自南向北有天寿山、翠屏山及古北口等长城关隘、燕然山构成三重屏障，南侧又有三重水系环绕。整个画面既给人一种坐北朝南的观感，又构成山环水抱的态势。图上标出的河流不多，仅6条。京师东西两侧，紧邻京师的河流分别标注为“临汉”和“桑乾”，最终入海。

《北京城宫殿之图》

这是一幅北京内城地图。原图为木刻墨印本，藏于日本宫城县东北大学图书馆。国家图书馆有 1981 年复制件。据图中已出现明嘉靖十年（1531）建成的“历代帝王庙”以及三大殿仍称奉天殿、华盖殿、谨身殿 [明嘉靖四十一年（1562）更名为皇极殿、中极殿、建极殿] 判断，此图当绘于明嘉靖十年至四十年间（1531—1561）。又据图上“万历当今福寿延”字样可知，此图在明万历年间（1573—1620）刊行。

地图采用形象画法，绘出北京内城宫殿、衙署、坛庙、城垣和主要街道，反映明代北京城市建筑的雄伟布局，是现存最早的北京城图。图上主要绘出 3 处水域：一是“海子胡”（今积水潭），出鼓楼向西南流入北沟沿的一条河道，这为解决北沟沿的上源问题提供了重要依据。二是皇城内西北角南侧，即“海子胡”南侧，西安东门和凌渊阁之间有

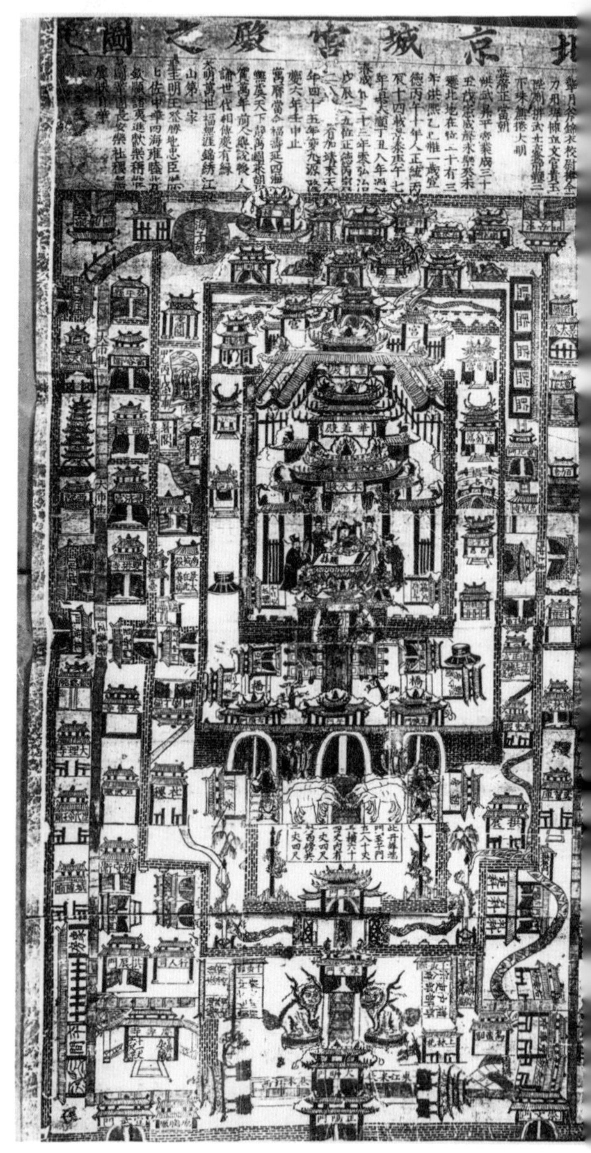

《北京城宫殿之图》

较大水面（今北海），其上有桥，水上有“棹龙舟”。三是崇文门内有水过“玉河桥”入皇城，应为护城河。

《中国新地图集》之《北直隶与北京地图》

《中国新地图集》（*Novus Atlas Sinensis*，又称《中国新图志》），是卫匡国（Martino Martini）编著的一部有关中国的地图集，1655 年在荷兰阿姆斯特丹初次出版。卫匡国是明清之际来华的耶稣会会士、欧洲早期著名汉学家、地理学家、历史学家。《中国新地图集》是第一部用外语编写的中国分省地图集，成为当时西方了解中国地理的必读之作和权威之作，影响深远，多次再译再版。卫匡国也因此成为“西方研究中国地理之父”。全书共 17 幅地图，包括 1 幅中国总图、15 幅分省图和 1 幅日本朝鲜图，每幅图后均有详细说明，记录各地风土人情、民族关系等。

《北直隶与北京地图》（*Pecheli sive Peking*）所绘范围介于太行山脉与渤海之间，东濒渤海连接奉天，西据太行、恒山而毗邻山西，南与河南、山东接界，北枕塞外与内蒙古相连。卫匡国撰书时，不仅使用了当时欧洲先进的测量仪器和严密的测算方法，也参考了《广舆图》《皇明职方地图》等中国地理著作。图中所绘北直隶地区水系非常详细，与《广舆图》中所绘也大体相符。从所绘河道粗细可以看出，卢沟河（永定河）是北京地区最大、最重要的河流。永定河行至京城附近时，汇入一个淀泊，绘出此淀泊大约是示意，京城用水由永定河提供。永定河在流入天津前，又汇入一个淀泊，这与当时南北运河相交处附近的三角淀地区基本相符。

《直隶顺天府舆图》

这是一幅清初彩绘绢本地图，原为清内阁大库藏图，后归国立北平图书馆舆图部，抗战时期为南迁文物之一，现存于台北故宫博物院。此图采用青绿山水画法，详细绘制直隶顺天府境内舆地情形。图以黑实线表示州县界，红点线表示道路。图上绘出城址立面城垣，外注四至，内书至顺天府里程，并记载周围里数、池深，辖域广袤等信息。地图详绘长城、明陵。图中思陵已绘，清东陵区域的顺治孝陵、后陵已绘，东侧的康熙景陵也已绘出，但未注名，昭西陵（孝庄太后）未绘。综合推断，此图似绘于康熙皇帝在位之时。

图中水系绘制详细，不仅绘出河道、标注河名，还述其地理位置、发源地、上下游名称、汇入河流、距各处里程数等。平谷县境内泃河，其上游为蓟州境内黄崖川河、下游为三河县境内泇河，在平谷本县境内有支流“逆流河”汇入。潮河有支流汤河、乾塔河、清水河、黄门子河，白河有支流白马关河、冯家峪河、水峪河等。潮河与白河合流后进入怀柔县境，总名白河，又名潞河，流至武清县附近三角淀后，合运河归海。合流后的白河又有七渡河、天水峪河、温渔河（今温榆河）等汇入。合流前的温渔河有支流清河、南沙河、北沙河、龙王泉、高丽河、白浪河等。图中浑河（今永定河）着色与其他河流均不同，其余河水均为绿色，浑河为黄色，体现其名中“浑”字，浑河入玉带河、三角淀等，合白河，同经运河归海。房山区、良乡镇附近有清河接琉璃、拒马二河流入浑河。此图注重细节，例如，清河汇入浑河后，河道呈

《直隶顺天府舆图》

半黄半绿状态。又如，浑河、白河这类较大河流，河中绘有水纹。

《中国新地图集》之《北直隶省地图》

随着地理知识的积累，在17至18世纪的欧洲，有不止一种地图集被命名为《中国新地图集》或相似名称。法国著名地理学家、地图学家让·巴蒂斯特·唐维尔（Jean Baptiste Bourguignon d’Anville）也著有一册“中国新地图集”（*Nouvelle Atlas de la Chine*）。地图集以《皇舆全览图》为基础，其法文版1737年在荷兰海牙出版，包括12页文字说明和42幅地图，此图集至今仍被认为是当时较精确的中国地图。

《北直隶省地图》（*Province de Pe-Tche-Li*）是书中第三幅地图，主要反映北直隶的地形、山脉、水系、官道等。其地域东临渤海，北至万里长城，西与山西省交界，西南和南边与河南省接壤，东南部与山东省交界。北京位于该图的中上部，从北京向四周辐射的双短横虚线表示官道。该图绘出北京地区的主要水系，基本与实际符合。白河、永定河、运河这类较大河流有地名标注，较小支流则有图无名。

《直隶通省舆地全图》

这是一幅清乾隆年间彩绘本地图，原为清内阁大库藏图，后归国立北平图书馆舆图部，抗战时期为南迁文物之一，现存于台北故宫博物院。地图描绘了直隶全省的山川、城镇、道路、长城、关隘等。从图中“望都县”“热河同知”等名称标志推断，此图绘制于乾隆

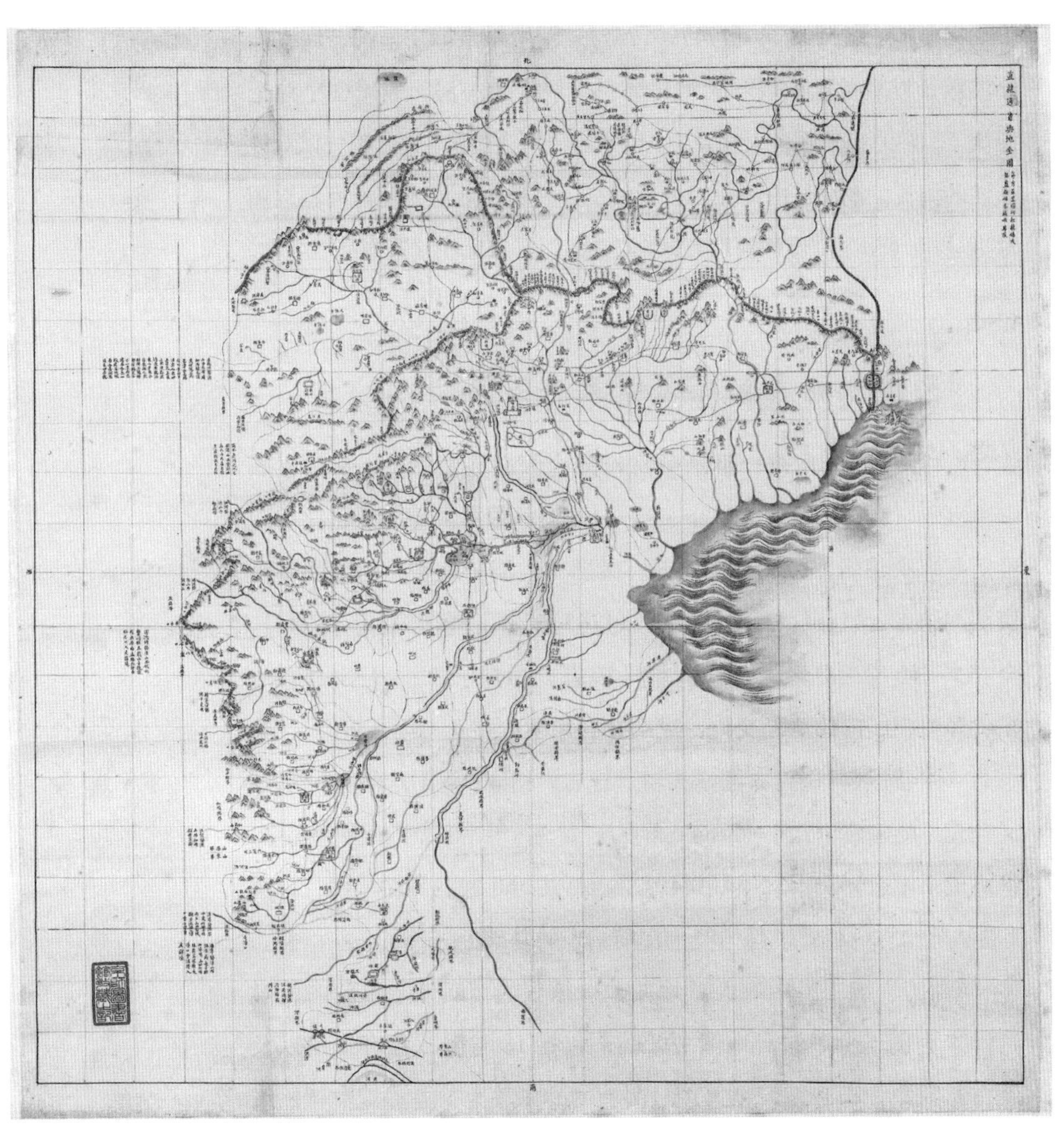

《直隶通省舆地全图》①

① 卢雪燕主编：《故宫典藏古地图选粹》，故宫博物院，2018 年，第 114 页。

十二年至四十二年之间（1747—1777）。图中水系标注详细，海水加绘波纹，以黄色双线表示大河，绿色单线表示小河，兼以文字注记源流[①]。在北京地区各大水系中，以永定河河道最粗，且是唯一以双线标注的河流。潮河与白河在密云南相交，过通州后汇入北运河。地图对拒马河、蓟运河、温榆河均有详细绘制，但是未标注“温榆河”名称。

《大清一统志》之《顺天府图》

《大清一统志》是一部清朝官修的全国性地理总志，从清康熙二十五年（1686）至道光二十二年（1842），根据国情的变化，前后经历了3次编辑，因此共有3部。康熙《大清一统志》的时间截至康熙朝结束，最后成书于乾隆八年（1743），刊印于乾隆九年（1744），全书共356卷。乾隆续编《大清一统志》增加了雍正元年（1723）至乾隆时期国内的情况变化，成书并刊印于乾隆五十年（1785），全书共424卷，其体例与康熙《大清一统志》相同。《嘉庆重修一统志》又补充了乾隆四十九年（1784）至嘉庆二十五年（1820）的国情变化，最终成书于道光二十二年（1842），全书共560卷，另加凡例、目录2卷。除增补内容外，其体例也在前两志的基础上进行了一些增补。

《大清一统志》中有大量地图，以被收入《四库全书》的乾隆续修本为例，全书共有地图298幅，包括18省图、各府州图以及蒙古、西藏、青海、新疆等图，另有《京城图》1幅。其中《顺天府图》中的水系与《畿辅通志》之《顺天府舆地图》中的相比，大

---

① 卢雪燕主编:《故宫典藏古地图选粹》，故宫博物院，2018年，第112页。

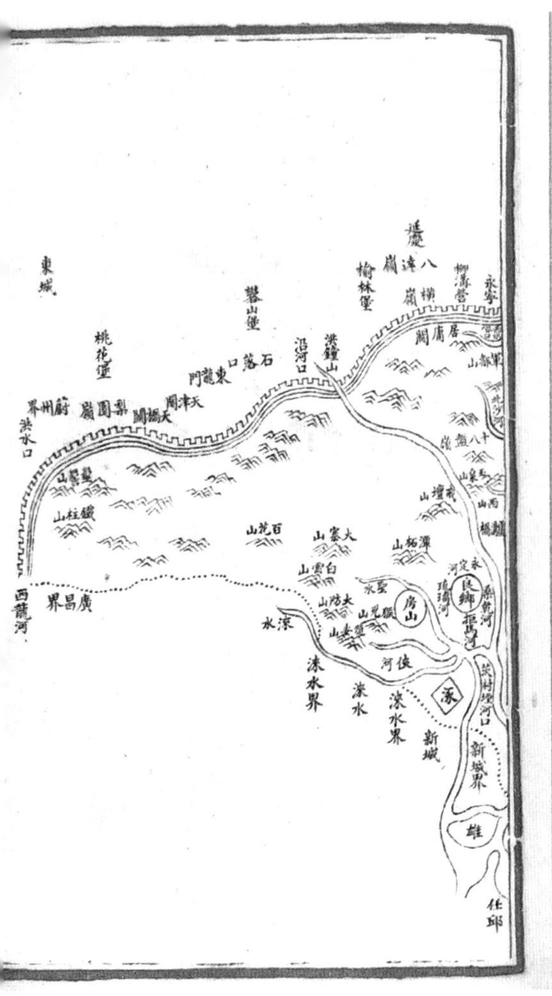

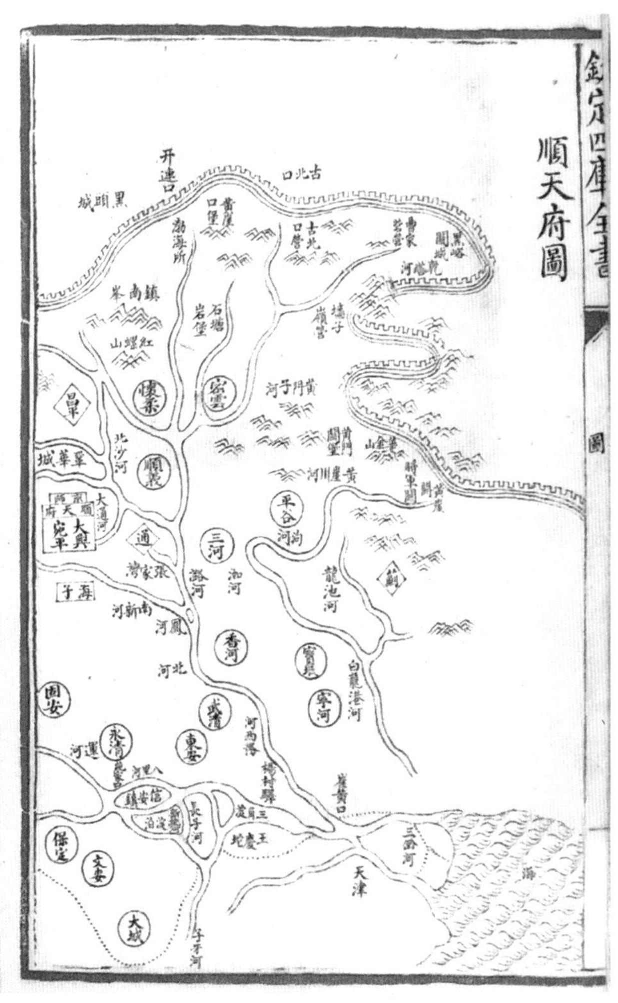

《顺天府图》——选自《大清一统志》

体相似，但无论河道的绘制还是河流名称的标注都有所变化。例如，洵河汇入之处被标注为“白龙港河”，潮白河水系仅见“潞河”一名。最主要的变化是永定河河道，不仅南移，还直接与拒马河水系产生了连接。

《首善全图》

这是一幅清嘉庆年间丰斋制墨印设色的木刻本地图。《金史》《清史稿》皆有“京师为首善之地”“京师首善之区”之语，故《首善全图》即为《京师全图》。该图是北京内外城图，城内各胡同、坛庙、宫殿、王府、园林、河道、井桥等标注清晰。地图虽然详细反映了北京城的情况，但是比例并不准确。例如，紫禁城呈方形，而非长方形；内外城基本为长方形，而非“凸”字形。相对而言，外城标识更加详细，而内城个别地方有图无说。从绘图情况推断，该图应为清嘉庆时期民间绘制的一幅京城地图。

图中有水自德胜门旁水关进入积水潭、什刹海，再进入皇城，后从皇城东南角流出。西直门东侧桥下有水南流至宣武门附近。图上另有“金鱼池”“泡子河”“臭沟沿”“流水沟”“臭水河”等应该是与水相关的地名。总体而言，地图并未重点关注水系，描绘的水路似乎也未形成闭环。但至少标示出，皇城内用水直接来源于积水潭、什刹海一带。

《北京城区图》(*Plan de la Ville de Pekin*)

这是一幅 1817 年印制的俄法双语北京内外城图。地图展示了北京紫禁城、皇城、内城和外城，除城市布局以外，还详细绘制了城墙、垛口、城门、城楼、马道等。紫禁城南北中轴从午门延至神武门，线

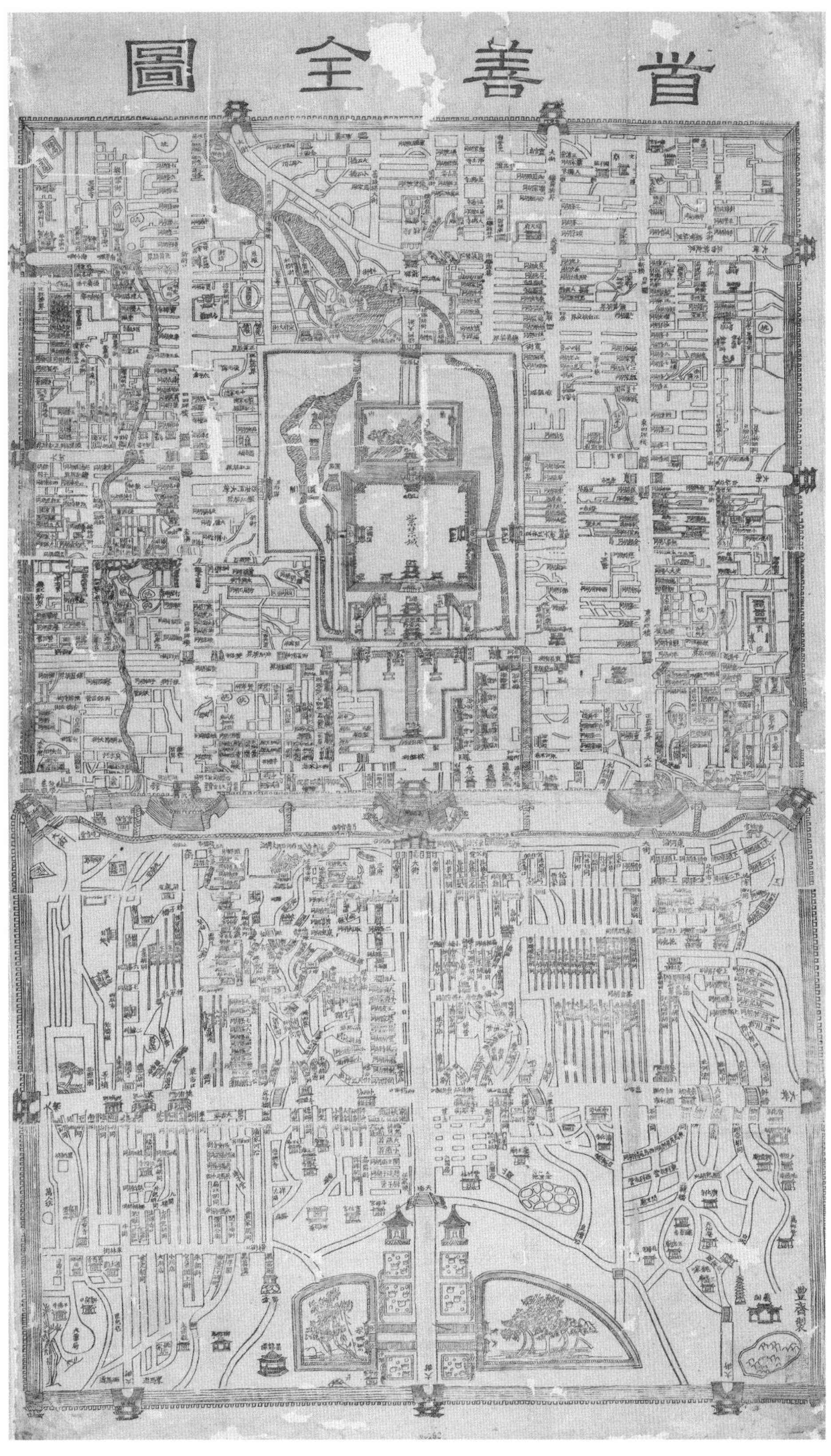

《首善全图》

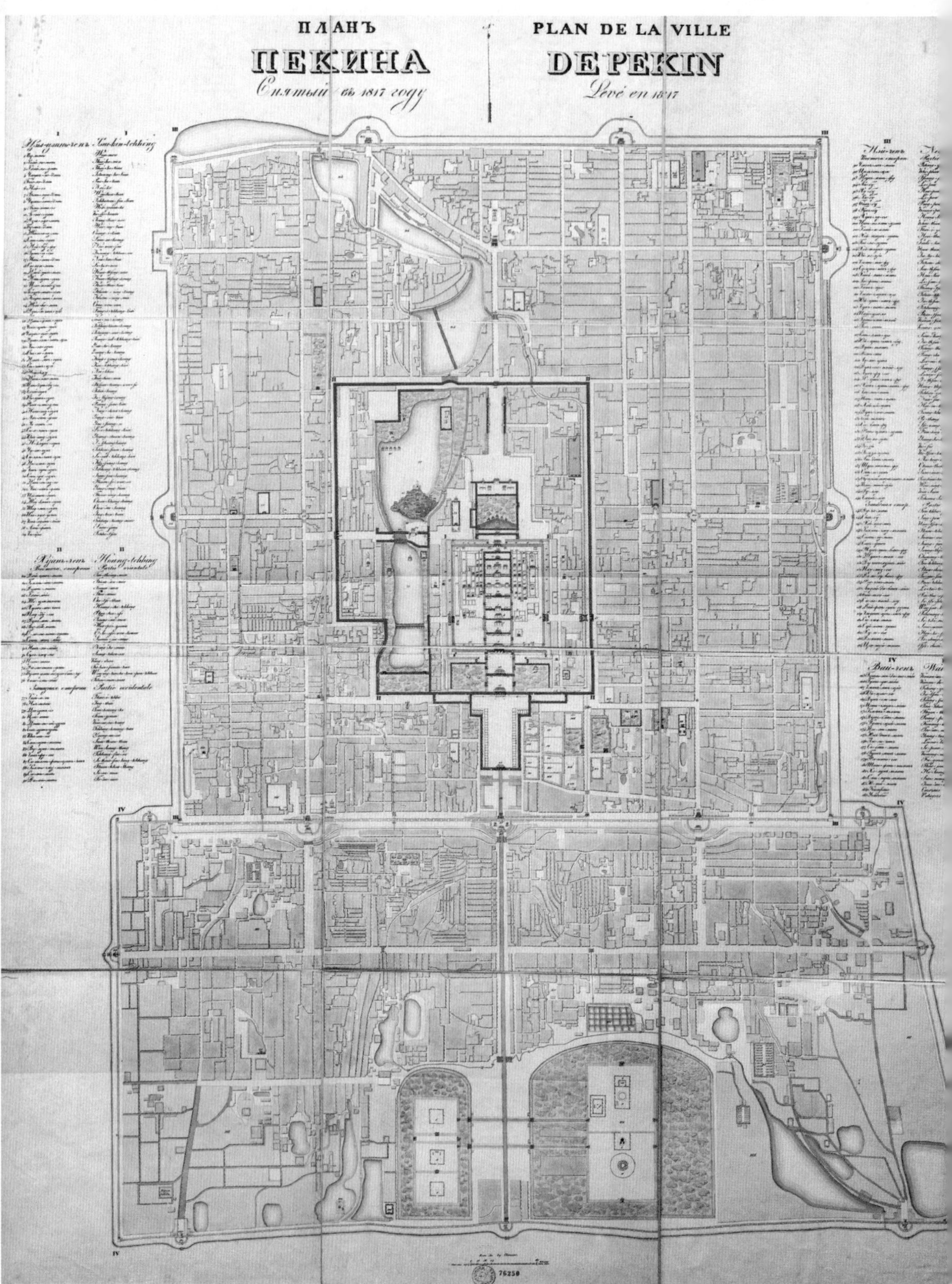
ПЛАНЪ
ПЕКИНА
Снятый въ 1817 году
PLAN DE LA VILLE
DE PEKIN
Levé en 1817

《北京城区图》

上主要建筑均被绘成立体图样。图以蓝色示水，其中大片水域大致有中南北三海、什刹三海、德胜门外蓄水池（俗称苇子坑）、天坛北侧鱼藻池（金鱼池）以及外城东南角水域。地图对水系绘制详细，除大片水域外，还绘出城外护城河以及城中水道。内城西北角德胜门外西侧有蓄水池，一方面与护城河相连，一方面经德胜门西侧水关进入积水潭、什刹海前海及后海，再进入皇城内的北海、中南海。后海东侧有水道经皇城北墙东侧进入皇城内河道及筒子河，供城内及紫禁城用水。

《清西郊园林》

从康熙皇帝兴建畅春园开始，几代清室皇帝锐意经营北京西郊园林。至清咸丰十年（1860），东自海淀镇附近，西至香山，20 余里间，离宫别馆接踵而起，殿阁楼台遥遥相望。随着园林的兴建，此处河湖水系也进行了相应调整。至清乾隆十五年（1750），北京西郊一带完成的水系工事有四：一是利用引水石槽分别引西山卧佛寺樱桃沟及碧云寺与香山诸泉水，汇注四王府广润庙内石筑方池，另开南、北两旱河用于泄水，以防引水石槽遭受山洪冲击，并在引水石槽与旱河相交处，筑造“跨河跳槽”。二是利用引水石槽从广润庙方池引水东下，与玉泉山诸泉相汇。三是疏浚玉泉山东下原有旧渠，导水东注瓮山泊。四是开拓瓮山泊东岸，新筑东堤，下设二龙闸，以保证海淀诸园以及附近御稻田用水。昆明湖南端新建绣漪桥闸，用以调节北京城内用水；北端改建青龙桥闸，用以泄洪。西郊园林用水来自清河、万泉河、西山诸泉及昆明湖等。昆明湖水又经由长河，供给京城内部用水。

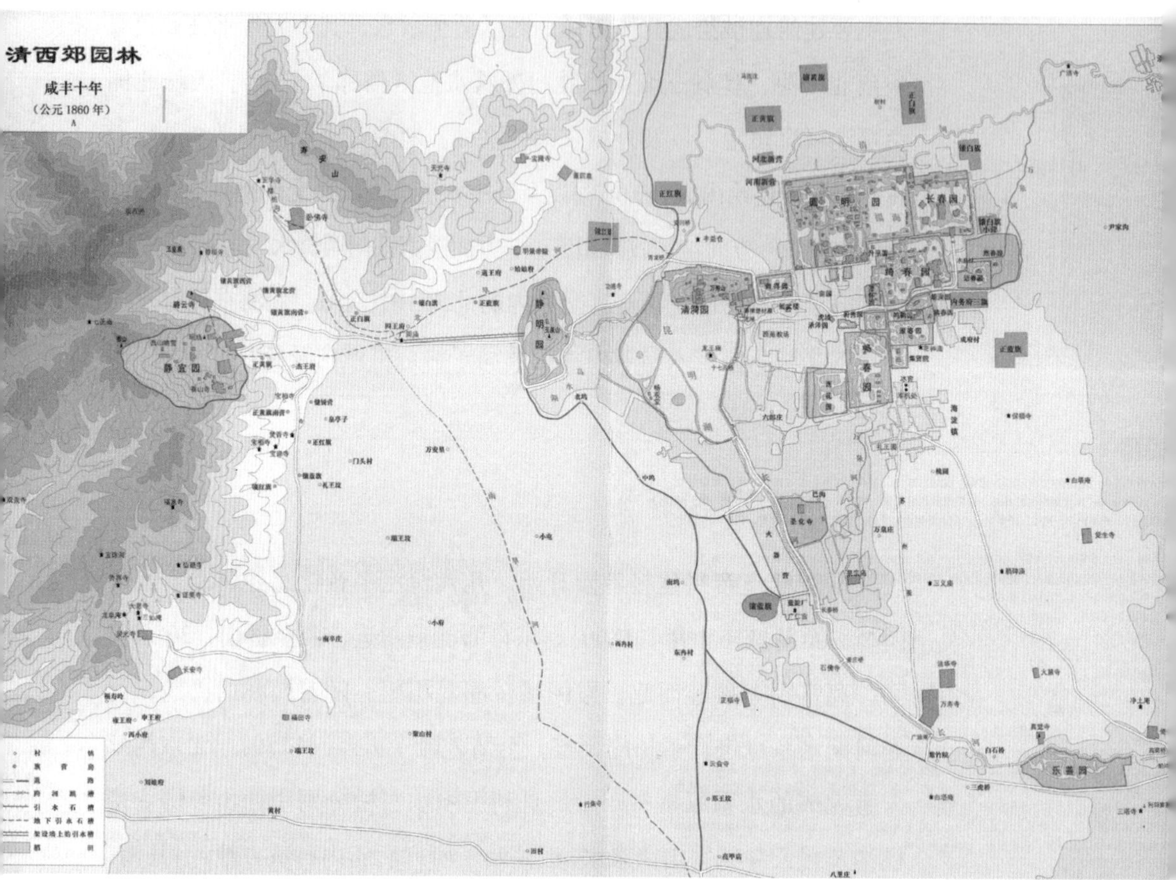

《清西郊园林》①

① 侯仁之主编：《北京历史地图集·政区城市卷》，北京：文津出版社，2013年，第99页。

《畿辅通志》之《顺天府舆地图》

《畿辅通志》是清代官修省级地方志，即直隶省通志，曾经历3次纂修，其中光绪版因体例完备、资料充实而最为有名和实用，被收入清文渊阁《四库全书》。雍正版《畿辅通志》由唐执玉、李卫修，

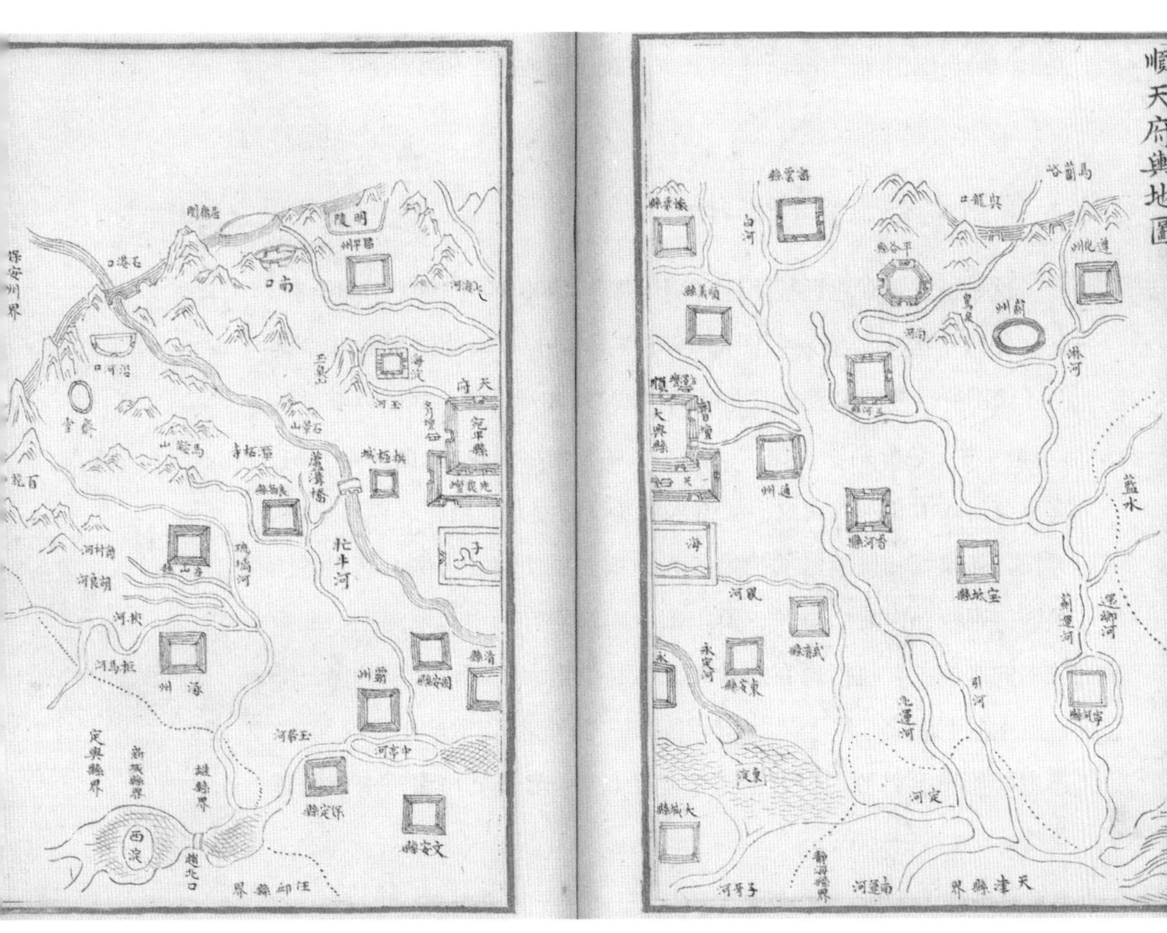

《顺天府舆地图》——选自《畿辅通志》

陈仪纂修，其中有地图 18 幅。《顺天府舆地图》描绘了顺天府地区的城镇、河流、山脉等，对水系的标注和描绘都较为详细。平谷区东南有泃河南流汇入蓟运河。白河、潮河交汇后再与温榆河相交汇入北运河，不过图上只标注了“白河”“北运河”以及支流“七渡河”的名称。永定河是京城附近水流量最大的河流，在进入静海区界前汇入“东淀”。房山地区有拒马河，其支流有胡良河、韩村河、挟河、琉璃河等。与京城直接相关的水系是：西郊有清河水流入玉河，再进入内城；城内与潮白河之间也形成了水循环。另有城南“（南）海子”流出的凤河也汇入“东淀”，这一水系在一般地图上较少出现。

《北京全图》（*Peking*）

这是德意志东亚远征团地形测绘员于 1900 年至 1901 年间绘制、皇家普鲁士国土测绘局制图部 1903 年印制的一幅德语版的北京地图。该图所绘范围覆盖当时北京的内城、外城及近郊。地图以红、绿、蓝、黑 4 种颜色分别标示建筑、植被、水域和缩略建筑。全图详略分明，重点突出政治和宗教建筑、河道水域及交通路线，当中又以对皇城、天坛、先农坛和使馆区的描绘最为详细。以使馆区为例，其中各国领区、银行、医院、海关、俱乐部等建筑均有标识。地图上，北京城内的水域主要包括现在的什刹三海和中南北三海，其中什刹三海在图中分别被称作积水潭、后液和后潭。城外地区，除绘出护城河外，还主要绘出了德胜门以西的“苇塘”（俗称苇子坑）和西南角的莲花池。

《北京全图》

清光绪三十四年（1908）

与明代相比，清代顺天府版图少了东侧的遵化州，东南侧部分地区划归天津府，其余变化不大。平谷境内的泃河依旧汇入蓟运河。明代沽河（今州河）此时也更名为“蓟运河”。泃河支流有独乐河、洳河（今错河）、固现河（今金鸡河）、现渠河等。发源于顺义地区的箭杆河，下游称“窝头河”，流入今天津境内后也汇入蓟运河。潮河与白河交汇，汇成潮白河，通州境内称“潞河”，与榆河在通州相交，汇入北运河。潮河支流有乾塔河（今安达木河）、清水河等。白河在京师地区支流有黑河、四海冶水、汤河、琉璃河、冯家峪河（今白马关河）等。潮白河支流有雁溪河、怀河等。怀河由七渡河、九渡河汇流而成。榆河由抱榆河（今桃峪口沟）、天寿山泉（今东沙河）、南沙河等支流汇合而成，后又汇入清河、今小中河、今坝河等。汇入北运河的支流有通惠河、凉水河等。明末清初的永定河仍然经常改道。清康熙三十七年（1698），朝廷对永定河进行了人工改道。《光绪顺天府志》记载：“挑河自良乡老君堂旧河口起，经固安北十里铺，永清东南朱家庄，汇东安澜城河，出霸州柳岔三角淀，长一百四十五里，达于西沽入海，赐名‘永定’。”人工改道迫使永定河向东流，经永清汇合于澜城河（霸州市信安镇东北），经三角淀到西沽，入北运河。房山境内拒马河变化不大。今房山境内较大的河流还有琉璃河，其上游称龙泉河，最终流入白沟河。与明代相比，清代京师附近水系较为简单，可能既是此时人为规划整理水系的结果，也是此地天然水源减少的结果。

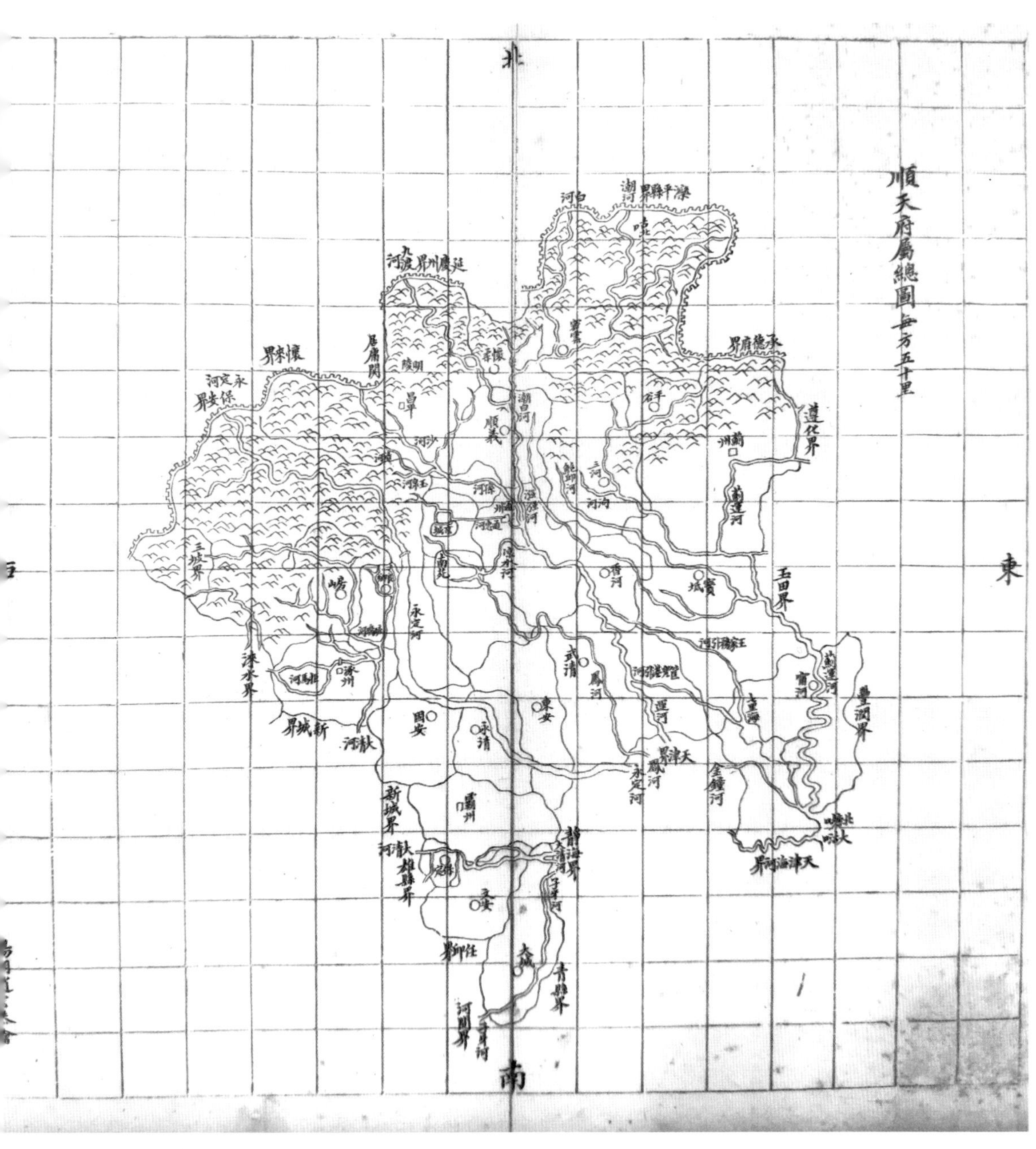

《顺天府属总图》——选自《光绪顺天府志》

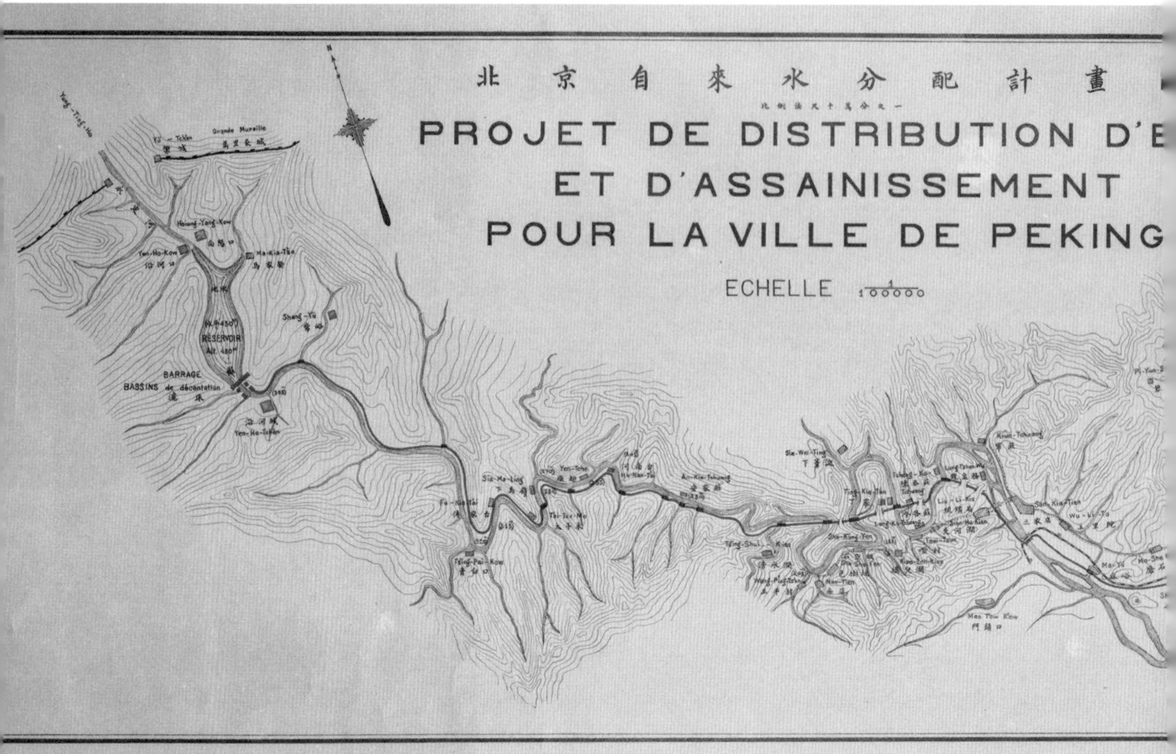

《北京自来水分配计划图》

《北京自来水分配计划图》(*Projet de Distribution D'eau et D'assainissement Pour la Ville de Peking*)

这是法国铁路工程师普意雅（G. Bouillard）于民国初年绘制的一幅中法文对照水利图。清光绪三十四年（1908）春，由周学熙执掌的京师自来水公司获批后开始筹备，并于 1910 年 3 月正式向北京城区供水。该图应当绘制于自来水公司开始供水之后。图中自来水公司位于北京城东北方向，距白河不远。依据史料记载，此处为水源厂，水源为东直门外东北方向约 15 公里的孙河（今温榆河畔）。图中标出的“现在自来水支配之路”由自来水公司流至东直门外“现

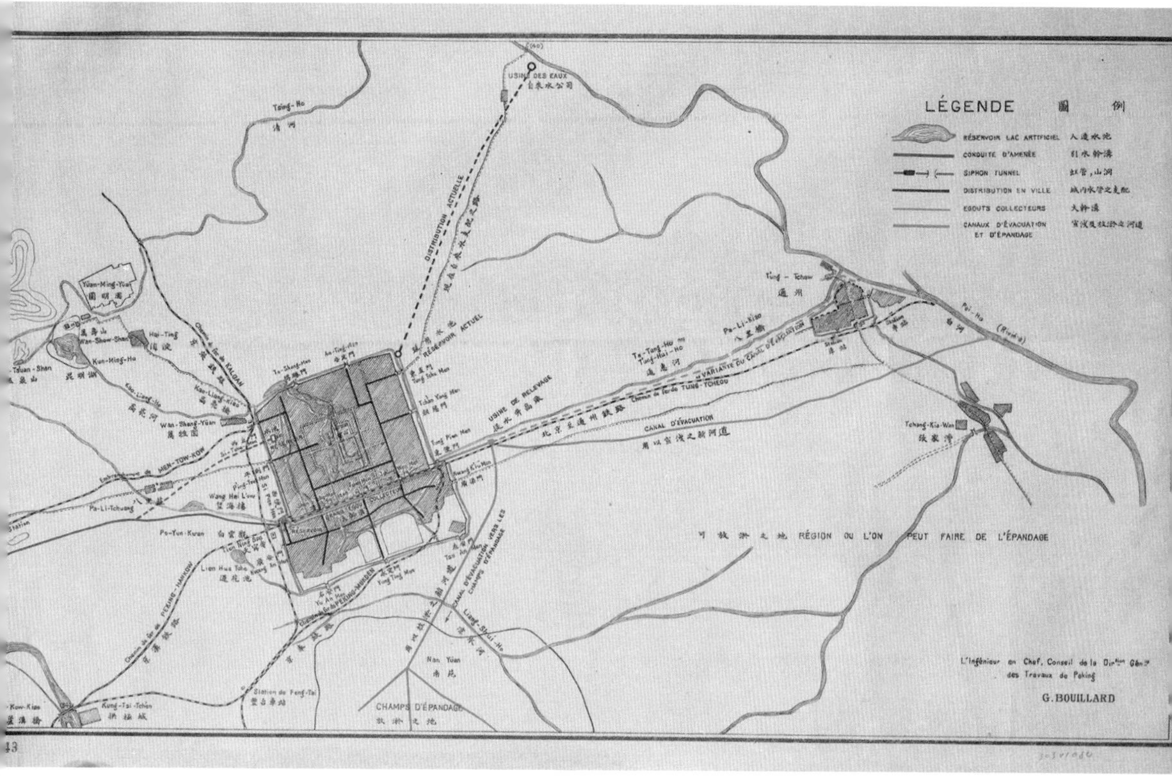

用水池”，再经东直门进入城内水管，提供给用户。城内水管经过城内主要交通要道。东直门为当时的配水厂所在地，现在东直门外的清水苑建有北京自来水博物馆。

本图的重点在永定河，包括其上的人造水池和引水干沟等，或为规划中的自来水工程。人造水池位于沿河城、马家套、沿河口及向阳口之间，与水池相接的引水干沟大致以永定河河道为轨迹，中间有许多虹管和山洞，用于过水和穿山，过“麻峪”后，干沟逐渐与永定河偏离，主要通向西便门，引入池水中。此外，城内也有大干沟，城外则有宣泄及放淤之河道。城内干沟经东便门向东延伸至白河；向南延伸至南苑，其间均为放淤之地。

《北京新图：中华民国首善之地》(*The New Plan of Peking*)

这是意大利人马维德（Ath. Mavrommati）测绘、民国初年上海中华坤舆图志会出版的一幅彩色北京地图。该图绘制精细，内容详尽，地名均中英文对照。图中已有中华门、财政部等名称，社稷坛南面已改为中央公园，未绘出内城东北面的环城铁路，而正阳门前的铁路已不贯通。此外，后来成为北新华街的地方尚是水沟，南北向有板桥等 8 座桥梁。据此推断，此图应绘制于 1915 年。图上还专门列出邮政系统图例，详细标绘了全城各级邮政局（所）、邮票售卖点及邮筒等。地图将北海琼岛标注为煤山，此处有误。在水系绘制方面，此图与同时期其他地图相比，差别不大。德胜门外西侧水域被明确标注为“苇塘”。

民国六年（1917）

民国时期，平谷境内的泃河依旧汇入蓟运河。民国二年（1913），潮白河在顺义李遂镇决口，夺箭杆河道南流，箭杆河上游河道成为潮白河支流，下游窝头河仍汇入蓟运河。潮白河与温榆河仍在通县相交汇入北运河。永定河在固安县、安次县、永清县交界处南北分流，后在武清以南重新合流。房山境内拒马河变化不大。

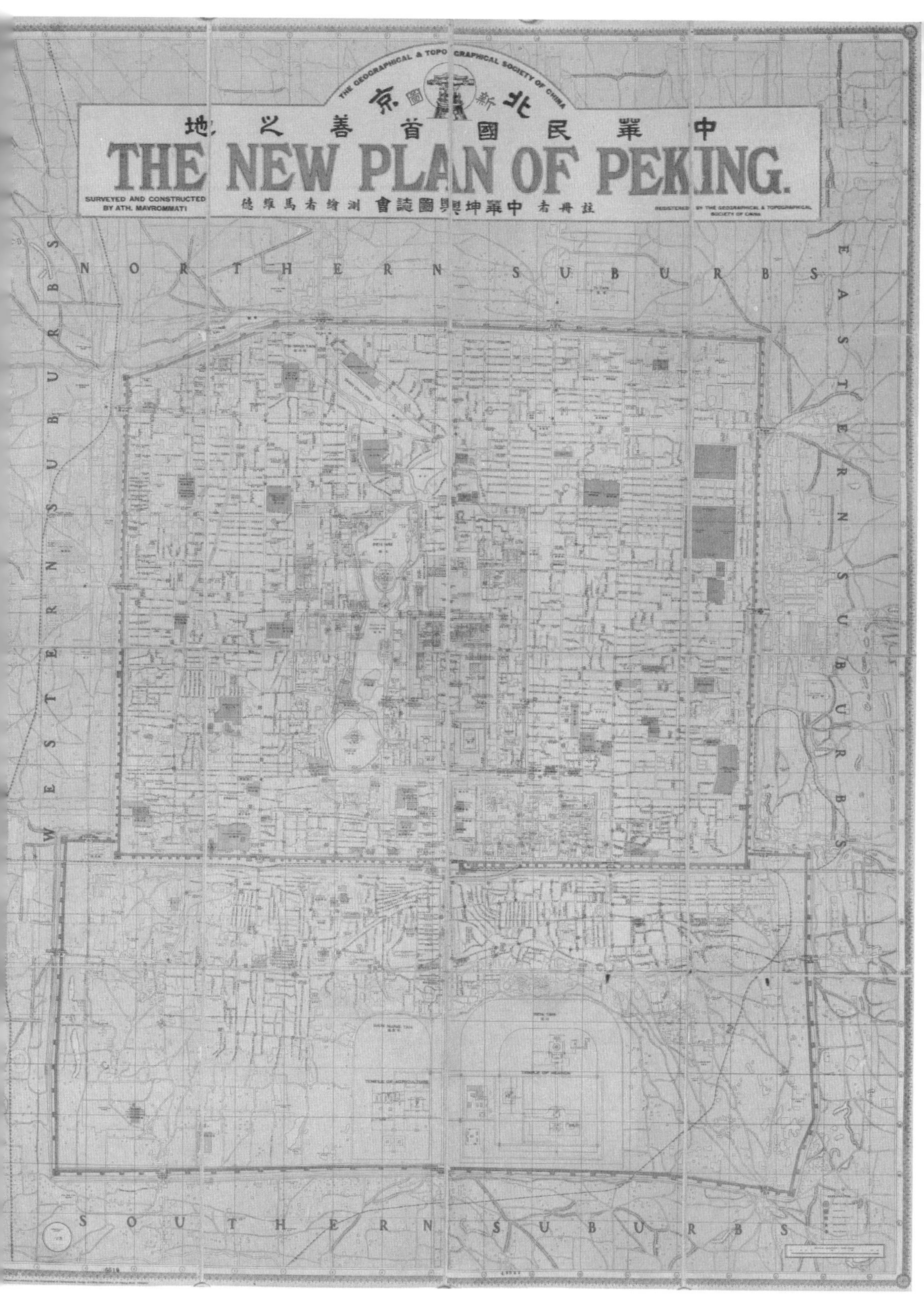

《北京新图：中华民国首善之地》

《京畿四郊游览全图》
（*Tourist Sketch of Peking's Environs*）

这是英国中校格雷戈里（E. Gregory）绘制、1922 年 3 月出版的一幅中英文对照地图。此图特点有三：其一，侧重“京畿”，主要描绘当时北京周边地区，即现在的北京郊区，其范围西北至河北怀来

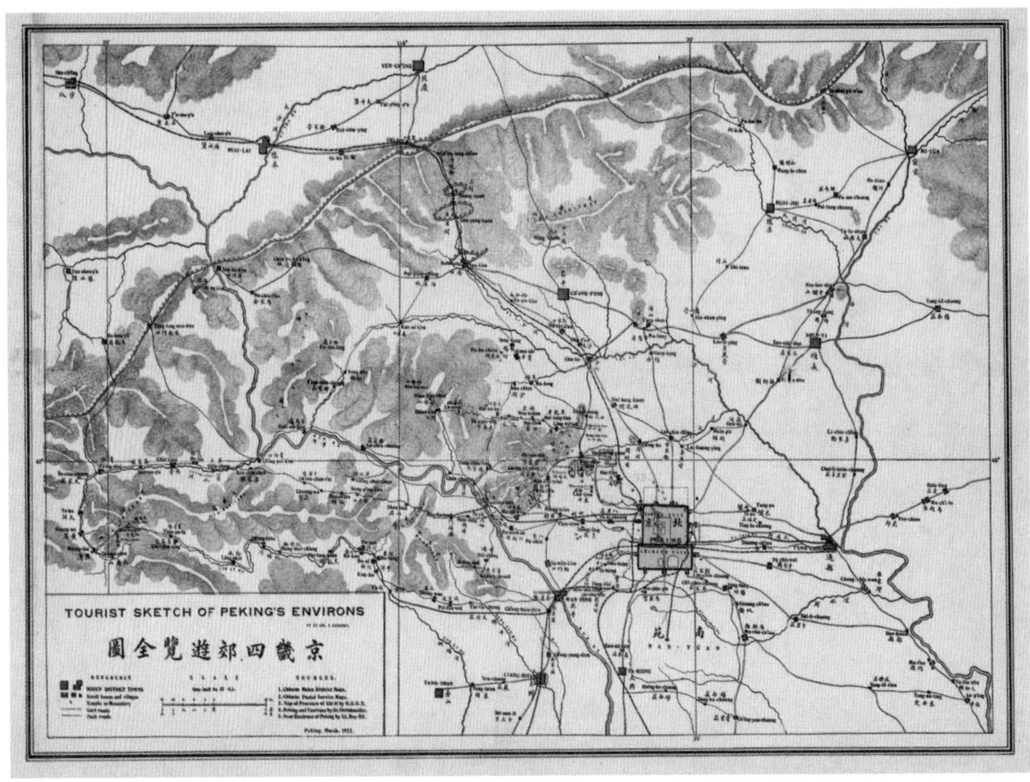

《京畿四郊游览全图》

沙城，北至延庆，东北至密云，东至通县，南至良乡，西南至房山；其二，制图科学，此图图幅虽小，但比例尺、方向、图例、经纬度等要素俱全，西、北和东北部的大片山脉以晕滃法表示；其三，交通信息丰富，图中陆路方面主要详细标绘了京通、京张、京汉、京奉各条铁路线路，以及西直门到门头沟专门承担煤炭运输任务的铁路——京门铁路，水路主要有两条，东南—西北走向的浑河（永定河）以及南北走向的白河，图示码头位置清晰。

20 世纪 50 年代

至 1958 年 10 月，北京市正式囊括现有 16 个市辖区。蓟运河支流泃河经平谷县流入天津境内，汇入蓟运河。潮河、白河各自流经密云水库后，在密云县南侧汇合成潮白河，先后流经怀柔、顺义、通县，至通县东南分流，一部分流至廊坊市成为潮白新河，一部分汇入北运河。温榆河经昌平、顺义、通县流入北运河。延庆地区的妫水河流经官厅水库后汇入永定河，永定河流经门头沟、石景山、丰台、大兴后流入河北。房山县西南有大清河支流拒马河流过。

21 世纪初期

《北京市行政区域界线基础地理底图》按水系将北京市分为 5 个区域。蓟运河水系主要覆盖平谷，兼及顺义东部、密云南端。平谷境内主要河流为泃河，其支流有金鸡河、冉家河、洳河、镇罗营石河、熊儿寨石河、鱼子山石河、北寨石河、黄松峪石河、土门石河、将军

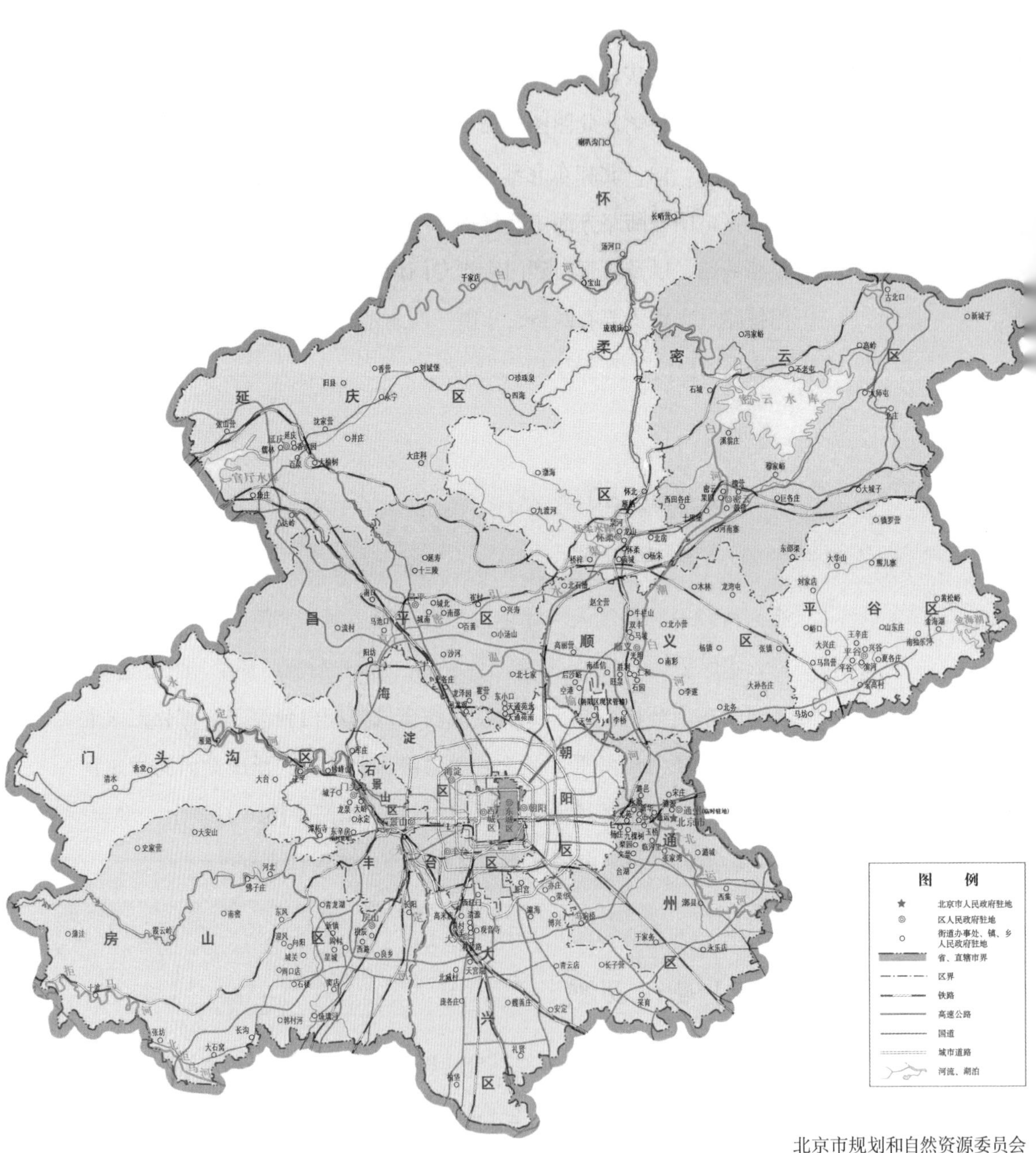

北京市规划和自然资源委员会
北京市民政局

《北京市行政区域界线基础地理底图》

关石河、豹子峪石河等，支流上游有银冶岭水库、西峪水库、海子水库。

潮白河水系大致包括怀柔、密云、顺义大部分地区，另兼顾延庆东北部、昌平东北极小部分以及通州东北条状地带。白河过河北赤城后，经京冀交界处的白河堡水库进入北京延庆境内，过密云水库后继续南流。潮河经密云古北口镇进入密云境内，同样经过密云水库后流向西南。两河在十里堡镇附近汇成潮白河。潮白河沿通州与河北交界流向东南，在河北境内称“潮白新河”，与北运河不再有交集。

北运河水系覆盖北京中心城区，大致包括朝阳、东城、西城、石景山，海淀、昌平大部分地区，丰台东部，大兴东北部，顺义西南部分，通州大部分地区。北运河上游是发源于昌平军都山麓的温榆河。温榆河上游由东沙河、北沙河、南沙河 3 条支流汇合而成，后又有蔺沟河、牤牛河、桃峪口沟、白浪河、清河等汇入。温榆河行至通州北关汇入北运河。

永定河水系主要覆盖延庆、门头沟和大兴，具体包括延庆中西部绝大部分地区、门头沟大部分地区以及昌平西部极小地区和丰台西部条状地区。河北境内的桑干河、洋河及延庆境内的妫水河汇入官厅水库后，出水库的河流即为永定河。目前永定河在天津北辰区屈家店与北运河相交，一部分河水由北运河入海河，一部分河水经永定新河在天津滨海新区北塘镇入渤海。

大清河水系主要涉及房山，也涵盖了丰台西部地区。大清河北支上段拒马河流经房山西南部，房山境内马鞍沟、千河口北沟、千河口东沟、大峪沟等支流汇入其中。房山境内大石河、小清河等支流南行汇入大清河北支下段白沟河。

21 世纪初期的北京已经是人口数量千万级别的大城市，城内生活、生产用水量巨大。因此，在自然水系之外，人工水利设施等也大量增加。例如，20 世纪 50 年代建成永定河引水渠，起自三家店拦河闸，自模式口电站过黄村后继续向东，利用一段南旱河，经玉渊潭引水至西便门入护城河。20 世纪 60 年代建成京密引水渠，从密云水库经怀柔水库、昆明湖（1977 年后改利用北长河故道），引水至永定河引水渠。另有大量水库建成，除上文提及的水库外，延庆有佛峪口水库，昌平有十三陵水库、桃峪口水库、沙峪口水库、沙河水库等，房山有天开水库、崇青水库等。

第二章

蓟运河水系

第一节
概述

泃河—蓟运河水系是北京五大水系中最东边的一支，发源于河北兴隆，流域覆盖北京平谷、顺义；河北三河、玉田、丰润；天津蓟县、宝坻、宁河，从滨海新区入海。

蓟运河水系在北京境内主要流经平谷，其主要支流泃河从东向西横穿平谷。北京水系大多数自西北向东南流，泃河则相反，自东向西流，这和平谷地区的地势有着密切的关系。平谷地处燕山南麓与华北平原北端的相交地带，地势东北高，西南低，呈倾斜簸箕状，东南北三面环山，中部、西南部为平原谷地，故称平谷。因此泃河流向为从东到西，中间纳入南部和北部山区河流之水，从西南境出平谷。历史上泃河为平谷人民供水、灌溉、航运做出了重要贡献，因此泃河被称为平谷的母亲河。

第二节
蓟运河

蓟运河，位于天津、北京东北部，流经北京平谷，河北三河，天津蓟州、宝坻、宁河、滨海新区，在滨海新区北塘流入渤海，上游支流为发源于河北兴隆的泃河和发源于河北迁西的州河。蓟运河

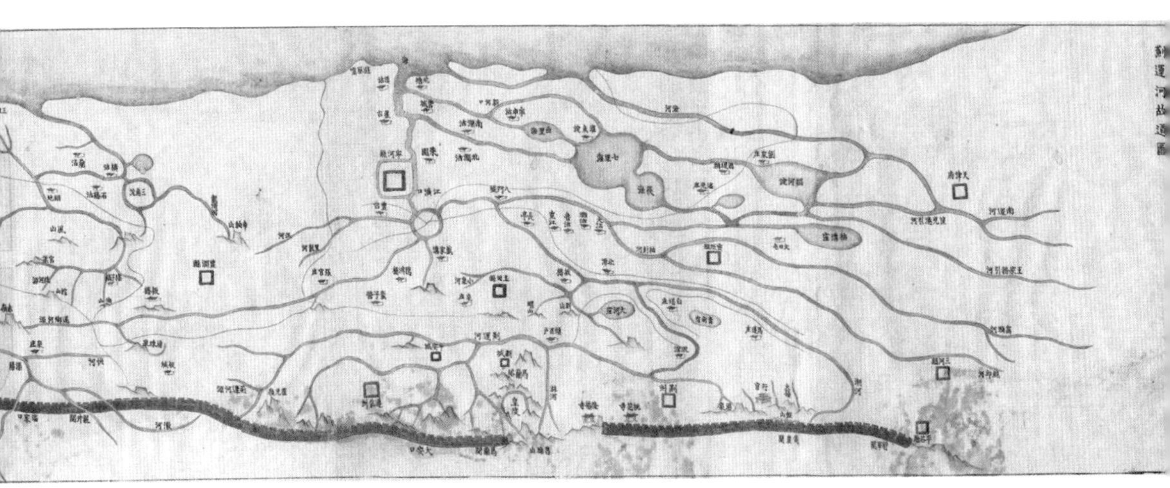

《蓟运河故道图》

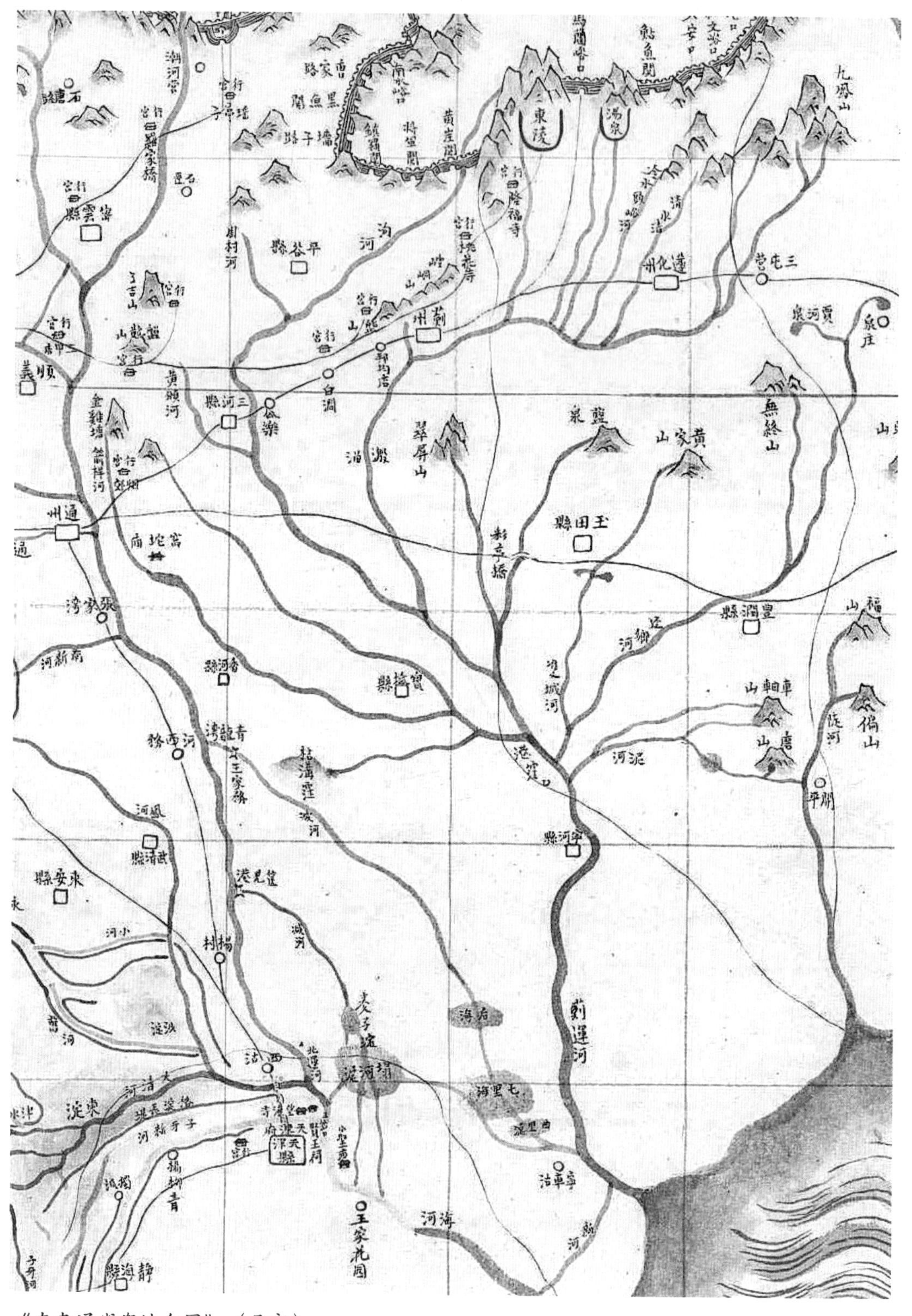

密雲縣
平谷縣
薊州
遵化州
三屯營
順義
三河縣
通州
寶坻縣
香河縣
武清縣
東安縣
豐潤縣
玉田縣
寧河縣
天津府
東陵
湯泉
黃崖關
將軍關
翠屏山
盤泉
黃家山
無終山
車軸山
唐山
偏山
福山
泥河
薊運河
海河
七里海
河西務
張家灣
楊村
王家花園

《直隶通省舆地全图》（局部）

在明朝以前，名称不定，曾名鲍丘水、沽水、潮河、蓟州河、运粮河、白龙港、北塘河、庚水、泃水等。明清以后，从南方漕运而来的粮草，经此河运往边陲重镇蓟州，因此此河在明代称作“梁河”，清代后名为蓟运河。《大清一统志·顺天府》记载蓟运河：

> 在宝坻县东三十里。其上流为梨河，发源迁安县之三屯营、芦儿岭；一自蓟州之沽河；一自三河县之泃河；至县东北三岔口合流；俗名潮河；亦名运粮河；又名白龙港。东南流至县东南九十里，名丰台河，又南入宁河县界，经芦台抵北塘口入海。漕运南来者，由此达蓟州，故名。

现藏于台北故宫博物院的《直隶通省舆地全图》中，详细绘制了蓟运河各支流源头流向，蓟运河最上游为泃河、沽河，二河从东向西蜿蜒流淌，后向东南流，汇聚成蓟运河，之后又纳鲍丘河、箭杆河、双城河、泥河等，像一把扇子一样，最后在宁河县汇聚为一股，南流从北塘入海。《直隶五大河流图说》中有一幅《蓟运河故道图》，图中详细描绘了蓟运河上游各支流源出遵化州芦儿岭、大安口、马兰关、昌瑞山、黄崖关等，在遵化州东芦儿岭标注有“蓟运河源”，沽河被标注为“蓟运河”，而泃河被标注为“潮河”，此图虽然比例失真，东西宽、南北窄，但也反映了蓟运河源出流向、各支流之关系。

河道变迁

蓟运河是经过几千年自然冲刷和人工整治形成的河流，河道迁回曲折，几经变化。与别的河流的河道变迁不同，蓟运河的河道变迁主要是为了运输物资由人工开挖而造成的。

东汉初年，鲍丘水（今潮河）从密云县城南下，在通县东转而向东南流，与沽水、漯水（古永定河）在雍奴县故城西北合流，大致沿潮白新河一线向东，经大厂至宝坻先后汇入泃河、庚水（今州河）

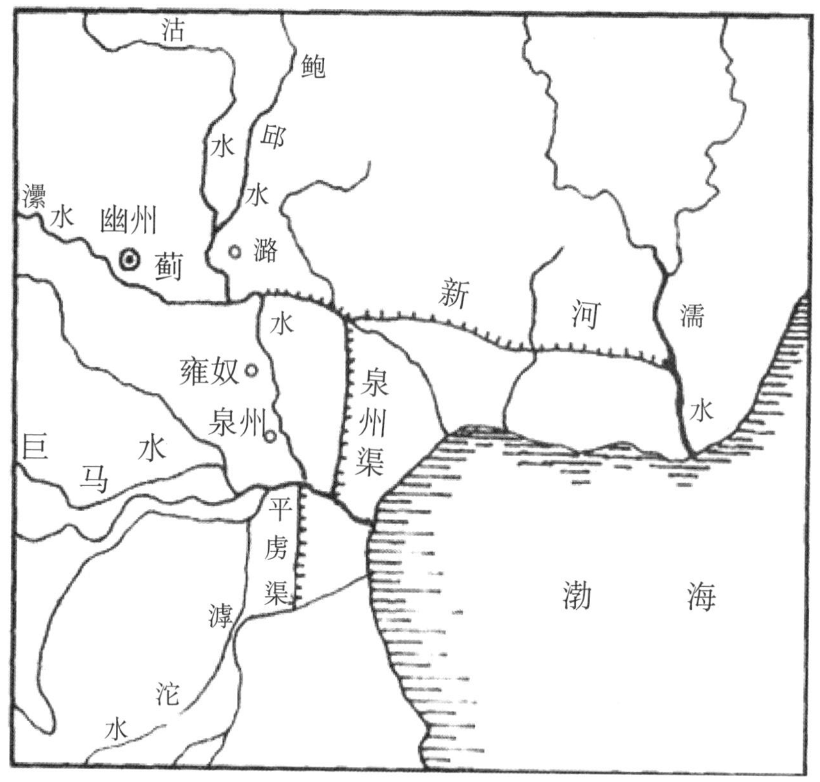

平虏渠泉州渠新河略图①

① 尹钧科：《北京古代交通》，北京：北京出版社，2000 年。

等河流，漫流自北塘口入海。

东汉建安十三年（208），曹操开挖了从青县至天津的平虏渠和从天津军粮城至宝坻县的泉州渠，同时又开挖新河，《水经注·濡水》记载，新河自盐关口分鲍丘水东出，与泉州渠北口相通，横流截数条自北南流的小水，东注入濡水（今滦河）。《水经注》载，“魏太祖征蹋顿，与沟口俱导也，世谓之新河矣”。这条新河西段即今蓟运河最上段（宝坻县三岔口东至八门城段）。清光绪十二年（1886）赵宏绘的《顺天府志图》之《宝坻县图》中，此段蓟运河为宝坻县与蓟州的界河，从宝坻县北境三岔口向东，至新安镇折向南流，直至还乡河汇入前的八门城镇处。

唐神龙二年（706），沧州刺史姜师度发现唐代给营州、幽州的军需供应，从东都洛阳沿黄河入东海，再经渤海运到辽东，渤海到辽东海风高浪急，常出现海难。为了减少海难，姜师度研读《三国志》后，学习曹操，从“新河”下口（宝坻县八门城附近）乱流入海处，按其自然流势，筑以长堤，形成河道入海，此渠也称“平虏渠”，即蓟运河的下段，八门城至北塘入海段[①]。《旧唐书·姜师度传》记载：姜师度“约魏武旧渠，傍海穿漕，号为平虏渠，以避海艰，漕运者至今利焉”。

明天顺前，从南方运至天津的粮草，需从直沽河口（今塘沽）装船入海，绕行至北塘，再经蓟运河运往蓟州，不仅费时费力，而且有被渤海风浪打翻之险。明天顺二年（1458），在百户所官闵恭的建议下，从直沽河口向北疏浚旧有渠道四十里至北塘，称为新河（今

① 吴静顺：《宝坻县志》，天津：天津社会科学院出版社，1995年。

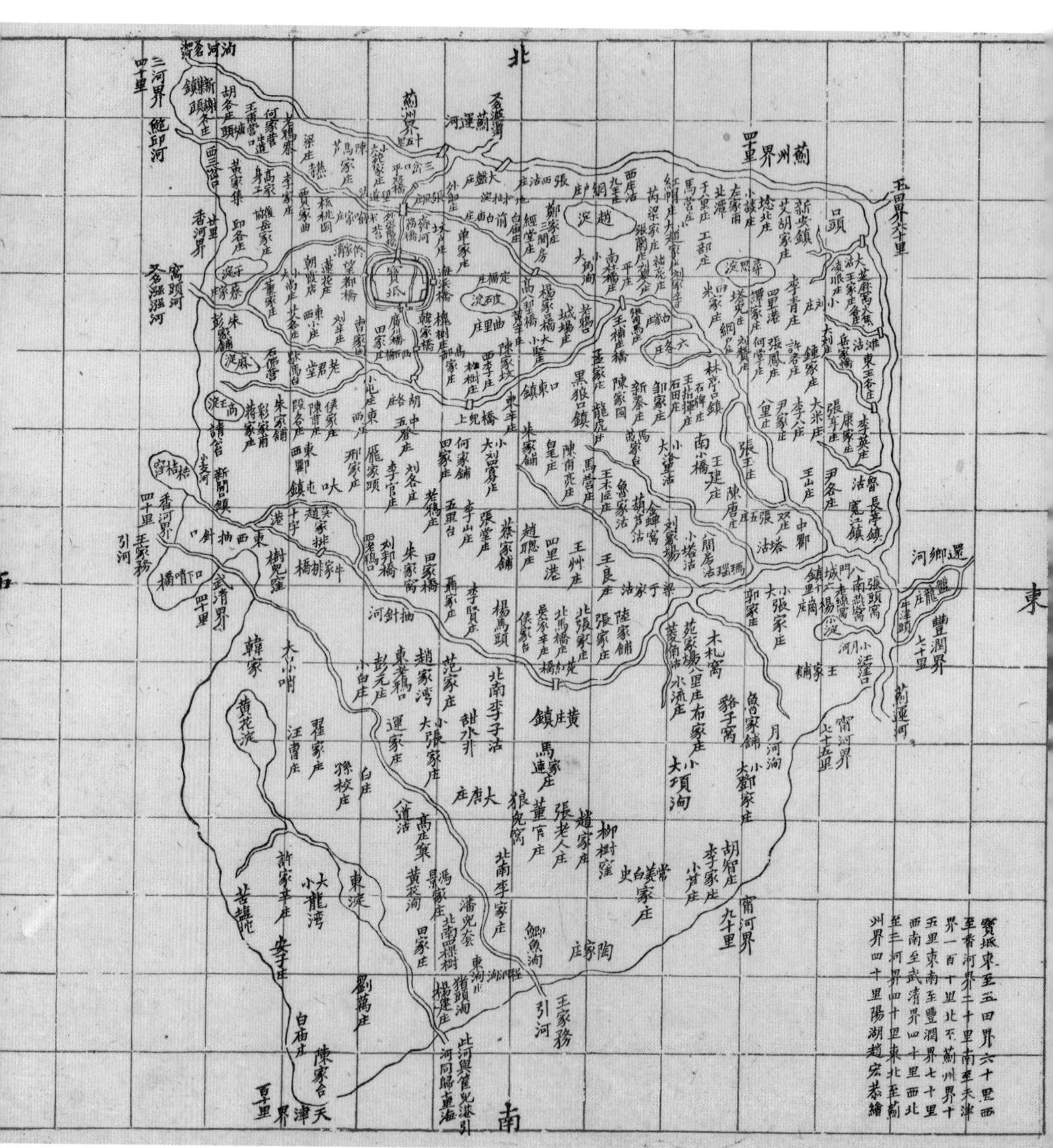

《宝坻县图》——选自《顺天府志图》

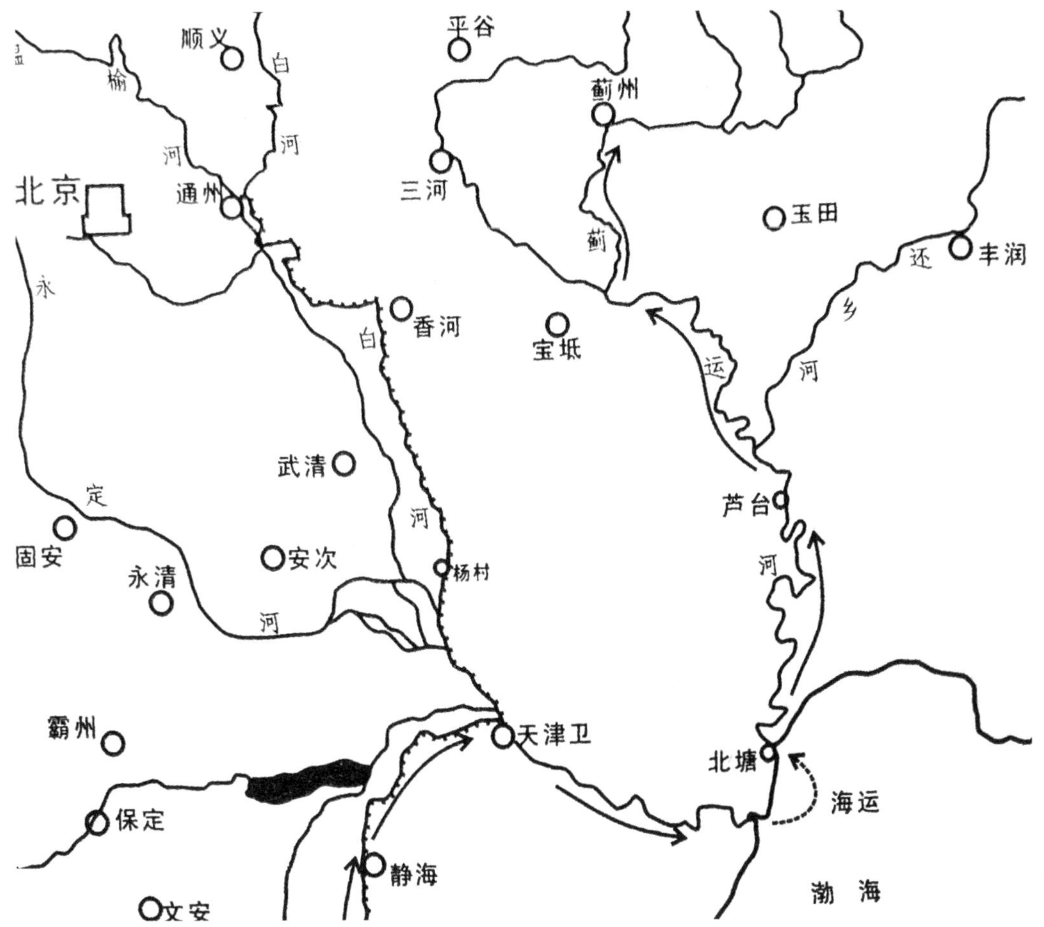

明天顺二年（1458）以前蓟州漕粮运输路线[①]

① 陈喜波：《漕运时代北运河治理与变迁》，北京：商务印书馆，2018年。

海河口北至北塘口)，北运军粮不需出海即可进入蓟运河[①]。《明世宗实录》记载："先是海口淤塞，漕舟从天津出海，复折入梁河而达蓟州，道远水湍，舟数败，议者谓：直沽东有二道，一曰新开，一曰水套，北接梁河，径四十里，可以疏浚成河，改由北道，无涉海之虑，谓之新河。"前述《直隶通省舆地全图》与《蓟运河故道图》中，都可见此条新河，连接海河和蓟运河。

清朝初年，漕粮存储于京通仓，不再通过蓟运河运往蓟州，因此蓟运河逐渐废淤。但是在康熙年间，建清东陵后，附近州县粮食供给不足，于是仍实行转运东南漕粮至此的办法，因此，在明朝蓟运河旧迹的基础上，挖凿河道，"长二千一百八丈，底宽二丈，面宽二丈五尺，深五尺"[②]，蓟运河再次开通，并规定定时疏浚。到清乾隆三十年（1765），因河道浅涩难行，兼山水陡发，直隶总督提请停止蓟运河"截漕运剥"，清东陵粮米改为陆运，于是蓟运河岁修工程停止，蓟运河渐淤。

清末民初，潮白河和北运河常发洪水灾害，殃及蓟运河，为了治理水患，政府修了多条引河，引北运河水向东南流入蓟运河，而后入海。

清末民初的《蓟运河图》中简略绘制了蓟运河的流向和主要支流，蓟运河上游为洵河、梨河（今州河），二河汇合后，在宝坻有窝头河（鲍丘河、箭杆河汇入窝头河）、还乡河汇入，至蓟运河下游，王家务引河等汇入后入海。光绪年间的《畿辅六大河流图》则详细绘制了蓟

---

① 《水运技术词典》编委会：《水运技术词典》，人民交通出版社，2000年。

② [清]洪肇楙：《宝坻县志》，天津古籍书店，1983年。

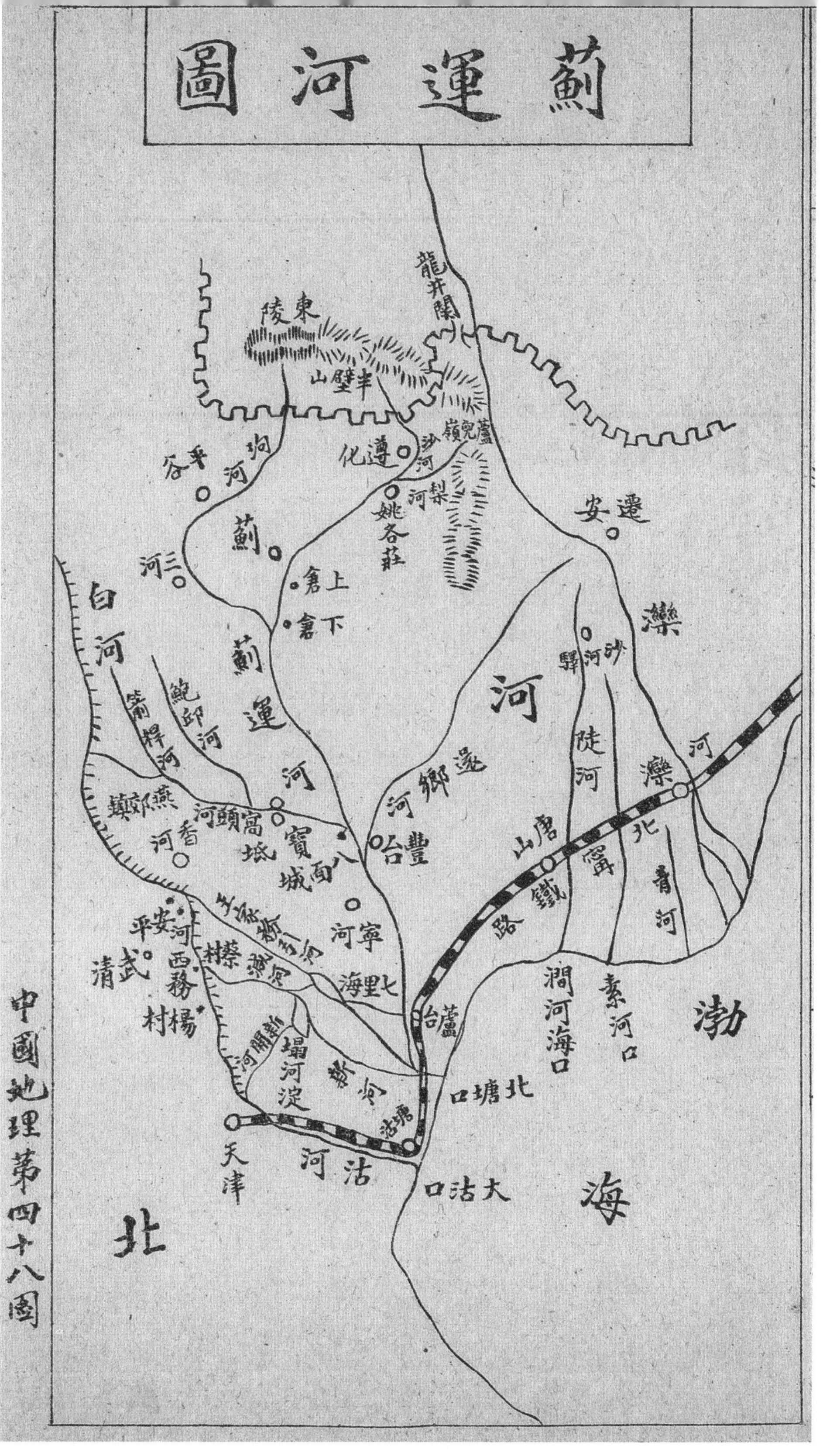

《蓟运河图》——选自《中国地图——全河流图》

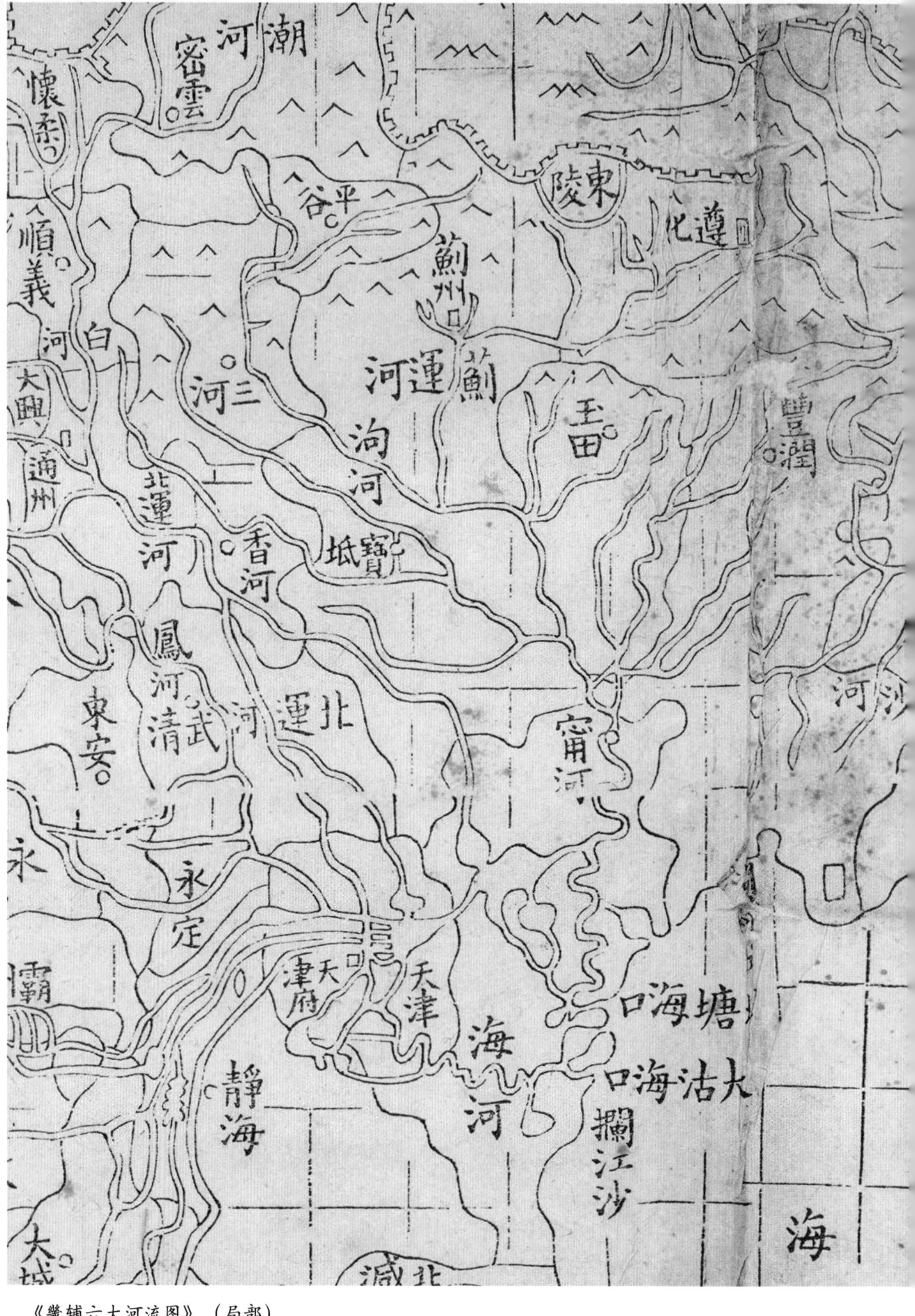

潮河
密雲
懷柔
平谷
東陵
遵化
薊州
運河
薊
順義
白河
三河
玉田
豐潤
泃河
大興
通州
北運河
香河
寶坻
鳳河
武清
北運河
東安
甯河
永
永定
霸
天津府
天津
海河
塘海口
大沽海口
靜海
攔江沙
海
大城

《畿辅六大河流图》（局部）

运河各支流，《直隶五大河流图说》中记载：蓟运河上游两大支流为沟河和梨河，梨河发源于直隶遵化县东芦儿岭，从东北向西南流淌，沿水流方向有松棚河、双泉河、沙河、淋河、隅头泉、阳河汇入，至宝坻县南白龙港泉东，与沟河汇合，沟河源出塞外黄崖关，流经蓟县、平谷县、三河县、宝坻县。梨河和沟河汇合后称蓟运河，蓟运河沿东南流淌，在玉田县有荣辉河汇入，在宝坻县宽江村东，有鲍丘河汇入，在张头窝南有还乡河汇入，入宁河县后南流至芦台镇南，有七里海曾口引河汇入，南流经东庄过京奉铁路，又西南流有七里海东西引河河流汇入，又东南流至北塘镇北，有金钟河汇入，之后东南流至北塘海口入于海。

治理

明清时期，直隶境内各大河流水患频发，虽然与其他河流相比，蓟运河的水患较为轻微，但由于支流众多，水兼力猛，每遇汛涨，骇浪惊涛，给农业、航运带来了许多不利的影响，所以从雍正年间开始，就在蓟运河两岸修筑堤坝，以防洪水。李鸿章在治河的奏折中曾提到：“窃畿东之水，以蓟运河为大……计应修筑蓟州蓟运河东堤，自西河套起至娄庄止，长二万一千五百余丈。西堤自蔡家庄起至嘴头村止，长一万四千八百余丈……又应挑挖蓟、沟两河身，并裁弯取直……又应修鲍丘河，自谈家铺起，至卜庄止，南北两堤，长一万八千三百余丈。窝头河自郭杨各庄起，至八门城止，南北堤长二万六百余丈……”《直隶五大河流图说》记载：“蓟运河东岸民埝一道自西河套起至小河口止计长一百一十九里，蓟运河西岸民埝一道自蔡家庄起至白塔庄止计长八十四里，蓟运河南岸堤埝一道自白龙港北起至宽江止计长八十四里零五分，雍正四年奉水利府勘明动帑修筑。”除蓟运河干流外，各支流包括沟河、还乡河、陡河、小水河、蓝泉河、黑龙河、泥河等局部都建有河堤。

在清末民初绘制的蓟运河、北运河河工图中，都可以看到蓟运河两岸的河堤建设情况。清光绪年间绘制的《蓟运河图说》，绘制了宝坻县境内从大曹庄村（沟河和州河汇流后）到勾家庄段（箭杆河汇入之前）蓟运河堤坝及西岸村庄，并用红签标注各处险堤长度。从图中看，这段蓟运河的险堤集中在大曹庄村至船窝庄这一段，李家口头与大沽庄之间有决口，已筑新堤。《宝坻县境蓟运河鲍丘河河工丈尺图》，绘制了宝坻县境内蓟运河、鲍丘河、窝头河、绣针河、针河、蜈蚣河、北运河的青龙湾减河，其中详细绘制了蓟运河、鲍

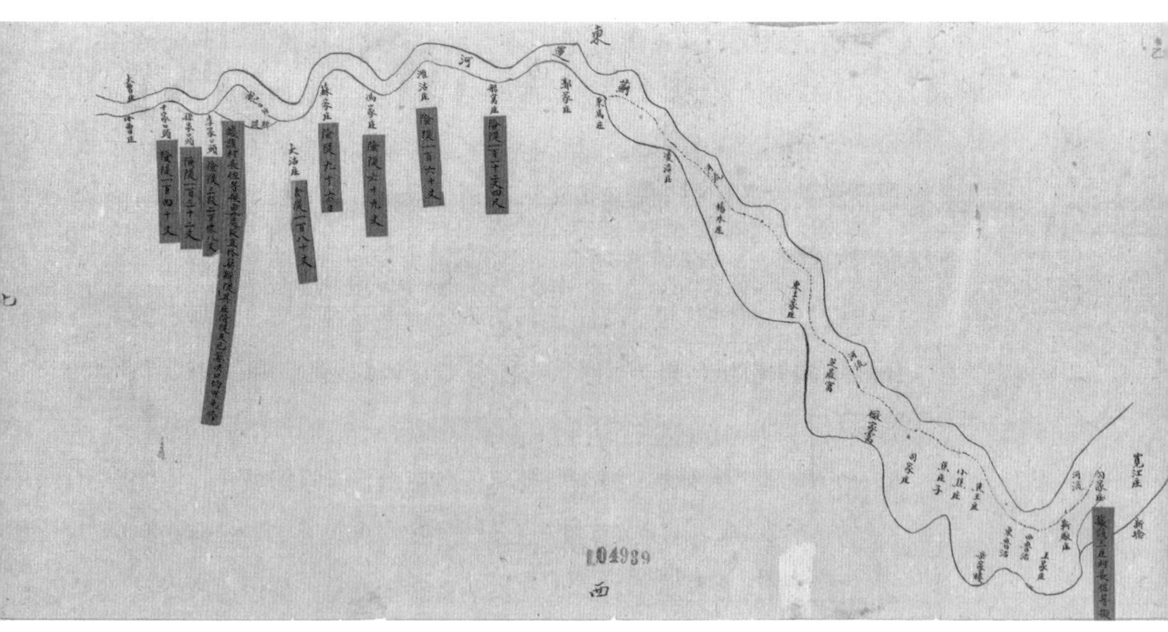

《蓟运河图说》

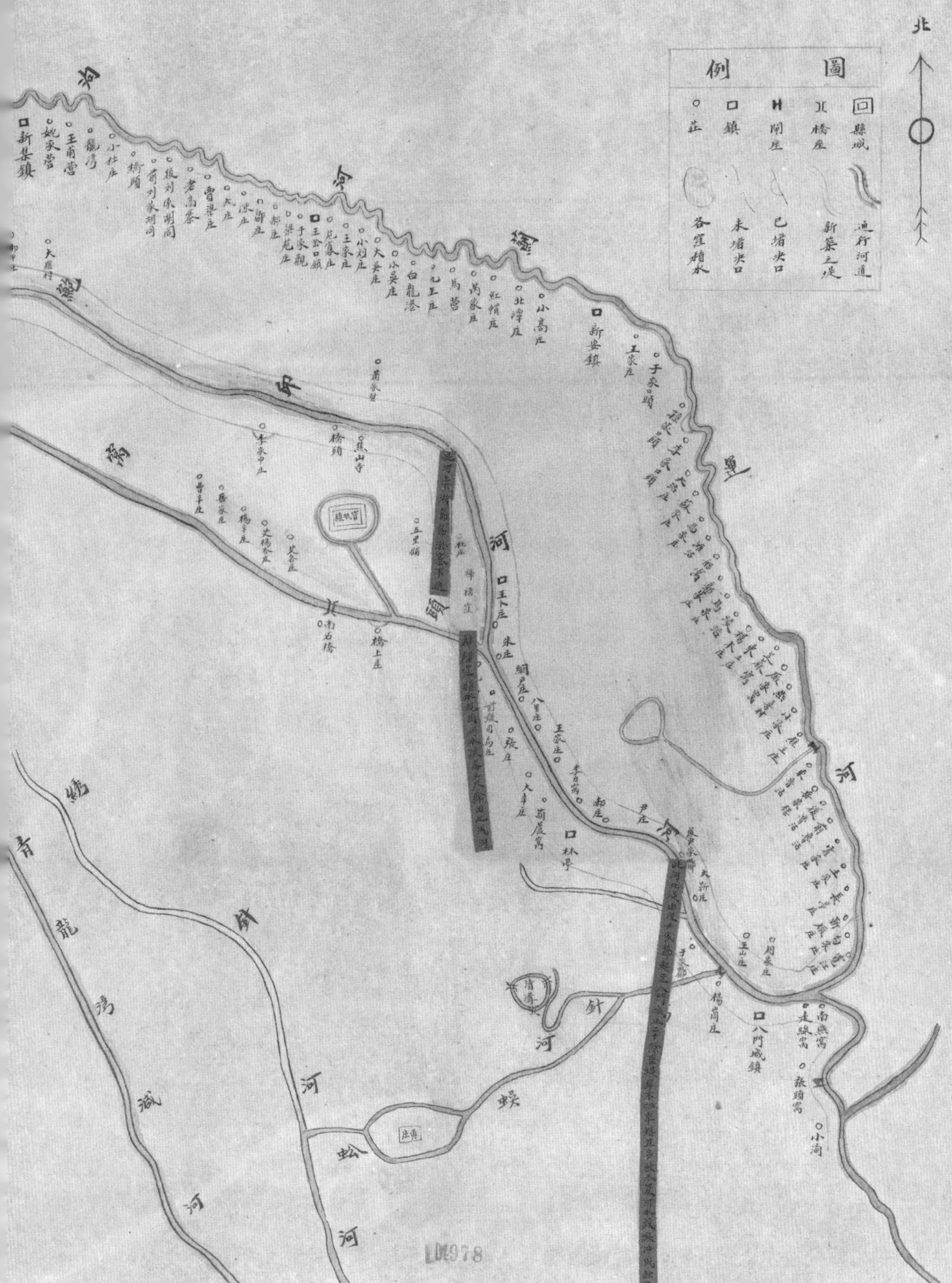

《宝坻县境蓟运河鲍丘河河工丈尺图》

丘河两岸的村庄、河堤、决口、已堵决口，并用红签标注了鲍丘河两岸河堤状况。

除了自身水患外，从明代开始，蓟运河下游就受到北运河、潮白河决口的影响。清康熙三十六年（1697）和三十八年（1699），北运河在武清县筐儿港接连决口，康熙皇帝下令修建了筐儿港引河。雍正年间，为缓解北运河洪水压力，又修建了青龙湾引河，两条引河均向东南流经七里海入蓟运河后入海。

清末民初，潮河多次决口，洪水屡夺鲍丘河故道下泄到蓟运河。清光绪十二年（1886），潮白河水在通县平家疃决口，大水顺箭杆河下泄，经香河县马家窝、固庄北，入鲍丘河至蓟运河。1912 年，潮白河在李遂镇再次决口，大水再度侵入鲍丘河，并漫流向宝坻东南境的村庄，殃及蓟运河。《北运河图》所绘即潮白河在李遂镇决口后，洪水漫溢情形及拟行治理方案。图绘制范围西北起顺义县李遂镇北，东南至北塘入海口。图中绘制了北运河、蓟运河、鲍丘河、箭杆河、青龙湾减河、筐儿港减河。潮白河在李遂镇决口后一部分从马家窝入箭杆河，一部分向东南流淌，逐渐漫延到蓟运河边，图中虚线绘制出了河务局为缓解潮白河水患，拟开挖的新河道。《潮白河由鲍丘转窝头河入蓟运并疏浚北运引河全图》绘制了宝坻县境内蓟运河、鲍丘河河流走向，两岸村庄及河工状况。蓟运河两岸筑有河堤，鲍丘河则在旧堤的外侧重新筑以新堤，并标注了河岸水准和河底水准。鲍丘河两处旧堤被冲毁，周围积水淹及多处村庄。

为了治理潮白河水患，也为了增加北运河水量，政府采取多种治河方案，开挖减河，修建拦河闸，使潮白河水平时入北运河，涨水时则放水入箭杆河，从蓟运河入海，但效果不佳。1950 年，为了

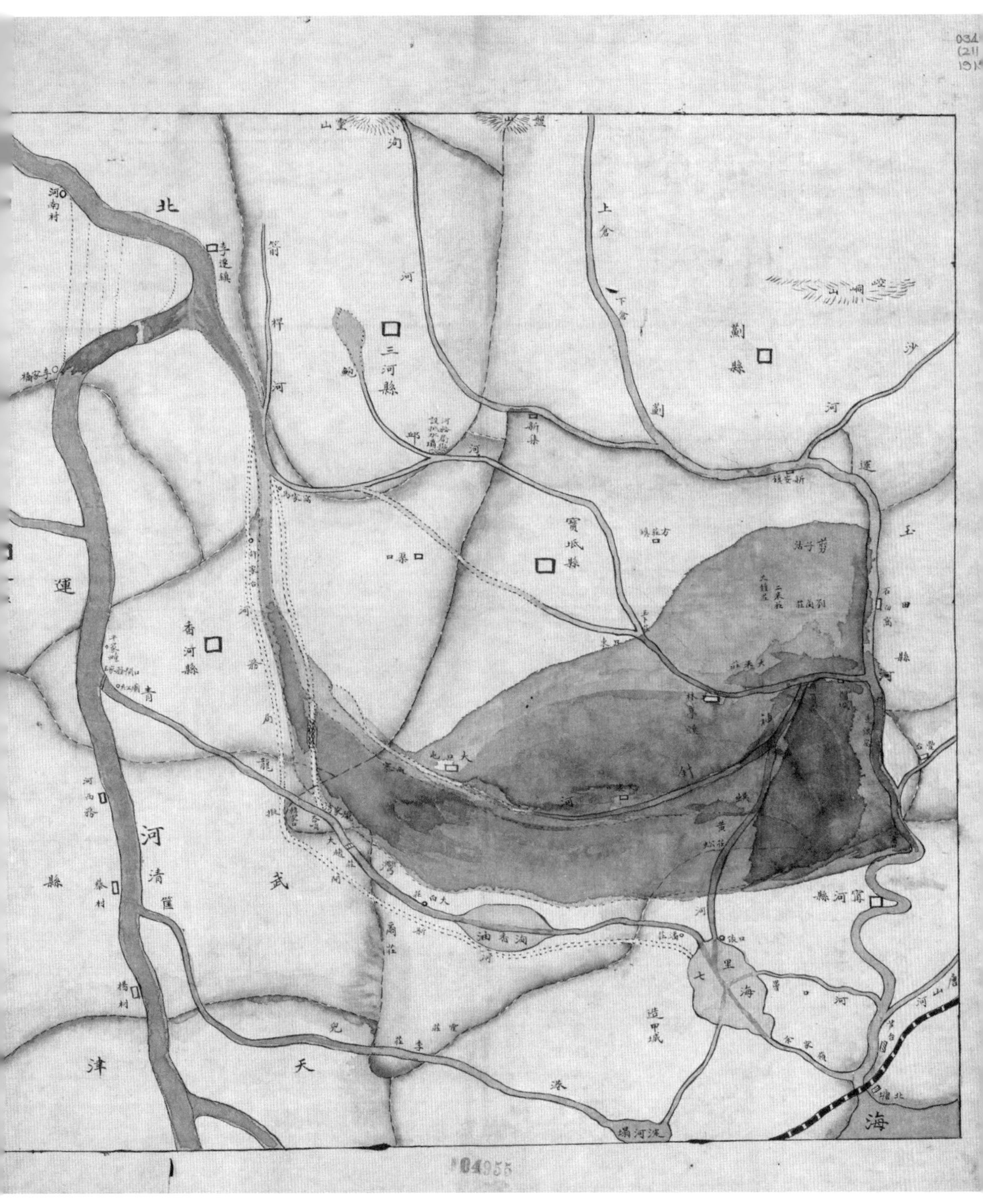

《北运河图》

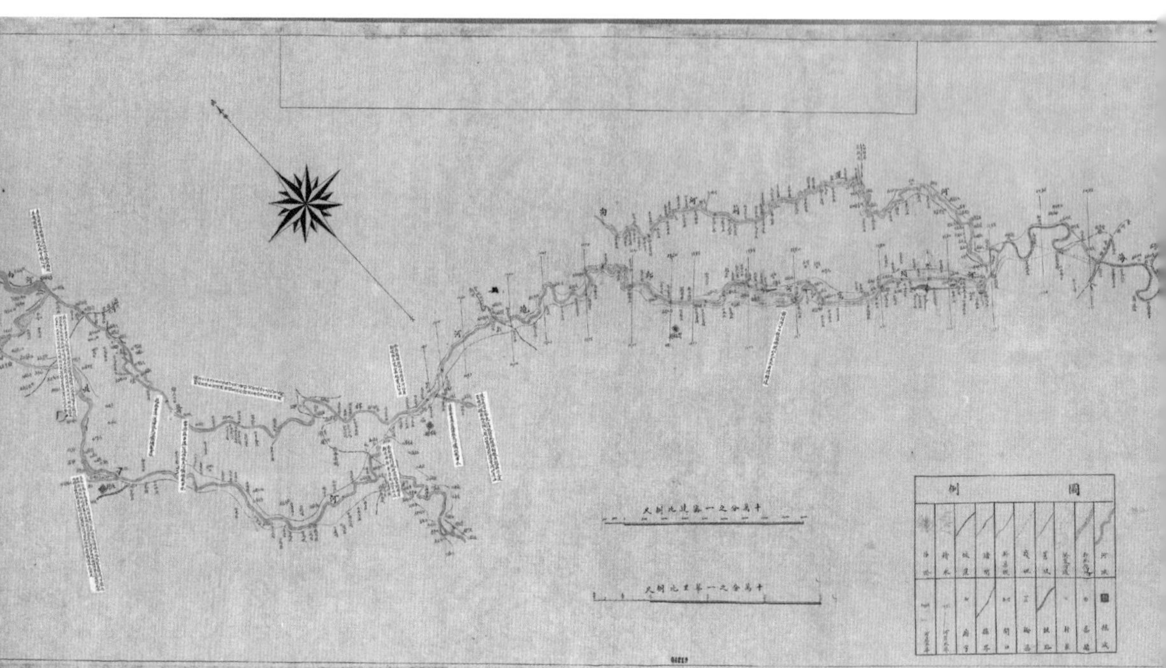

《潮白河由鲍丘转窝头河入蓟运并疏浚北运引河全图》

减轻潮白河洪水对蓟运河的影响，开辟了潮白新河，潮白新河从香河县东北的义井村起，沿潮白河故道向东南，引潮白河水流经黄庄洼、小蜈蚣河、七里海，至天津市北塘镇宁车沽，与蓟运河、永定新河汇合，流入渤海。

第三节
泃河

泃河，古称广汉川[1]，流经北京的东北边缘，横穿平谷山前平原，是平谷的母亲河，也属蓟运河水系。泃河历史悠久，其名最早出现在战国后期的《竹书纪年》中“梁惠成王十六年，齐师及燕战于泃水，齐师遁，即是水也”。泃河名称一直沿用至今，已经有2000多年的历史了。历史地理学家尹钧科指出“与北京地区其他河流名称相比，它是最为古老，最为稳定的”。关于泃河的详细介绍，早在北魏年间地理学家郦道元著的《水经注》中就有记载：泃河“水出右北平无终县西山白杨谷，西北流经平谷县，屈西南流，独乐水入焉。泃水又左合盘山水，东南经平谷县故城东南，与洳河会。又南经紻城东，而南合五百沟水。泃河又东南，经临泃城北，屈而历其城东，侧城南出”。其中，无终县为今河北兴隆县，紻城为今平谷西南英城乡，

① 《方舆纪要》载：“泃水一名广汉川，宋广川郡之名以此。”

临泃城为今三河市。即泃河发源于河北兴隆县，由黄崖关入今天津蓟州区境内，经下营、罗庄子，在泥河村进入北京平谷区，在平谷区境内独乐河（今黄松峪石河）、盘山水（今豹子峪石河）、五百沟水（今金鸡河）等河流汇入，并与洳河汇合，流经三河县城北，绕城东，从城南流出。

《冀东分县图》中，泃河发源于兴隆县境内，向南从黄崖关流入蓟县，在蓟县境内继续向南流，在罗庄附近往北折返又向东流入平谷境内，在平谷县境内有多条河流汇入，其中较大支流为独乐河，泃河从平谷城东南绕过，向西南流去，在平谷西南境与洳河汇合，入三河县境内向南流，过三河县城东北后南流，在桥头村南进入宝坻县，而后沿蓟县与宝坻县边界向东南流，在蓟县下仓南汇入州河后称蓟运河。图中泃河河道被标注为两种：一种是普通河道；一种是沙砾河滩。泃河上游河道，包括兴隆县境内、蓟县境内以及平谷县境内平谷城东的下纸寨村以东，河道宽阔，无固定河床，为沙砾河滩，从下纸寨村以下，才出现固定河道。

关于泃河，字典中对“泃”字的解释，大多为：“泃河，水名”，好像“泃”字是专为这条河而造的字。清乾隆四十二年（1777）《平谷县志》中的《平谷县图》中，泃河从东北山地中蜿蜒而出，向西南流淌，过平谷县城东后向西，一路曲折流出平谷，其中有几条河流汇入。从图中泃河的河流形状，加上绘制为方块形状的县城来看，就是一个“泃”字，可见“泃”字是根据河流的形状而造的。可能由于“泃”字不是常用字，在一些地图或史料中会将“泃河”标注为“沟河”或者“洵河”，如在《冀东分县图》中，除《平谷县图》中泃河标注为“泃河”外，三河县、宝坻县、蓟县图幅中，都将泃河标注为“沟河”。

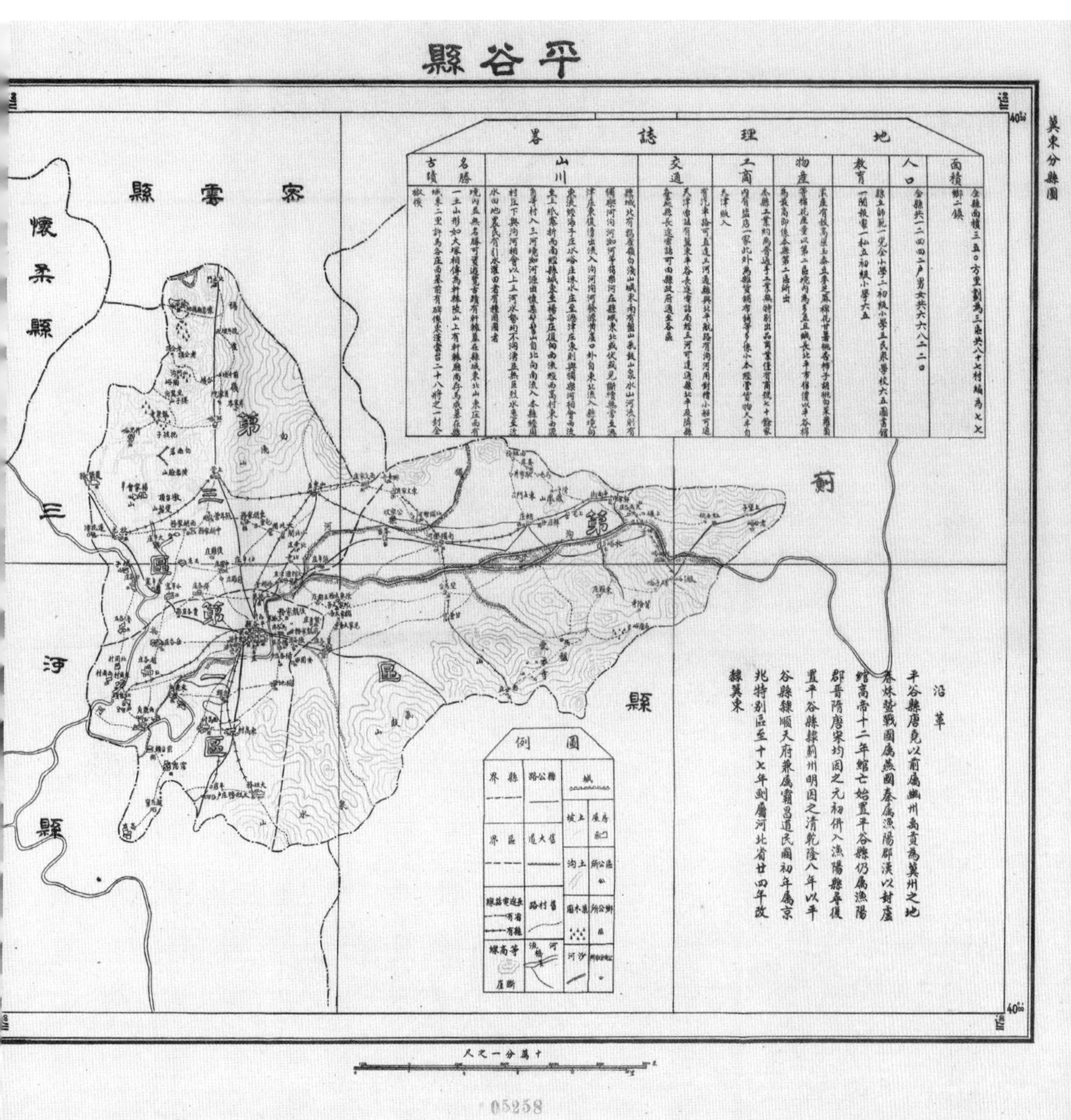
平谷縣
冀東分縣圖
地理誌略
面積
人口
教育
物產
工商
交通
山川
名勝
古蹟
密雲縣
懷柔縣
三河縣
薊縣
第一區
第二區
第三區
沿革
平谷縣唐虞以前屬幽州禹貢爲冀州之地
春秋暨戰國屬燕國秦屬漁陽郡漢以封盧
綰高帝十二年綰亡始置平谷縣仍屬漁陽
郡晉隋唐宋均因之元初併入漁陽縣尋復
置平谷縣隸薊州明因之清乾隆八年以平
谷縣隸順天府兼屬霸昌道民國初年屬京
兆特別區至十七年劃屬河北省廿四年改
隸冀東
圖例
十萬分一之尺
05258

《平谷县》——选自《冀东分县图》

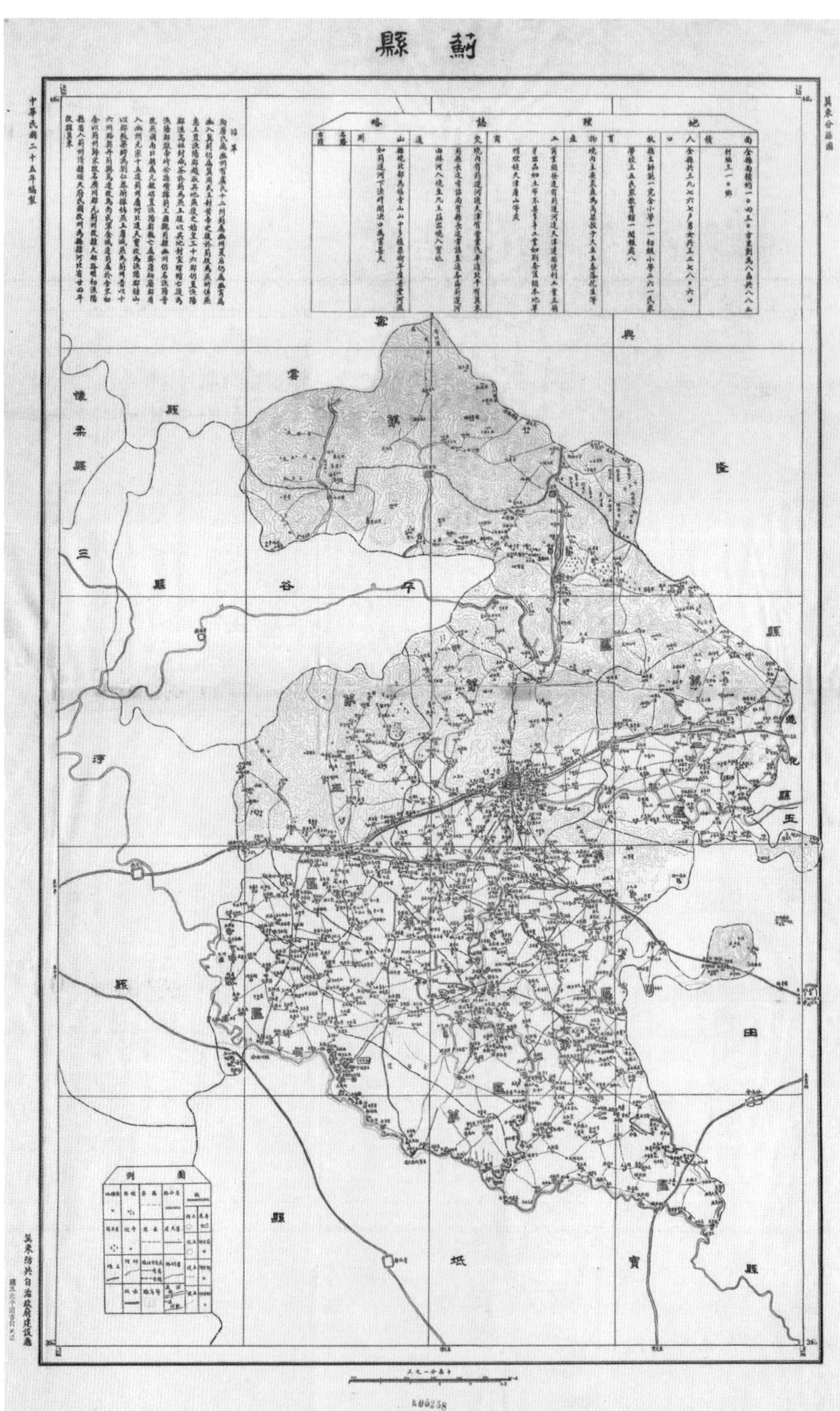

《蓟县》——选自《冀东分县图》

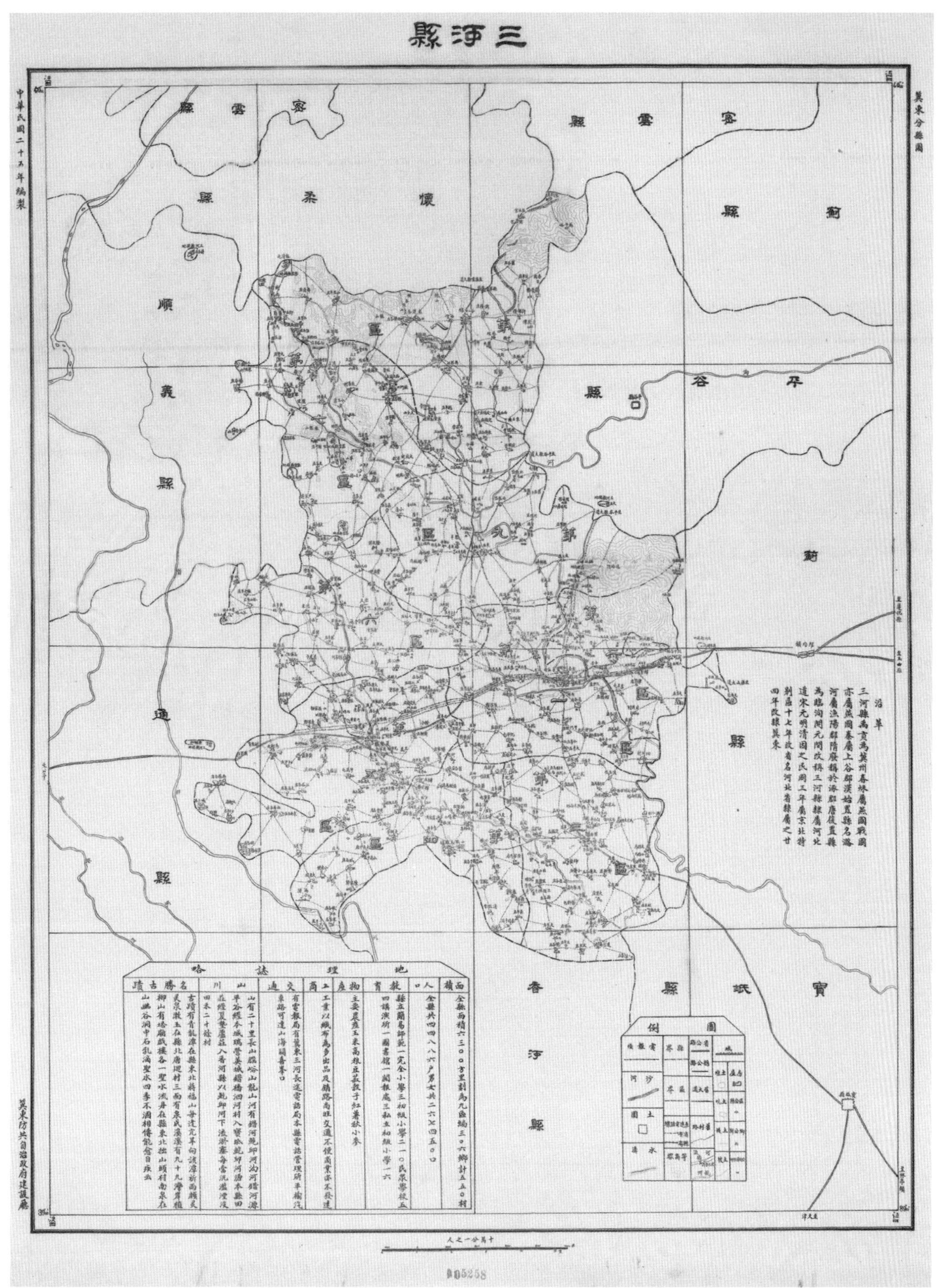
三河縣
中華民國二十五年編製
冀東分縣圖
密雲縣
懷柔縣
順義縣
通縣
薊縣
平谷縣
寶坻縣
香河縣
沿革
三河縣禹貢為冀州春秋屬燕國戰國亦屬燕國秦屬上谷郡漢始置縣名潞河屬漁陽郡隋廢縣於潞郡唐復置縣為臨泃開元間改稱三河縣隸屬河北道宋元明清因之民國三年屬京兆特別區十七年改省名河北省隸屬之廿四年改隸冀東
地理誌略
面積 全縣面積六三〇〇方里劃為九區編三〇六鄉計五五〇村
人口 全縣共四四八八六戶男女共二六七四五〇口
教育 縣立簡易師範一完全小學三初級小學二一〇民眾學校五四講演所一圖書館一閱報處三私立初級小學一六
物產 主要農產玉米高粱豆麥穀子紅薯秋小麥
工商 工業以織布為多出品及銷路尚旺交通不便商業亦不發達
交通 有電報局有冀東三河長途電話局本縣電話管理所平榆汽車路可達山海關喜峯口
山川 山有二十里長山臨峪山龍山河有鮑河鮑邱河泃河錯河源平谷經本城瑪營莫城錯橋泗河村入寶坻鮑邱河源本縣田莊經夏墊廬莊入香河縣以鮑邱河下流淤塞每當汛溢灃浸田禾二十餘村
名勝古蹟 古蹟有青龍潭在縣東北蔣福山每逢亢旱向該潭祈雨頗靈靈泉漱玉在縣北唐迴村三面有泉成溪漢有九十九灣岸植柳山有塔廟戲樓各一聖水流舟在縣東北拙山頭村南泉在山坳谷洞中石乳滴聖水四季不涸相傳能愈目疾云
圖例
十萬分一之尺
冀東防共自治政府建設廳

《三河县》——选自《冀东分县图》

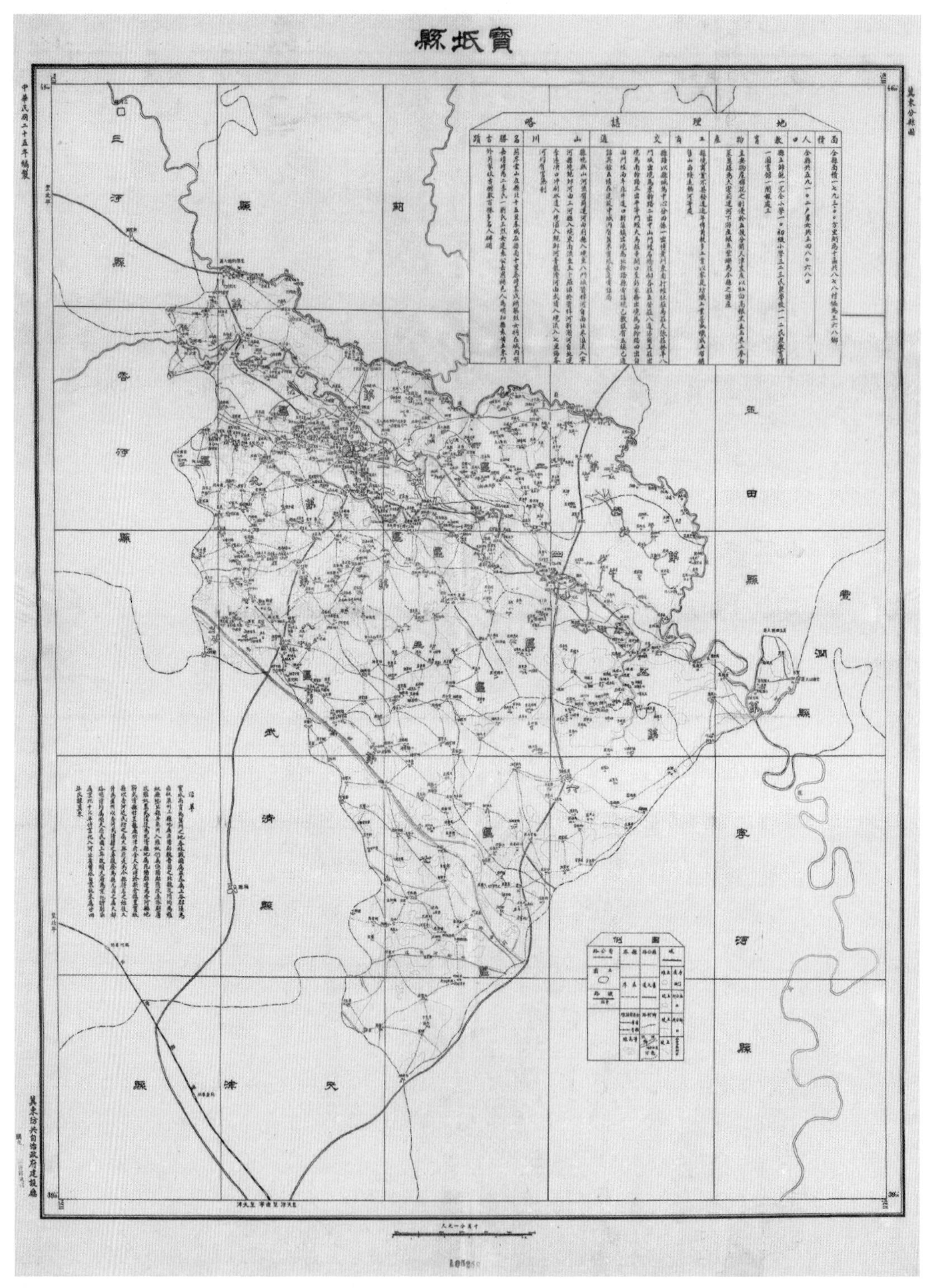
寶坻縣
冀東分縣圖
中華民國二十五年編製
地理誌略
三河縣
香河縣
武清縣
天津縣
玉田縣
豐潤縣
寧河縣
圖例
冀東防共自治政府建設廳

《宝坻县》——选自《冀东分县图》

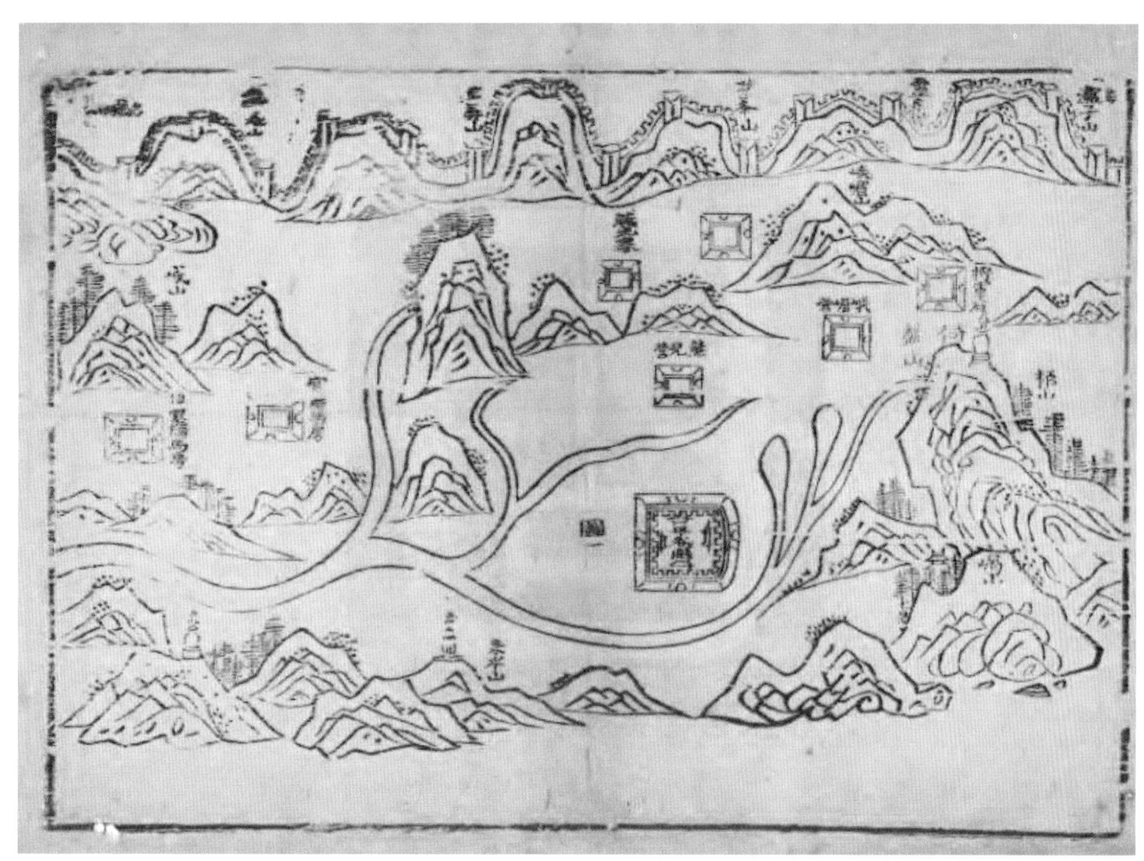

《平谷县图》——选自乾隆四十二年（1777）《平谷县志》

泃河支流

泃河从平谷东部流入，从东至西，横穿平谷境内，其间，平谷北部和东部山区的河流从山上顺流而下，多汇入泃河。由于不少支流为季节性河流，各年水量不一，有些支流在某些年份会出现断流，所以各朝代关于泃河支流的数量和名称记载也都不同。乾隆年间县志记载，泃河支流包括县东二十里的独乐河，县东三里源出海子庄的马庄河，县西四十里的周村河，县南发源于泉水山的逆流河，而民国年间的县志则记载泃河支流包括洳河、独乐河、盘山水、逆流河、马庄河、周村河、双泉河、清沟河。1973 年的《平谷县地图》，由北京市地质地形勘测处编绘，此图详细绘制了平谷境内的山川河流、村庄城镇，并采用晕滃法表示地势高低，其中泃河各条支流源头流向清晰可见，并标注有各支流名称，泃河支流从东到西分别为红石坎泉水河、将军关石河、土门石河、豹子峪石河、黄松峪石河、鱼子山石河、太务石河、拉煤沟河、错河、龙河、金鸡河、小龙河，未见史料中记载的周村河、马庄河、逆流河。

红石坎泉水河

泃河从蓟县泥河村附近流入平谷，之后从东往西，汇入的第一条支流是红石坎泉水河。此河发源于平谷东部上鞍子，在红石坎村附近汇入泃河。

将军关石河

泃河向西流，在上宅村南，有将军关石河汇入。将军关石河发源于河北兴隆县斗子峪乡，由北向南经将军关北山口入平谷境，流经靠山集、韩庄镇汇入泃河。将军关是长城北京段最东端的一个关口，因城内有一名为“将军石”的柱形巨石而名。

土门石河

泃河流至韩庄附近，有土门石河从北向南汇入。土门石河又称黑水湾石河、晏庄石河，发源于靠山集乡黑水湾村北。

豹子峪石河

泃河流至望马台附近，有豹子峪石河从南向北汇入。豹子峪石河又称为盘山水，发源于蓟县盘山，民国二十三年（1934）《平谷县志》记载：“盘山水，《水经注》云水出山上，其山峻险，人迹罕交，去山三十里，望山上水，可高二十余里。素湍皓然，颓波历溪，沿流而下，自西北转注于泃水。”

黄松峪石河

泃河流至张辛庄南，有黄松峪石河汇入。黄松峪石河又称为独乐河，平谷旧时八景之一“独乐晴波”指的就是独乐河河景。乾隆年间《平谷县志》记载：“独乐河，在县东北二十里，或伏或现，断续无常，西流入泃河。”黄松峪石河是泃河支流中较大的一支，发源于黄松峪乡北部狗背岭南麓，自北向南流经黄土梁、梨树沟、湖洞水、黑豆峪，在峰台村东与西侧的北寨石河相汇后注入泃河。北寨石河发源于北寨村北的福吉卧村。黄松峪石河在黄松峪村以北流淌于峡谷之中，之后进入河漫滩，历史上没有固定河床，汛期山洪暴发，漫流无束，危及四方。

鱼子山石河

泃河流至东洼村南，有鱼子山石河汇入。鱼子山石河发源于山东庄镇桃棚村北，向南流经鱼子山、山东庄、北辛庄后在东洼村汇入泃河。

太务石河

泃河流至县城东，有太务石河汇入。太务石河又称夏各庄石河、杨各庄河，发源于夏各庄南山，由东南向西北流经南太务、贤王庄、龙家务，于杨各庄村西汇入泃河。民国十五年（1926）《平谷县志》则记载，此河名杨各庄河，“源出龙家务，西流入于泃河”。

拉煤沟河

泃河流至平谷城南西高村西，有拉煤沟河汇入。拉煤沟河又称大旺务石河，发源于东高村镇大旺务村东山沟，向西北流入泃河。

错河

泃河流至前芮营村东，有错河汇入。错河是泃河最大的一条支流，因水从山谷低洼处泥沼中流出，又称为洳河。错河发源于密云区东邵渠乡银冶岭南麓，自北向南流入平谷区西北刘家店乡，流经丫髻山、北城子村等，在平谷区西南汇入泃河。《水经注》记载洳河“水出北山，山在傂奚县故城东南，东南流经博陆故城北又屈经其城东，又东南流经平谷县故城西而东南注于泃河”，其中“傂奚县”在今密云区，“博陆故城”在今平谷区大兴庄镇北城子村东。错河在平谷境内也有多条支流，包括镇罗营石河、熊儿寨石河、双泉河、清沟河。镇罗营石河是洳河上游最大的一条支流，发源于平谷北部镇罗营乡的栅子沟，穿长城而过向北而后向西南流，熊儿寨石河发源于南大地村，经花峪、熊儿寨等村，在前北宫村与镇罗营石河汇合后流入洳河。清沟河“源出城北五里许杜辛庄，后西南流会双泉河入于洳河”。双泉河发源于王辛庄镇北部杨家会村，民国二十三年（1934）《平谷县志》载：“双泉河，源出双髻山下，双泉涌出流为河，故名，其流甚微，折苇可渡，西南流汇清沟河入于洳河。”

龙河

泃河向南流至果各庄附近，有龙河汇入。龙河有两条河道，一条发源于峪口镇西樊各庄村，另一条发源于顺义龙湾屯乡，由马昌营镇西双营村入境，两条河道向东南流淌在果各庄附近汇合后向东流入泃河。

金鸡河

泃河向南流至英城村附近，有金鸡河汇入。金鸡河史称五百沟水，发源于顺义东北部唐指山南麓，从东南流入平谷，后向东南方向弯曲迂回至英城村入泃河。

小龙河

泃河流至平谷西南马坊镇，有小龙河汇入。关于小龙河，史料记载不详，图中显示，小龙河发源于顺义县南聂庄子村，向东南流入平谷县，在马坊镇小屯村南汇入泃河。

逆流河

在各个时期的县志中，都有关于逆流河的记载，但是在地图中均未见。清雍正六年（1728）《平谷县志》记载："逆流河，一名小碾河，在县南，发源泉水山下，西北流九十九曲入于泃河。"民国二十三年（1934）《平谷县志》载："泉水山，在县城南八里，下有泉，逆流河发源处也，灌稻田十数顷，民赖其利有村落名曰稻地。"《北京百科全书·平谷卷》记载："泉水山，位于东高镇南部……山上有平谷仅存文峰塔。"又有《北京市平谷县地名志》载："南埝头……原名小碾头庄，因村址在小碾河（逆流河）尽头之南，故名。"因此，可以推测出逆流河发源于东高村镇南的泉水山下，向西北弯曲流经稻地村、南埝头村，在南埝头村北流入泃河。

周村河

周村河，清雍正六年（1728）《平谷县志》记载:“在县西四十里，源出口外，入于泃河。”而民国二十三年（1934）的《平谷县志》中则记载 :“周村河，在县城西十里，入于洳河。”因此，雍正年间的周村河指的可能是错河（洳河），民国后的周村河指的应该是周村西北的一条小河，1982 年的《平谷县地图》中，此河发源于平谷西的陈良屯，西南流经西石桥、东石桥、后芮营，在周村西南汇入错河。

马庄河

马庄河，清雍正六年（1728）《平谷县志》记载 :“马庄河，在县东三里，源出海子庄，入于泃河。”《光绪顺天府志》记载 : 马各庄河“出平谷县东二十九里海子庄，上马各庄在其东七里许，接蓟州西界，其水今渐涸，然涨流有道，西流四里，经水峪庄北，又八里，经望马台北，又一里，经甘营庄北，又六里，经纪家务北，又五里，经龙家务北，又里许，经张各庄西北，入泃河”。可见，马庄河源出平谷东部海子庄，长约二十五里，经水峪庄北、望马台北、甘营庄北、纪家务北、龙家务北，在张各庄西北汇入泃河，流行路径与泃河平行。马庄河在各志书、地图中均少能见到，目前只在《畿辅舆图》中的《平谷县图》中见马庄河源出泃河南的海子庄，西流至平谷城东南，入泃河。

泃河的支流中，多数为季节性河流，河流水量夏秋多，冬季少，甚至断流，1973 年的《平谷县地图》中用蓝色虚线表示季节性河流，

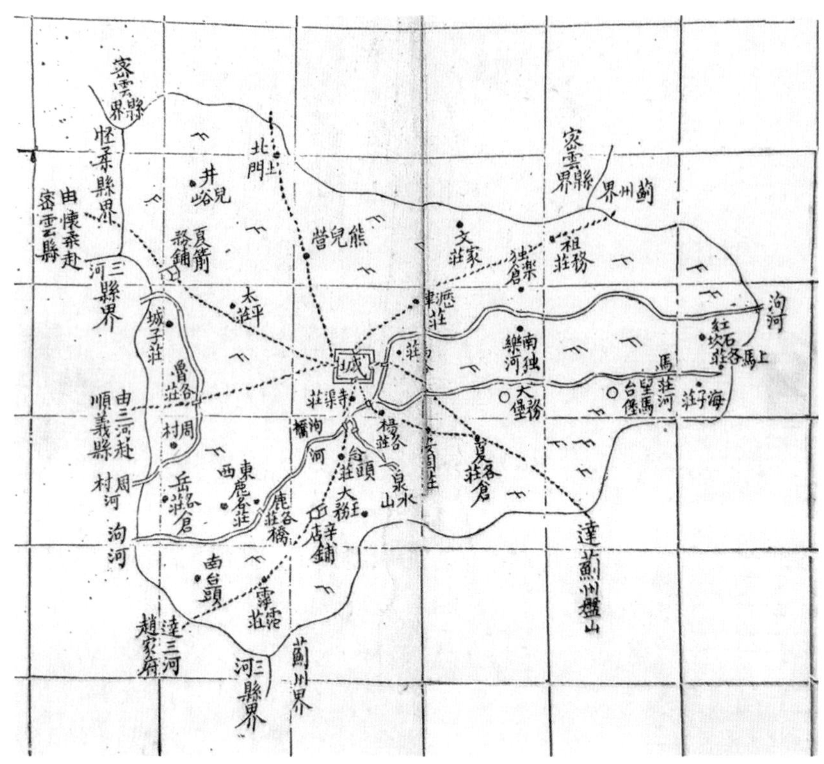

《平谷县图》——选自《畿辅舆图》

图中可见洵河支流大多为季节性河流，包括红石坎泉水河、将军关石河、土门石河、豹子峪石河、黄松峪石河、鱼子山石河、太务石河、拉煤沟河、镇罗营石河、熊儿寨石河，这些河流的上游多蜿蜒于山区峡谷，洪水期容易发生洪涝灾害，也会造成河道的改变，另外受气候及人类生产和生活活动的影响，洵河及支流河道也常常会发生变化，比如消失的逆流河、马庄河。1982 年北京市测绘处重新测绘了《平谷县地图》，对比 1973 年和 1982 年的《平谷县地图》，也可以看出洵河支流的一些变化，平谷城区东的太务石河上游消失，只剩龙家务至洵河一段；平谷城区南西高村附近的拉煤沟河也发生了较大的变化，分化成两条较短河流。

泃河古渡

泃河历史悠久，由于其水量充沛，早在战国时期，泃河水道就已经作为运河通航了。燕文侯七年（前355），齐威王兴师攻燕，自营丘（今山东淄博）至无棣河，乘舟绕渤海进沽口，循鲍丘河北上，欲袭燕京，燕文侯闻讯，率师于燕郊乘船，顺白河疾下与齐会战于泃河口，因盘阳邑（今平谷）、临泃邑（今三河）、潞县邑（今通州）、泉州邑（今宝坻）等的水路集运，燕军供应充足，而齐师补给不及时，惨败遁逃。

汉献帝建安十一年（206），曹操北上攻打乌桓，屯兵于泃河一带，为了便利军用粮草的运输，曹操征调劳役开凿了平虏渠、泉州渠。《三国志》中记载，“曹操为攻辽西单于蹋顿，凿渠，自呼淹入泒水，名平虏渠，又从泃河口凿入潞河，名泉州渠，以通河海”，自此开辟了由中原通达长城塞外的军运路线。唐朝李清云有《泃河渡》一诗记载了泃河航运的盛况：“泃河流古今，云帆漫水来。鸟冲鱼儿遁，波涌堤岸拍。军粮积如山，车马运征埃。边关用武地，供给亦劳哉。”

明永乐年间，平谷再次成为边防要地，边关驻军，平谷城内建仓屯粮，一切军需，皆需外运，泃河和洳河各渡口再次繁忙起来，天津军卫仓的军需物资经泃河运至平谷，再将平谷、密云、兴隆等地的果品、药材、皮棉等装船运往津沽和京师各处。明末，泃河水运逐渐萧条，不过到清康熙年间，为修建清东陵运输材料，增加蓟运河水量，泃河、洳河多次清淤疏浚后，水运又逐渐兴起，运送核

《泃水晚渡》——选自清乾隆四十二年（1777）《平谷县志》

桃果品及生活用品。《北支河川水运调查报告》记载，平谷至天津航路为：平谷寺渠—前芮营—英城—马坊小屯—三河错桥—侯家营—马庄—三岔口—新安镇—芦台—北塘—天津。民国二十三年（1934）《平谷县志》记载，泃河及支流渡口有“东河渡、杨各庄渡、鹿角庄渡、寺渠渡、周村渡、岳各庄渡，以上各渡口春冬有桥梁以济行人，夏秋山水涨发时则撤去用舟楫以便往来”。《三河县志》载：（泃河水路）“北自平谷，南达天津。舟船往来，络绎不绝。商民输出输入货物，咸取道于兹焉……”民国二十八年（1939），侵华日军在平谷境内拓建了 20 条可供汽车行驶的“警备路”，并与三河、蓟县、天津等地的警备公路连通，此后一切物资改用陆运，泃河水运历史至此终结。

明清泃河漕运繁忙时期，每到傍晚，平谷泃河里船舶停靠，船上炊烟缭绕，岸上车辆往来，人群熙熙攘攘，泃水晚渡竟成一景。“泃水晚渡”是平谷明清旧八景之一，在平谷城东寺渠庄南原古渡口处，旧称寺渠渡。民国王兆元所编《平谷县志料》中记载：“泃河晚渡，在县西南二里，寺渠庄南之泃河航路由此起运，通天津、唐山一带，又为赴北平必须经过之大路。”2005年，平谷区政府整治城南泃河河道，重修寺渠桥，并在桥畔立碑，碑正面为书法家张景平题“泃河晚渡”，背面为柴福善执笔的《泃河晚渡碑记》。

泃河治理

泃河上游为山川峡谷，在海子村北山口，经过一片开阔河滩及山前台地，泃河流入平谷山前平原，汛期洪水峰高势猛，奔涌狂泻，平原河道又蜿蜒曲行泄洪不畅，往往漫溢溃决，发生水患。据历史记载，泃河水大时，冲毁街道、田垄，危及上纸寨、沥津庄，有危及县城之虞。由于各朝各代大规模乱砍滥伐森林，山岭光秃，岩石裸露，水土流失，使得水患日益频繁。早在元仁宗延祐二年（1315）就有关于泃河洪灾的记载，七月，京师大雨，泃河洪水暴发，造成下游宝坻县水灾。“同治十一年六七月阴雨大水，凹地秋禾皆损”，“光绪三年五月十六日申刻，大雨如注，山中蛟水涨发，县东村庄淹没人口数十，房屋冲毁”，“民国六年七月十六日烈风雨雹，禾稼伤损，后又大水，田禾多被冲淤”[①]。

① 李兴焯：《平谷县志》，天津文竹斋，1934年。

《平谷县境被淹禾稼图》方位标注为上南下北，图中山水村庄却以平谷城为中心，采用对景画法绘制。图中形象地绘制了平谷境内的河流山川，村庄城邑，并标注各村庄名字及受灾情况。从图中情况来看，平谷城东泃河附近各村庄受损严重，上纸寨五分灾，马各庄五分灾，贤王庄三分灾，泃河下游村庄则基本无灾。洪水在贤王庄附近冲出了新的石滩，并且在城东冲出了新的河道。不过从《直隶省易受水患区域图》中看，较北京境内的其他河流，泃河的水患则不值一提，图中用红、绿、蓝色标注出被淹区域的严重程度，泃河下游及汇入蓟运河后两侧区域为绿色，表示此区域为被淹较长时

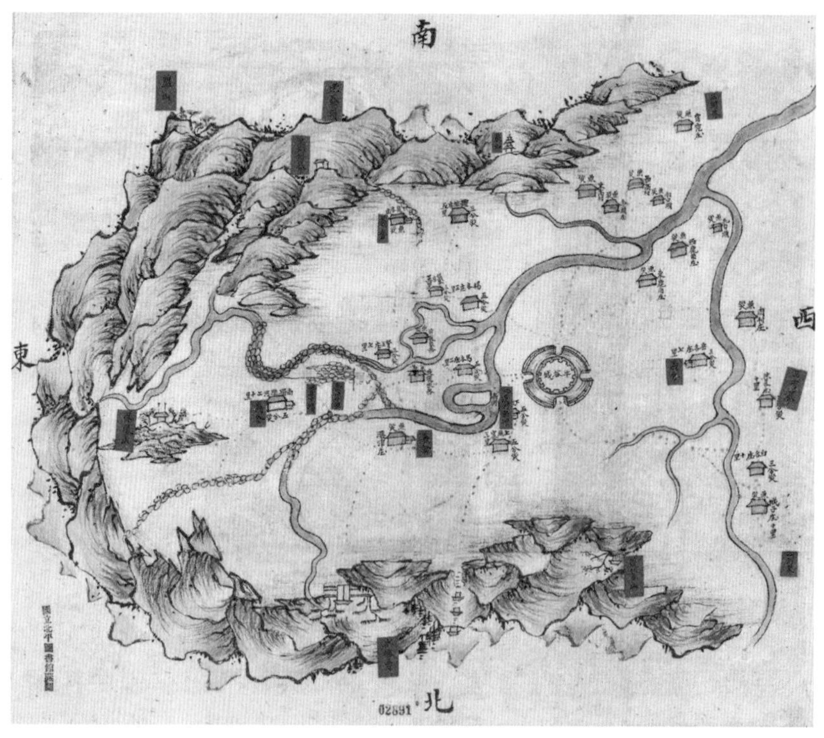

《平谷县境被淹禾稼图》

《直隶省易受水患区域图》（局部）

期之区域，平谷境内的泃河流域则未用颜色标注，表示受水患影响较轻。

为了防治洪水灾害，新中国成立后，北京市政府在泃河及泃河支流上建设了多个水库，包括建在泃河上游的海子水库、镇罗营石

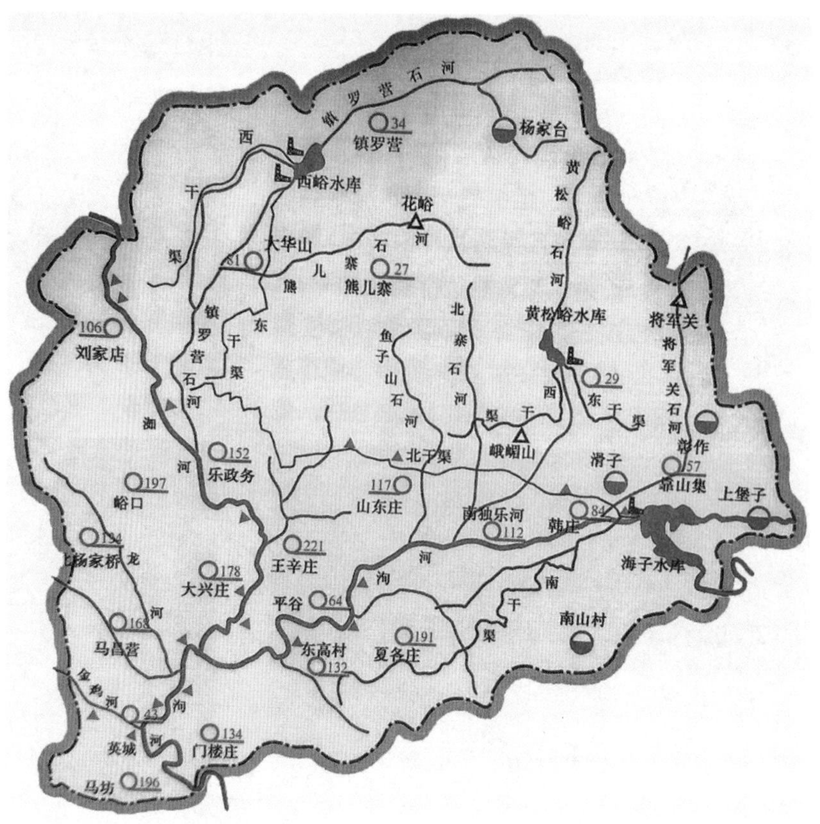

《平谷县河流示意图》[①]

---

① 《北京百科全书》总编辑委员会：《北京百科全书·平谷卷》，北京：奥林匹克出版社，2002 年。

河上游的杨家台水库、镇罗营石河中游的西峪水库、黄松峪石河下游的黄松峪水库、峪口水库、将军关石河下游的滑子水库、将军关石河中游彰作水库、红石坎泉水河上游的上堡子水库、豹子峪石河上游的南山村水库。

海子水库，是泃河最大的水库，位于平谷城东韩庄子镇海子村附近，始建于1959年。泃河在燕山峡谷中蜿蜒从蓟县流入平谷，在进入平原谷地之前，建坝拦水，成为海子水库，除了防治洪水以外，还有灌溉农田、水力发电、养殖鱼虾的功能。因海子水库北的将军关西侧的金山出产黄金，所以海子水库又称为金海，1984年辟为金

1976年海子水库扩建工地[①]

① 李润波：《平谷老照片》，北京：科学出版社，2018年。

海湖公园。

黄松峪水库，位于洵河北岸支流黄松峪石河的中游，建于 1969 年。黄松峪水库的大坝设在黄松峪村北头的山口处，大坝两侧为长城。建库前，黄松峪石河常常在汛期发大水，冲毁黄松峪村及黑豆峪村的耕地、房屋，建库后，黄松峪水库除了防洪以外，还担负灌溉、发电、养鱼的职能。

黄松峪水库

第三章

潮白河水系

第一节
概述

潮白河是京东第一大河、北京第二大水系、海河水系五大河之一，发源于燕山北部山区，流经北京市、天津市和河北省三省市。潮白河流域地处山地与平原的过渡地区，背靠燕山山脉，山峦叠嶂。河道出山后进入平原向渤海湾倾斜，山地与平原高差悬殊，形成一个背山面海的地形，流域内地势西北、东北高，东南低。潮白河上游东南侧靠燕山西端，西南侧为军都山脉，山高坡陡，一般高程在1500米以上，其中雾灵山和云蒙山，峰高约在2000米以上，而下游近海地区地面高程不足10米。在北京市境内潮白河流域约80%以上为山区，潮白河密云、怀柔以上的诸支流，均为山区性河道，河道蜿蜒奔腾于山谷之间，河床均为卵砾石和大漂石。因山势陡峻，坡陡流急，水流来势凶猛，峰高量大。

潮白河的上游分潮河和白河两大支流。潮河，古称鲍丘水，因为它“时作响如潮”而被称之为潮河。潮河发源于河北省丰宁县草

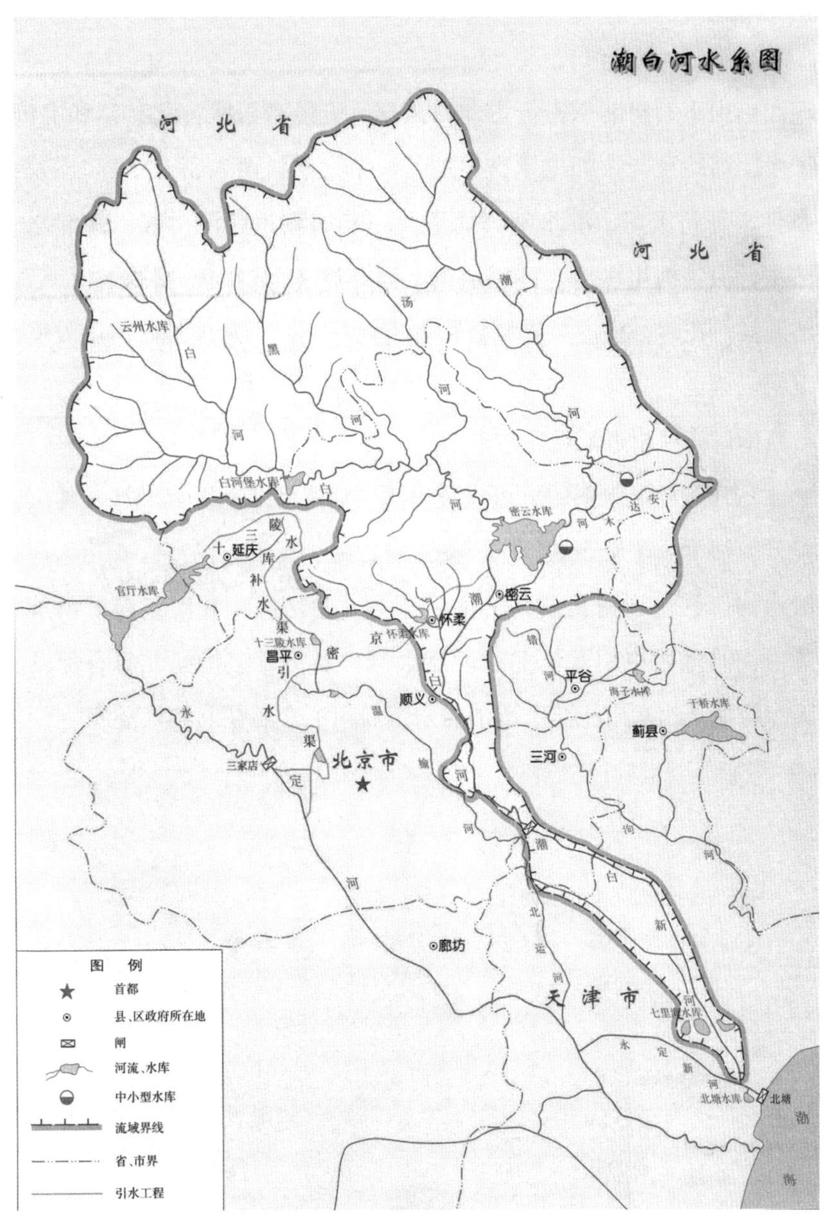

《潮白河水系图》①

① 北京市潮白河管理处:《潮白河水旱灾害》，北京：中国水利水电出版社，2004 年。

碾沟南山下，自北京密云古北口入境，流经密云区古北口镇和上甸子乡、高岭乡与太师屯镇交界地区，至大漕村西入密云水库。时至今日，每到汛期，洪水咆哮而下，声响如潮。白河，古称湖灌水、沽水，因为河里多沙，沙质洁白，因此称之为白河，发源于河北省沽源县丹花岭，南流至赤城县南部折向东流，于延庆县白河堡入境，至密云西北石城转而南流，流经延庆、怀柔、密云三区。二河在密云西南河漕村附近汇合后称潮白河。

从《潮白河水系图》可以看出潮白河水系北京段流域涉及延庆、密云、怀柔、顺义等区，主要支流有白河、黑河、汤河、安达木河、清水河、红门川河、白马关河、沙河、雁栖河、怀河、箭杆河等。潮白河自牛牧屯引水出北京境后入潮白新河，流经河北省香河县、天津宝坻县，东南流至宁车沽与永定新河汇合后在北塘入渤海。

第二节
潮白河变迁

潮白河上游有白河、潮河两支，白河古称沽水，潮河古称鲍丘水。1万年以前的晚更新世，白河出山后向南流，经小中河，至通州北汇入永定河。潮河出山后向南流，循木林、杨各庄、古河道南下，从荆垞开始，循今鲍丘水故道东南流，于侯家营汇入蓟运河。公元前1万年至前3000年的早、中全新世，白河向东改道，潮河向西改道，二河行今潮白河谷地两侧在通州以东汇入永定河。潮白河是多变的河道，历史上曾多次改道。

秦汉时期，潮、白两河并不合拢，而是各行其道。潮河入境后，由木林下坎，过蒋各庄，沿张家务、阎家渠，至马庄出境入河北省三河县，流经宝坻后与泃河汇合，再向东南入渤海。白河由牛栏山入境，于李桥下坎，在通州区（原通县）北汇入温榆河，经安次与永定河汇合后入渤海。

北朝北魏孝文帝太和二十一年（497）[《顺义县水利志》原文即

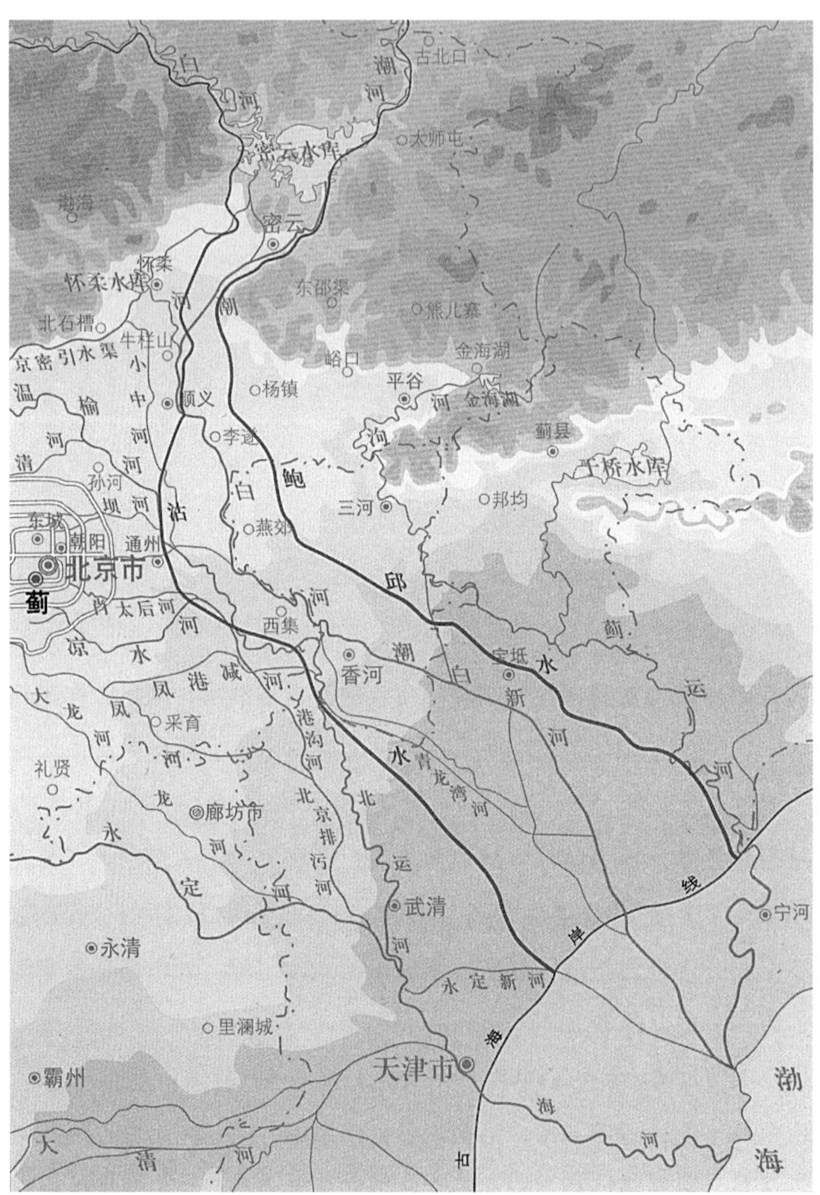

东汉之前的白河、潮河[1]

① 侯仁之主编：《北京历史地图集·人文生态卷》，北京：文津出版社，2013 年。

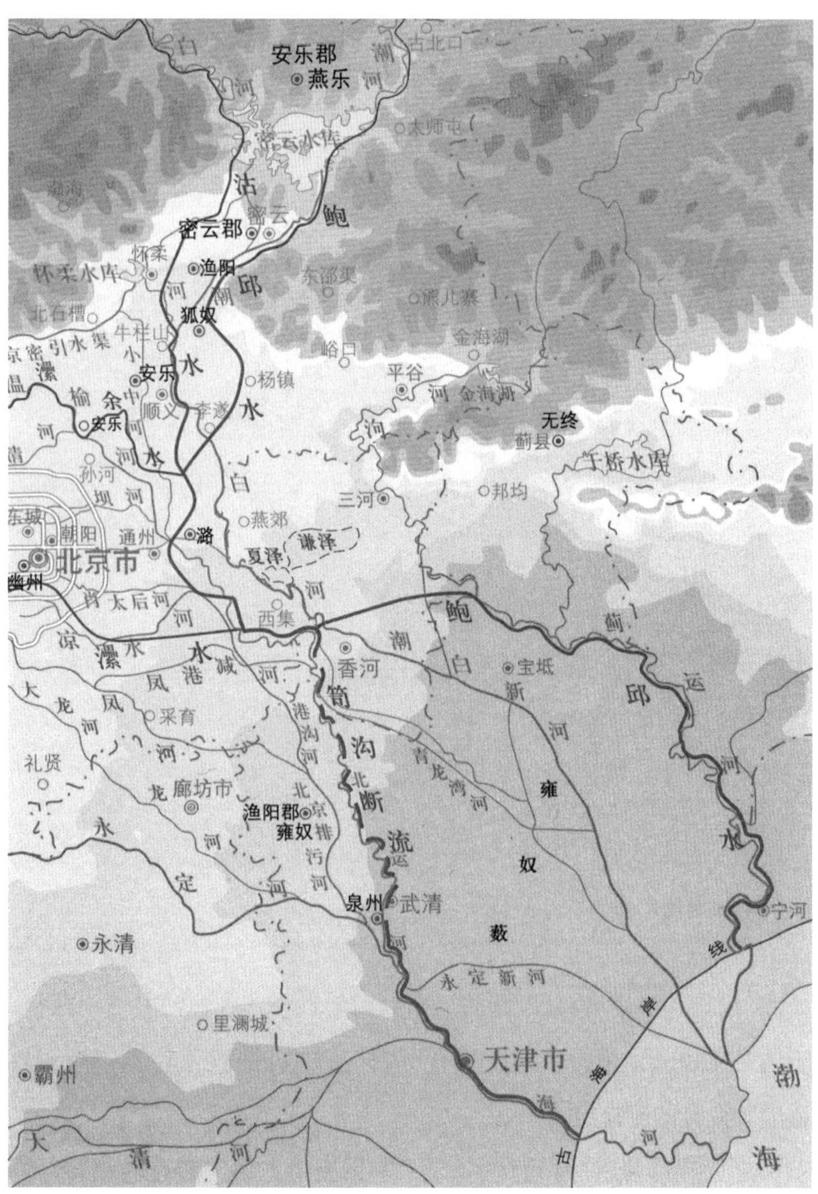

北魏时期潮河、白河①

---

① 侯仁之主编：《北京历史地图集·人文生态卷》，北京：文津出版社，2013年。

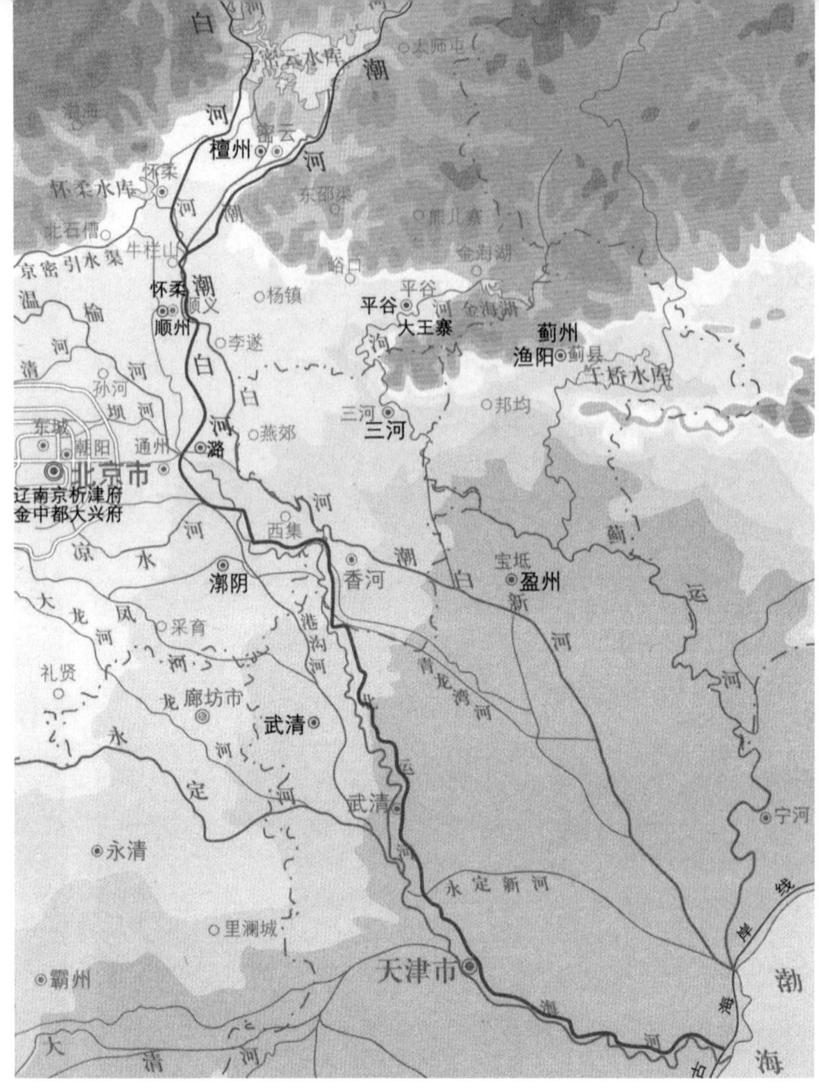

辽金元时期的潮白河[①]

如此，经查有误，应为元宏延兴五年（475）]，潮河在三河县境内西徙，于通县北串入白河，这是两河有历史记载的第一次汇合点，潮河故道成为今日的鲍丘河。

辽代建都北京后，潮白河成了水运要道。为了漕运的需要，于北宋政和元年（1111），将潮、白两河的汇合点由通县上提到顺义牛

① 侯仁之主编：《北京历史地图集·人文生态卷》，北京：文津出版社，2013 年。

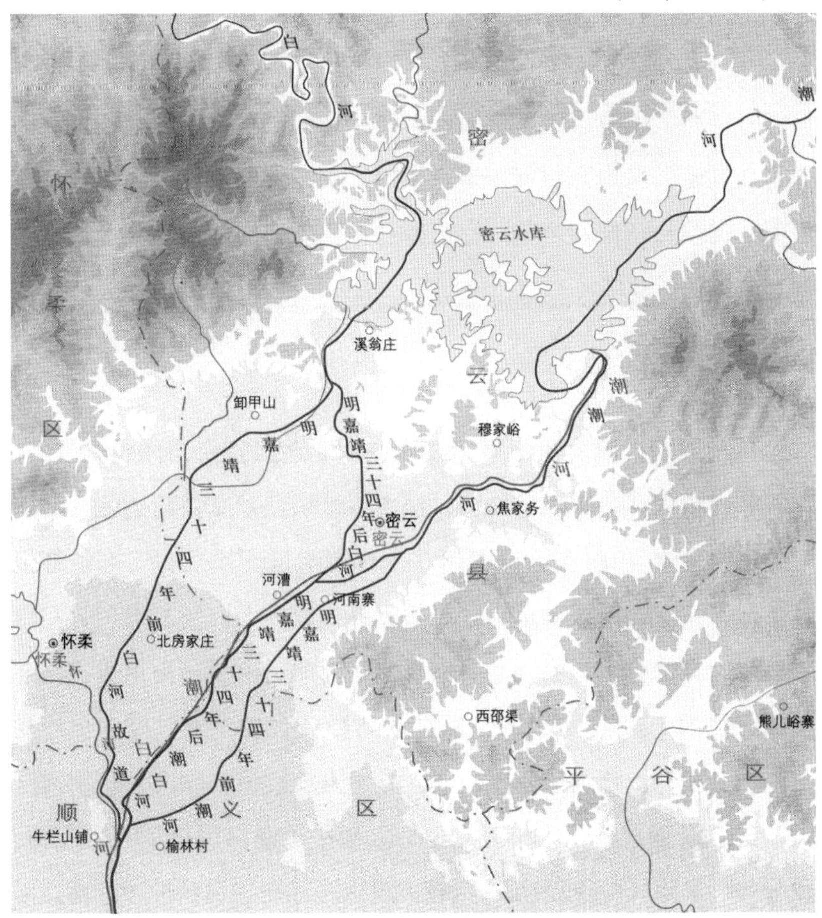

明代潮白河上游图[①]

栏山。潮白河下游成为金、元时期的漕运要道，潞县成为漕运枢纽地，故金代取“漕运通济”之义，升潞县为通州。

明嘉靖三十四年（1555）前，白河由宫庄子、卸甲山村南经怀柔境内，至大胡家营南牛栏山东才与潮河汇合。明嘉靖三十四年

① 侯仁之主编：《北京历史地图集·人文生态卷》，北京：文津出版社，2013年。

(1555)，为了由漕运供应密云一带防务官兵的粮草，总督杨博命防务官兵在密云境内开白河东道，引白壮潮，使河流改道东南，与潮河汇于河槽村东南，之前的白河河道，成为白河故道，其下段即为现在的雁栖河和怀河。引白壮潮后，潮白河主流改至怀柔顺义边境，经围里、太平庄东、大胡营村西南流，东侧河道成为潮河故道，即现在的小东河。从此，两河汇合点定位至今。

清代以后，潮白河由漕运要道变为北运河及海河的主要水源，其在顺义境内河道于苏庄转西，经李桥镇东到刘李庄附近汇入北运河。1904 年和 1912 年，潮白河在李遂镇附近两次决口，夺箭杆河以下河床东下，冲入蓟运河。原道废弃，称为潮白河故道，只在雨季盛水时有部分洪水溢入。为恢复北运河航运，使潮白河水挽归北运河，民国十二年（1923），顺直水利委员会拨巨款，修建苏庄拦河闸，并在右岸修建进水闸一座，导水入北运河，同时开挖引河一道，裁弯取直，从苏庄向南直至平家疃村沿潮白河故道入北运河。民国二十八年（1939），潮白河特大洪水将苏庄拦河闸冲毁，潮白河水顺箭杆河南下，引河即废，成为引河故道。潮白河故道分南北两段，平家疃以上为北故道，因开挖引河先废，平家疃以下为南故道，1939 年苏庄拦河闸冲毁后与引河一起废弃，从此，潮白河不再入北运河。

潮白河夺箭杆河而下，流入蓟运河，给下游带来严重的洪水灾害，1950 年开挖了潮白新河，引潮白河水出箭杆河，原河道成为箭杆河故道。

在《潮白河水旱灾害》一书中，有一幅《潮白河历史变迁示意图》，图中绘出了出密云水库后潮白河现在的河道以及历史上多次改道形成的白河故道、潮河故道、引河故道、潮白河故道以及箭杆河故道等。

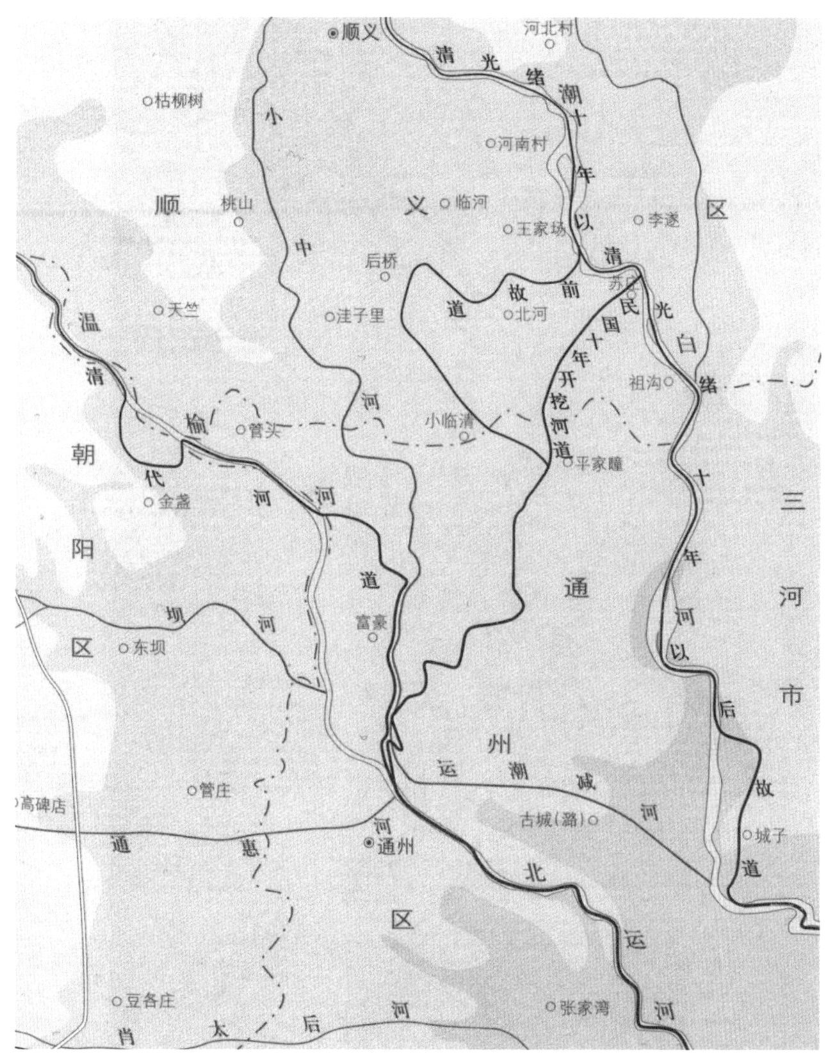

《清末民国潮白河下游图》[1]

① 侯仁之主编：《北京历史地图集·人文生态卷》，北京：文津出版社，2013 年。

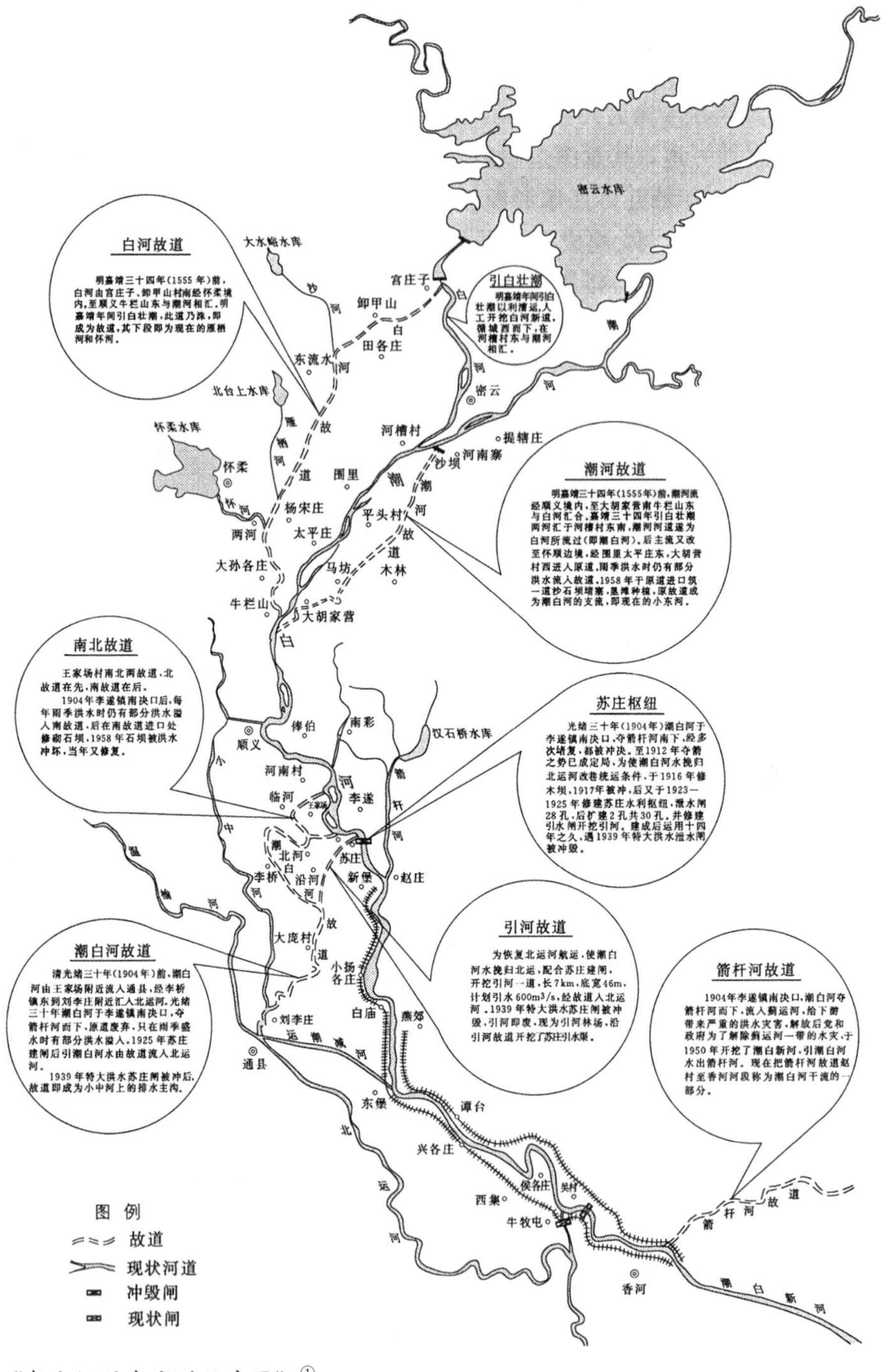

《潮白河历史变迁示意图》[①]

① 北京市潮白河管理处：《潮白河水旱灾害》，北京：中国水利水电出版社，2004年。

第三节
潮白河支流

潮白河上游由潮河、白河两大支流组成，白河是潮白河的主流。两河出密云水库后，至密云城区西南的河漕村相汇，自此称潮白河。至怀柔境纳怀河后入平原，下游河道经顺义、香河，经吴村闸入潮白新河后入海。

潮河

潮河，是潮白河的重要支流，古称鲍丘水。《水经注》载“鲍丘水出御夷北塞中，南流迳九庄岭东，俗谓之大榆河”。《密云县志》记载：潮河“发源于河北省丰宁县草碾沟南山下，东南流至喇嘛山西南，诸水汇入……由古北口入密云境”。由于河道蜿蜒奔腾于崇山峻岭之间，每到汛期，洪水咆哮而下，声如巨潮，得名潮河。潮河发源于河北丰宁县草碾沟南山下，东南流经河北滦平县，于密云县古北口穿过山峡，进入密云，潮河东边是盘龙山、西边是卧虎山，两山对峙，一河从中穿过，之后潮河向西南在大漕村西注入密云水库。出水库后，潮河纳红门川河后，与白河汇合。潮河主要支流有小汤河、安达木河、清水河、红门川河等。清末绘制的《古北口水关绕道至潮河情形图》可以清晰地看到潮河从古北口水关入境，东为盘龙山，西为万寿山，

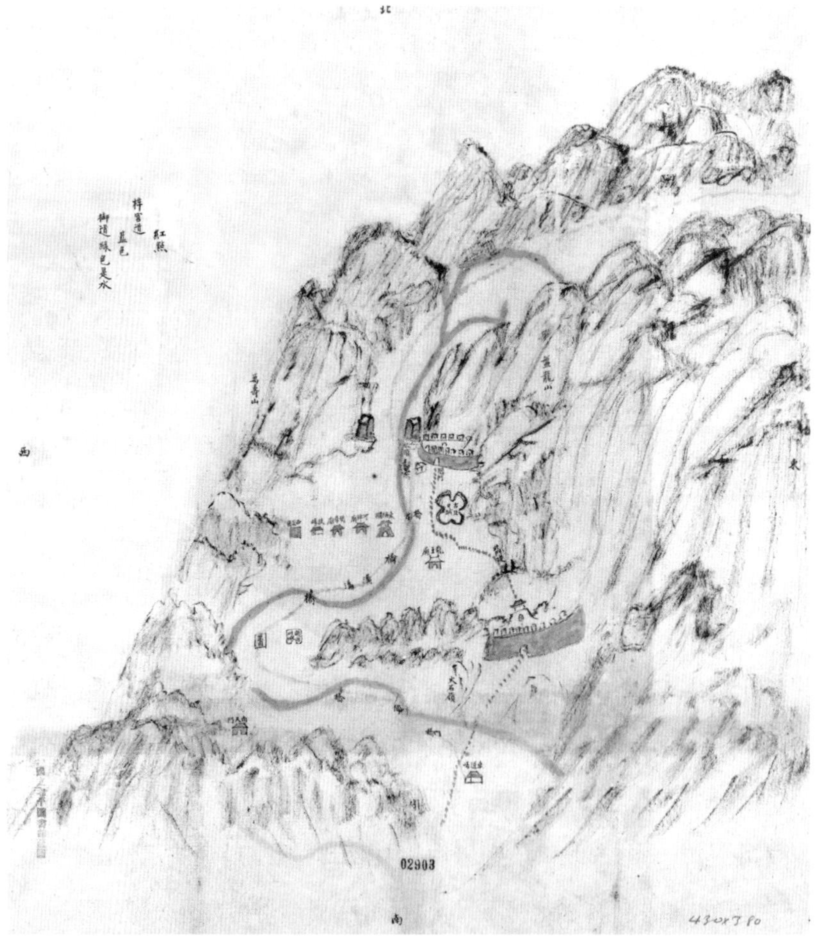

《古北口水关绕道至潮河情形图》

潮河在两山之间回转流淌。

1930 年绘制的《密云县全图》中，小汤河从汤河口流入，经司马台，向东注入潮河。安达木河曾称“乾塔木河”，位于密云区东北山区，发源于河北省滦平县涝洼村乡三岔口村北，从安达马口过长城入密云境内，之后向西南流，在桑园附近汇入潮河。清水河发源于河北兴隆县前苇塘乡青杏、北火道一带，由关上村附近进入密云，

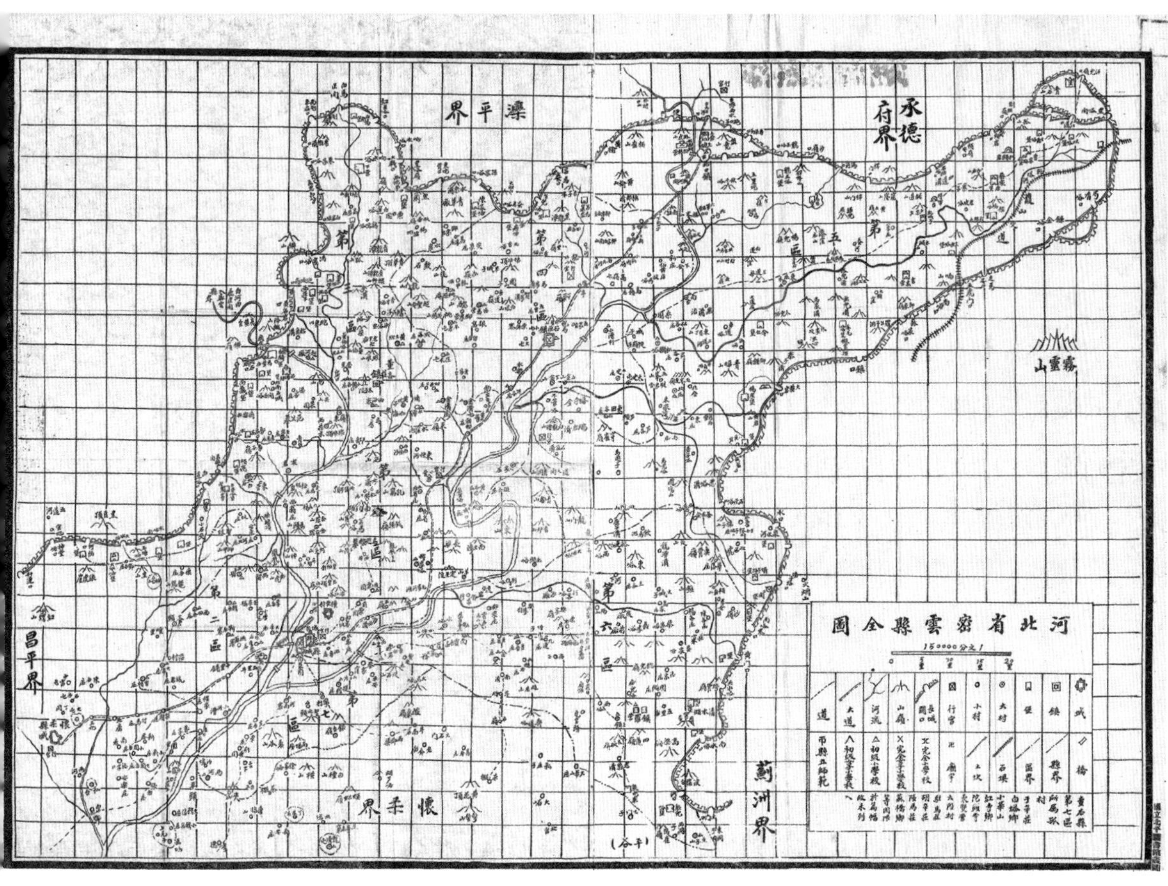

密云县全图》

向北流，于太师屯附近注入密云水库。红门川河，位于密云县东南部，发源于河北兴隆县黄门子村一带，所以又称黄门川河，入密云境后西流，注入潮河下游。

白河

白河，为潮白河上源西支，古称湖灌水、沽水、沽河、潞水、潞河、溆水、白屿河，因河里多沙，沙子洁白，所以称为白河。《河防一览图》中记载："白河源出顺天府密云县雾灵山南，流会沙、榆、通惠、桑干河，至天津会卫河，同入于海。"

据《密云县志》记载："白河，古称沽水也，源出宣化府赤城县，其源有二，一是由龙门县东红石山独石城东，曰东河。二是由独石口城西，曰西河。"白河发源于河北赤城县，上游两支流独石水和红石河在赤城县城南合流后向南流，于白河堡进入北京延庆境内，沿县境北部东流，经沙梁子乡摩天岭进入怀柔，在怀柔境内，河床渐宽，形成数十里的白河大川，后于龙门沟进入密云，之后向东南流淌注入密云水库。潮、白两河出库后，各自排放故道，于密云县城之西南的河漕村汇合后称潮白河。白河出山后河道迁徙无常，沿岸流传有"三年河东、三年河西"的谚语，所以白河又被称为"自在河"。白河支流众多，沿途经延庆有红旗甸河、黑河汇入，经怀柔有菜食河、天河、汤河、琉璃河、西沙河汇入，在密云境内有白马关河、蛇鱼川河、水川河汇入密云水库。

《河防一览图》（局部）[1]

① 苏品红主编：《北京古地图集》，北京：测绘出版社，2010 年，第 64 页。

怀河

怀河，当地俗称西大河。古称朝鲤河，亦名七渡河。《怀柔县志》载："七渡河在县西南一里……发源塞外，经黄花镇川至县境，下入白河。"《长安客话》又载："其流九曲，俗称呼九渡河。"怀河的称呼，最早见于清朝晚期，但其名所用不多，自修建怀柔水库，始通称为"怀河"。

怀河在怀柔水库以上，由怀九河（也称怀河南支）、怀沙河（也称怀河北支）两条支流组成，入潮白河之前，又有雁栖河汇入。怀沙河和怀九河两河汇流之后，由龙山、凤山之间流出，进入平原，长驱数十里，到顺义与潮白河相汇。怀沙河、怀九河两条河流汇集后水大而流急。河水出山进入平原摆脱了山势限制，经常淹没村庄、耕地。历史上怀河不仅灾害频繁，且河床屡经变迁。

《怀柔县地图》绘制于民国年间，制图单位是河北怀柔县政府乡治处，图中绘制了怀柔县的山脉河流、道路桥梁、城市村庄、长城关口等等。图的西部绘有白河及其支流怀河。怀九河和怀沙河居最西，向东南流淌，在顺义汇合，雁栖河发源于北部莲花池，向南流淌，在顺义汇于怀河，图中雁栖河有一支流名为"白河支流"，这条"白河支流"即引白壮潮之前的白河故道。图中河流着蓝色，干河着黄色，可见白河故道已经无水干涸了。雁栖河因在古代燕国的城邑"燕城"之西，古被称为"燕西河"，后演化成"雁溪河"，因大雁常在此栖息，如今称雁栖河，图中雁栖河就标注为"雁溪河"。

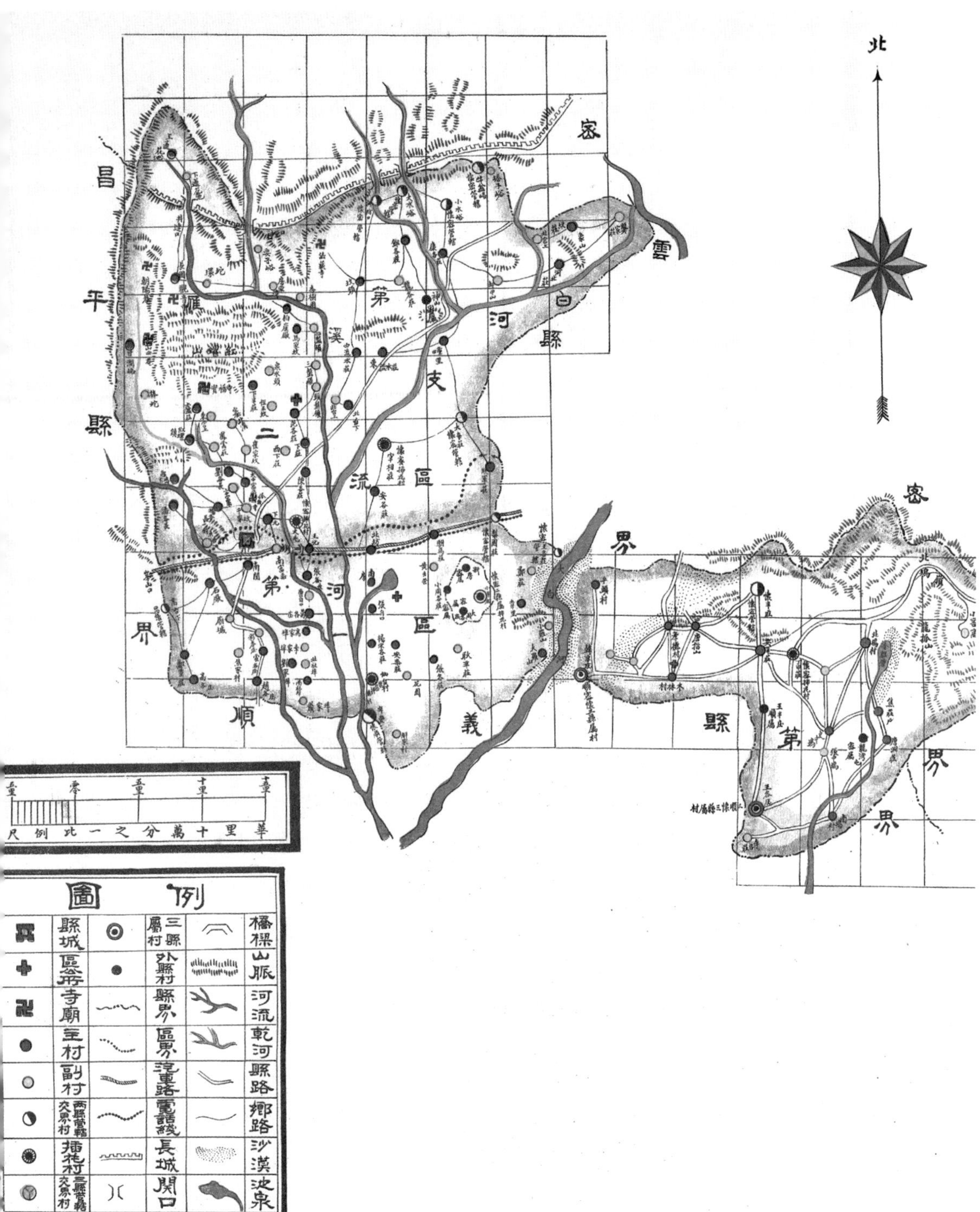
北
昌
平
縣
界
家
雲
白
河
縣
第
二
區
溪
流
支
第
一
區
河
順
義
縣
界
密
第
界
界
華里十萬分之一比例尺
圖例
縣城
三縣屬村
橋梁
區公所
外縣村
山脈
寺廟
縣界
河流
主村
區界
乾河
副村
汽車路
縣路
兩縣管轄交界村
電話綫
鄉路
插花村
長城
沙漠
三縣管轄交界村
關口
泉

《怀柔县地图》(局部)

小东河

小东河是潮白河的小支流。发源于密云县河南寨，于贾山村西入境，经大林、小韩庄、马坊，于大胡营西南入潮白河，原为潮河故道，现在是一条排水河道。小东河有一条支流叫峪子沟，发源于峪子沟山涧，经茶棚、孝德流入小东河[①]。

箭杆河

箭杆河俗称溋溋河，下游又称窝头河。1904 年潮白河在李遂镇决口后，流入箭杆河河道，箭杆河上游从此成为潮白河支流。传说当年张堪在渔阳郡狐奴县开辟稻田，需要排水，张堪拉弓射箭，开出一条笔直的河流，即箭杆河。1946 年绘制的《顺义县全图》中，箭杆河发源于顺义县北北府呼奴山、东府，向南流淌至李遂镇赵庄西入潮白河，有流水沟、蔡家河、铁锈河、珠堡河等支流。

---

① 中共顺义县委史志办公室编印：《顺义古今》，1993 年，第 13 页。

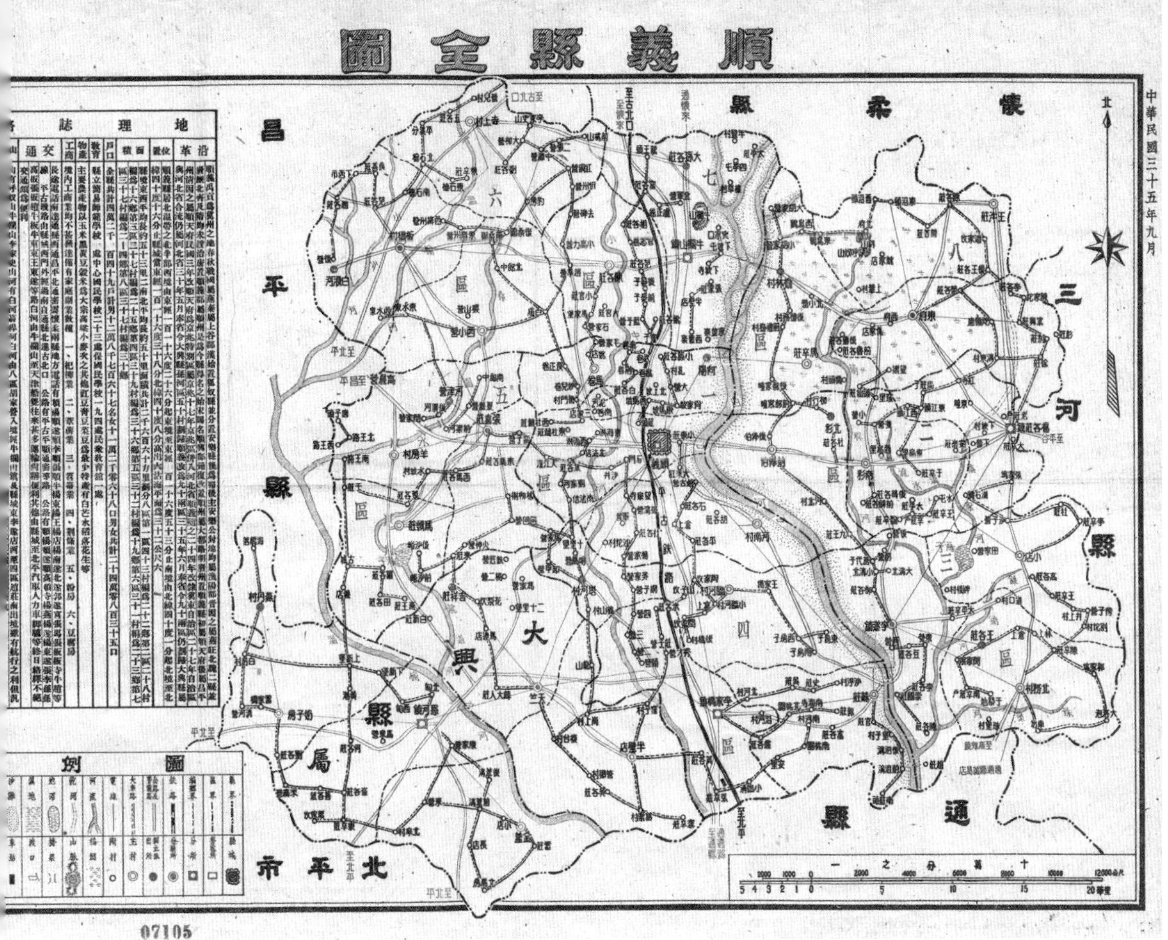

《顺义县全图》

下游减河

为了解决潮白河下游因宣泄不畅所造成的灾害，也为了缓解汛期北运河、蓟运河的压力，1950年在香河吴村闸以下开挖了潮白新河，潮白河及潮白新河沿途纳城北减河、运潮减河、青龙湾减河，分泄北运河洪水，纳引泃入潮减河，分泄泃河洪水，穿黄庄洼、七里海等蓄、滞洪区，经宁车沽闸入永定新河入海。

城北减河，位于顺义，西起泥河桥，东流汇入潮白河。小中河洪水在顺义城西海洪村通过城北减河分入潮白河，京古铁路由河道中部穿过。

运潮减河，位于通州城区东北，西起通州北关北运河与温榆河接点处，东至胡各庄乡东堡村北入潮白河。建成后对削减北运河的洪峰流量，减轻北运河对下游各河道河水的顶托，以及沿河灌溉排涝发挥了重要作用。

青龙湾减河，初建于清雍正九年（1731），为分泄北运河、潮白河洪水，减轻土门楼以下北运河干流的洪水负担，以利航运而建。起点位于北运河左岸、河北省香河土门楼村西北，建有土门楼闸进洪闸，以下向东南流经武清县，至宝坻。1971 年，河北省根治海河指挥部组织唐山、保定两专区完成了青龙湾减河改道工程。青龙湾减河自八道沽开始改道，经小杨庄北、大杨庄南，至南里自沽北入潮白新河。[①]

引泃入潮减河，由于泃河行洪能力上大、下小，为改善与扩大泃河尾闾，兴建了引泃入潮工程。从河北省三河县埝头村东至天津市宝坻褚庄和郭庄中间，平地开挖了引泃入潮新河道，以引泃河水入潮白新河，取名“引泃入潮减河”。

① 海河志编纂委员会：《海河志》第一卷，北京：中国水利水电出版社，1997 年。

第四节
潮白河治理

潮白河发源于燕山北部山区，地形背山面海，形成降水量年际变化大、季节分配不均匀、暴雨集中等特点，容易形成暴雨洪水灾害。据史料记载，1368 年至 1948 年间，潮白河共发生过 49 次较大洪水灾害[①]，而潮白河上游的密云、怀柔山区正是流域内的暴雨中心多发区，由于河道主流摆动大，经常决口漫溢，给沿河村庄和耕地带来巨大危害。为了治理水患，明清及民国时期，政府多次修筑堤埝、疏浚河道、开挖引河、修建坝闸。中国台北故宫博物院藏清乾隆四十五年(1780)彩绘本《密云县城西石子坝修砌段落并开引沟图》、乾隆年间彩绘本《承修密云县石子坝工图》和中国国家图书馆藏清光绪年间《北寺庄河道情形图说》，以及民国初年《勘估堵闭李遂镇

① 北京市潮白河管理处:《潮白河水旱灾害》，北京：中国水利水电出版社，2004 年，第 45 页。

决口仍复北运故道拟办各工图说》《勘估堵闭达古庄另挑新河拟办各工图说》《潮白河由鲍丘转窝头河入蓟运并疏浚北运引河全图》等图都图文并茂地描绘出潮白河漫溢决口、冲毁堤坝的情形以及为治理水患所采取的各种措施。

在密云县旧城西北处，为防止白河水对密云县城的冲毁，修筑有石子坝一道，通长八百零三丈，高二丈，底宽三丈，顶宽四尺。《密云县志》记载：清嘉庆六年（1801）六月初二日，密云县城西白河

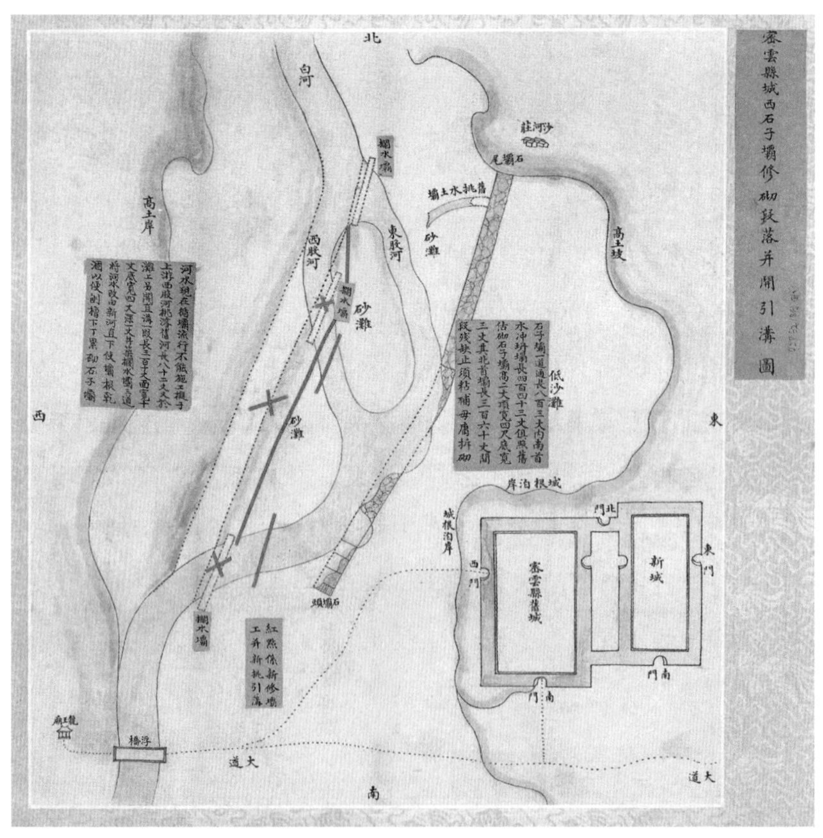

《密云县城西石子坝修砌段落并开引沟图》

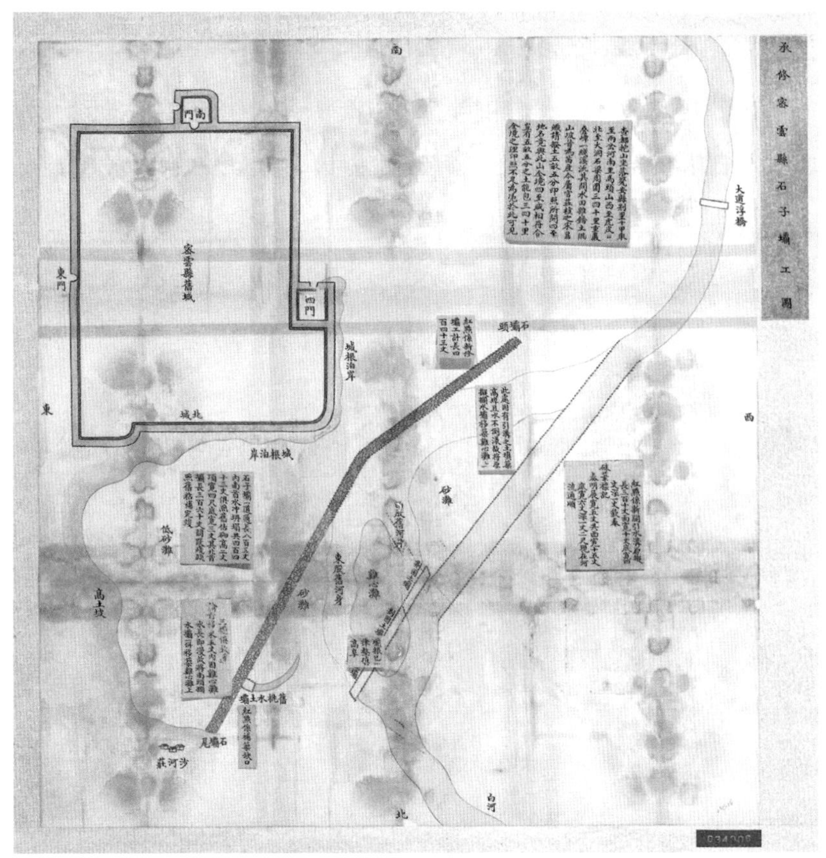

《承修密云县石子坝工图》

盛涨，水势汹涌，西岸龙王庙正殿及厢房共20余间均被水冲没，幸亏护城石坝坚固，县城才得以保障平稳。不过之后道光、同治、光绪、宣统年间多次发大水，护城石坝受损情况愈演愈烈，离白河最近的县城西北角也经常被淹损坏。民国二十八年（1939）发生特大洪水，冲毁密云县护城石坝，县城西北角塌陷，水涌到西门、南门、东门。《密云县城西石子坝修砌段落并开引沟图》即描绘了密云县城石坝被毁情形，石坝南边已被冲塌四百四十三丈，但是由于洪水还在肆虐，不能立马施工，只能在东股河和西股河筑拦水坝，并新挑引沟，将河水由新河直下，相当于把旧河裁弯取直，《承修密云县石子坝工图》中则详细记录了修补石子坝南段、三条拦水坝以及引水沟的做法。

清朝末期，潮白河成为北运河及海河的主要补给水源，潮白河仍于苏庄转西经李桥、平家疃入温榆河。道光年起，潮白河通州平家疃一带开始向东决口泛溢。清道光七年（1827）、清咸丰三年（1853）、清同治十二年（1873），潮白河在北寺庄多次决口，清同治十三年（1874），潮白河又在此决口，东趋箭杆河，直隶总督李鸿章主持修筑了潮白河大堤，北起顺义县安里村，南至通州北寺庄村；又筑护堤，北起安里村，南至平家疃，称之为“李公护堤”。

《密云县水利志》记载：清光绪十二年（1886）六月中旬，连日大雨，山洪暴发，河水陡涨，七月中旬大雨滂沱，山水河水连通，一片汪洋[①]，潮白河涨漫出河槽。《潮白河志》记载：潮白河在通县平家疃决口，大水顺箭杆河下泄，经香河县马家窝、固庄北、躲各庄入鲍丘河。《北寺庄河道情形图说》详细记录了当时潮白河在平家疃决口后，附近的北寺庄、小杨各庄、庞村、富河庄、马家庄等村庄河道情形及应修堤工统计。平家疃决口处“旧有草坝冲没无存，现在中央水面宽三十五六丈，东西两岸旱滩宽七十六七丈，共计应修坝两千一百一十余丈”。“堤头缺口三十五六丈，水深五六尺至七八尺不等，又接连四十丈，现已涸出共计应修堤工七十余丈”。“缺口至庞村止，正河现已淤浅一千六百六十余丈”，拟在决口上方挑挖新

① 北京市潮白河管理处：《潮白河水旱灾害》，北京：中国水利水电出版社，2004年，第52页。

河。“自平家疃村南起至庞村东北接入大河止，拟挑河四百五十丈，估挑口宽六丈，底宽四丈，口底均宽五丈，滩高水面九尺，再挖深六尺，共挖深一丈五尺，两头口门四十丈，拟挑口宽各二十丈，又底宽各十六丈，口底均宽十八丈，深一丈二尺，至一丈二尺以下居中，另挖宽五丈，深三尺之子河，行水以资宣畅而固河岸”。“庞村起至马家庄新河口桥止，正河淤浅两千三百二十丈，现拟挑口宽六丈，底宽四丈，口底均宽五丈，挖深三尺”。潮白河之水原以济运，今被

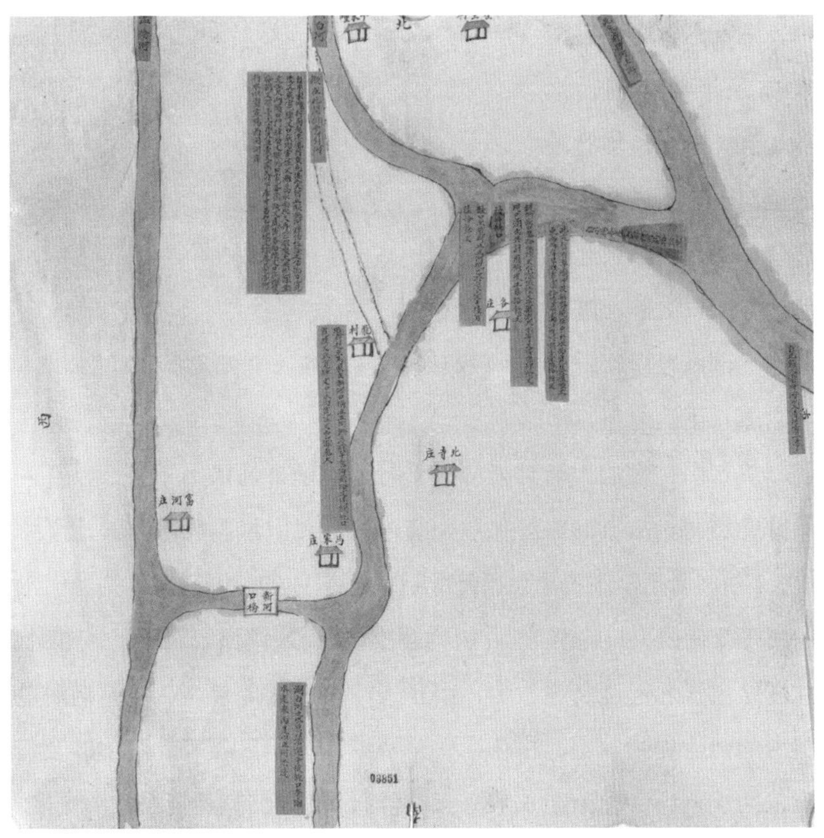

《北寺庄河道情形图说》

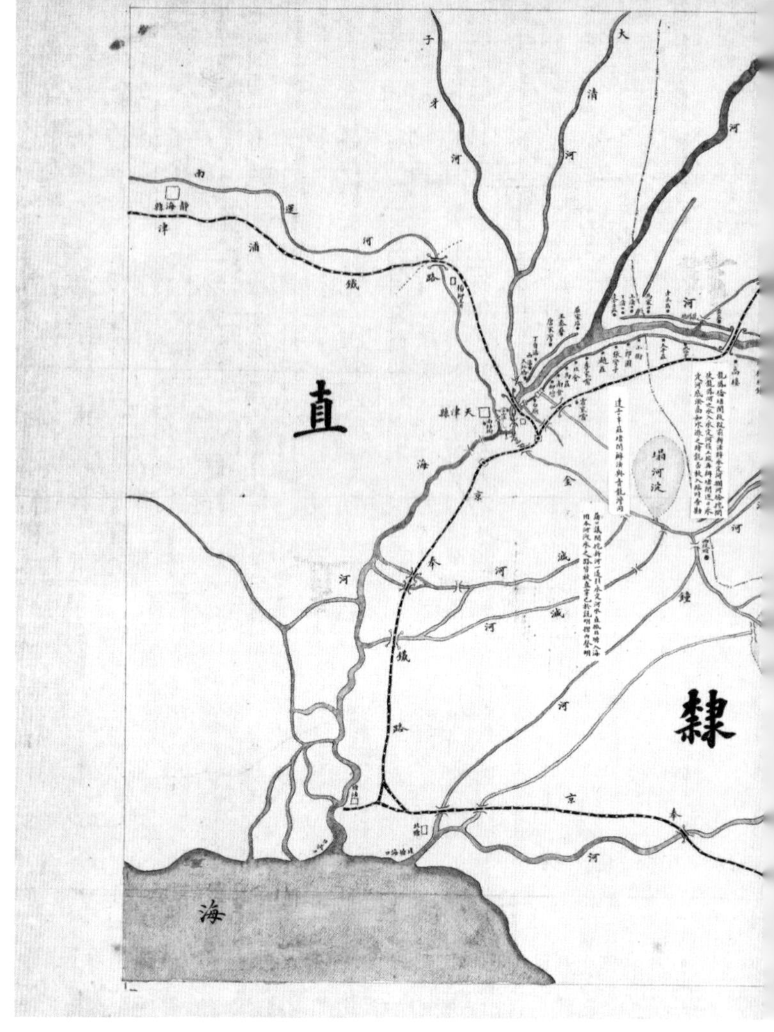

《勘估堵闭李遂镇决口仍复北运故道拟办各工图说》

缺口夺溜，水走东南是以正河淤浅。自小杨各庄流入箭杆河十余里，自此归入箭杆河流入香河一带。

《潮白河志》记载：清光绪三十年（1904）潮白河在李遂镇附近决口，顺箭杆河东下。清宣统元年（1909），水势暴涨，李遂镇堤埝漫溢成口，旧河淤塞，以致夺溜东趋，归入箭杆河。在决口之前，潮白河水全部系经李家桥北河故道，下达通州，李遂镇决口后，潮白大溜奔箭杆河下行，而箭杆河漕本不甚大，且两岸并无堤防，故自潮白河水注入箭杆河后，宝坻县大部分浸泡于水中。《勘估堵闭李遂镇决口仍复北运故道拟办各工图说》即描绘了潮白河在李遂镇决口的情形，并附为解决水患、挽潮白归运的治河方案。此图绘制了北起顺义牛栏山，南至天津，西起北京城，东至渤海范围内的河流堤坝、城池村庄、铁路桥梁、县界汛界等。图中涉及河流包括子牙河、大清河、永定河、北运河、潮白河、蓟运河及相关支流、减河，其中着重描绘了北运河、潮白河两岸堤坝及洪水决口，并用

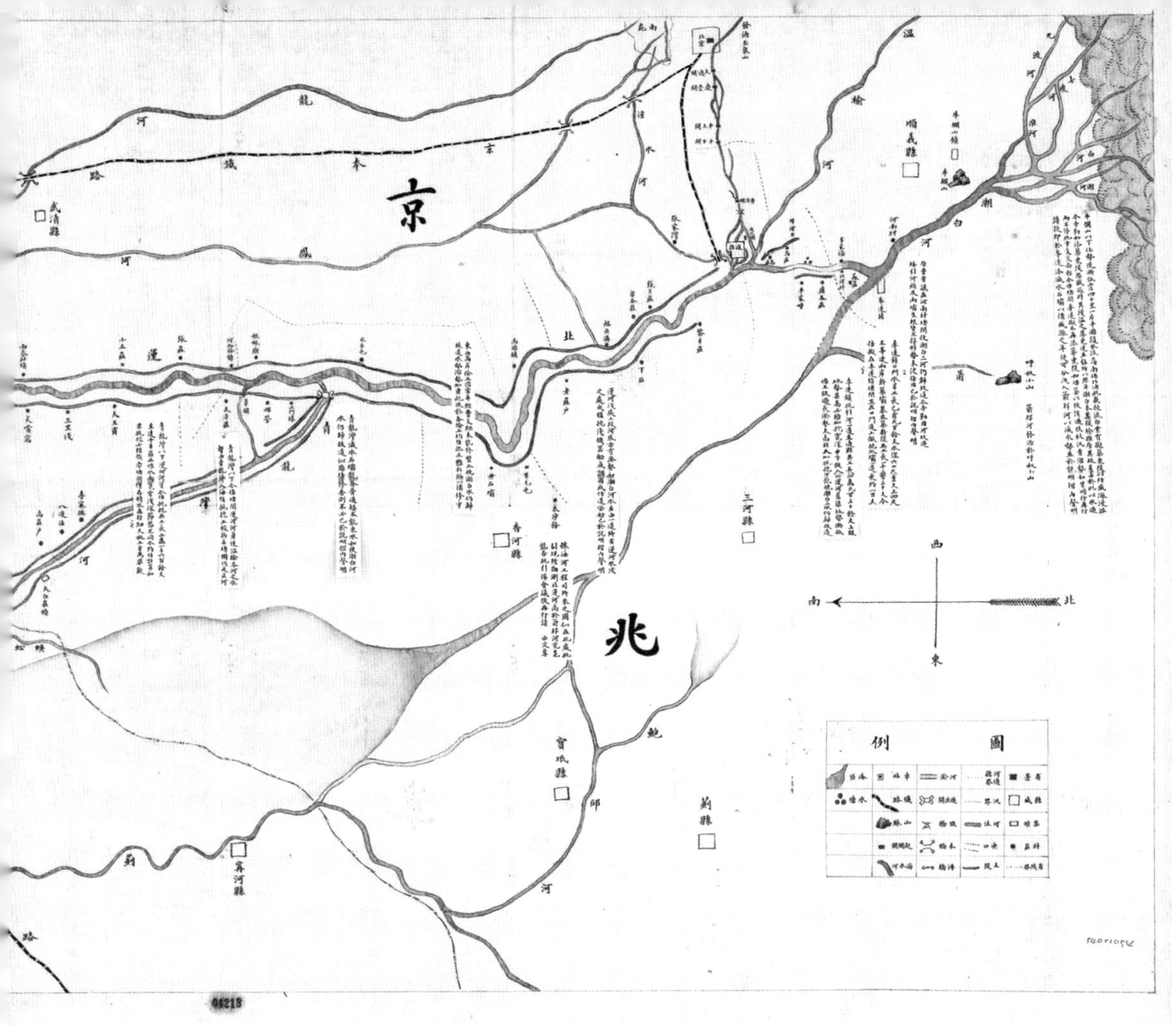

贴签注记各处详细情形及治河方案。潮河、白河、七渡河、九渡河、怀河诸水出山后汇合于牛栏山为潮白河，“牛栏山以下，地势逐渐低洼，四十里一片平滩，随水流荡”，故大汛水出牛栏山，奔腾浩瀚有若建瓴，异常汹涌，李遂镇距此山四十里，首当其冲，是以该处叠经漫决，堵防均难。李遂镇附近潮白河河道用虚线绘制，表示此处决口，向西通往北运河的河道用黄色显示，表示淤堵。在此贴签说明，本打算在潮白河东筑堤以防盛涨漫溢，后经查勘决定堵闭李遂镇，不再添筑东堤，只在李遂镇添筑一座减水石坝，水盛之年，可使洪水通过减水坝分泄进入箭杆河，以减水势，并挑挖引河一道至通县。“今估拟在李遂镇堵闭并在口门迤上做挑水坝一道长约一百丈”，“李遂镇挑引河一道至通县共工长一万九百三十余丈，上段地势甚高必须加挖宽深，中下段入北运旧渠，地势渐低，惟工段过长淤垫太高，非大加挑挖不能挽潮白二水仍归故道”。

《勘估堵闭达古庄另挑新河拟办各工图说》绘制范围与《勘估堵闭李遂镇决口仍复北运故道拟办各工图说》相同，绘制内容略为简略，主要采用贴签方式说明各处情形及拟采用方案。图中着重描述了潮白河在顺义李遂镇决口，以及箭杆河在香河焦庄决口后，拟修建挑水坝及挑挖引河的情形。潮白河在李遂镇决口，“李遂镇口门现量水旱各工共九百余丈，水深六七尺至一丈三四尺不等，溜势顶冲该镇民房田地塌于河内者甚多，兹于该镇之上估修挑水坝二道，以顺水性迤溜南趋，以免续塌，拟作为永久出水口门”。“苏庄被潮白水从中冲过，上下一带水只深二三尺许……查看此处，地势向皆胶土，故三年之久，尚未刷动，恐将来潮白新河挑成一片硬土，一时难以刷深上下如有船只亦必到此难行，以下至沮沟村水始与箭杆河并流”，“范庄迤南至通县东关潮白旧河已干，间有坑塘

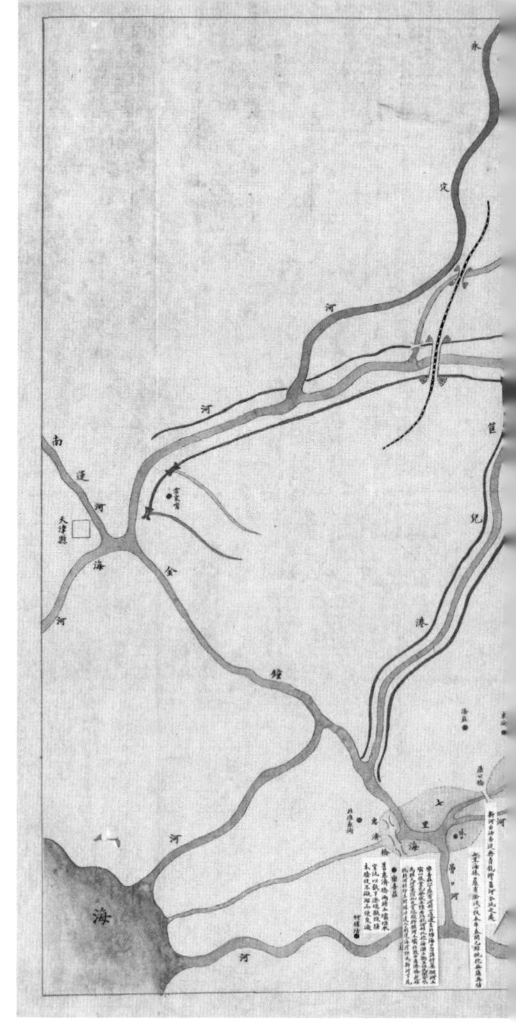

《勘估堵闭达古庄另挑新河拟办各工图说》

积水，现既从李遂口门下坝迤西循原河形酌挖淤塞冀分盛涨难容之水，则此段旧河河身系为潮白汇入通惠河下尾，亦须择要估挑，以期将来遇有盛涨由此分泄，庶引河首尾无阻且可济运水之不足”。潮

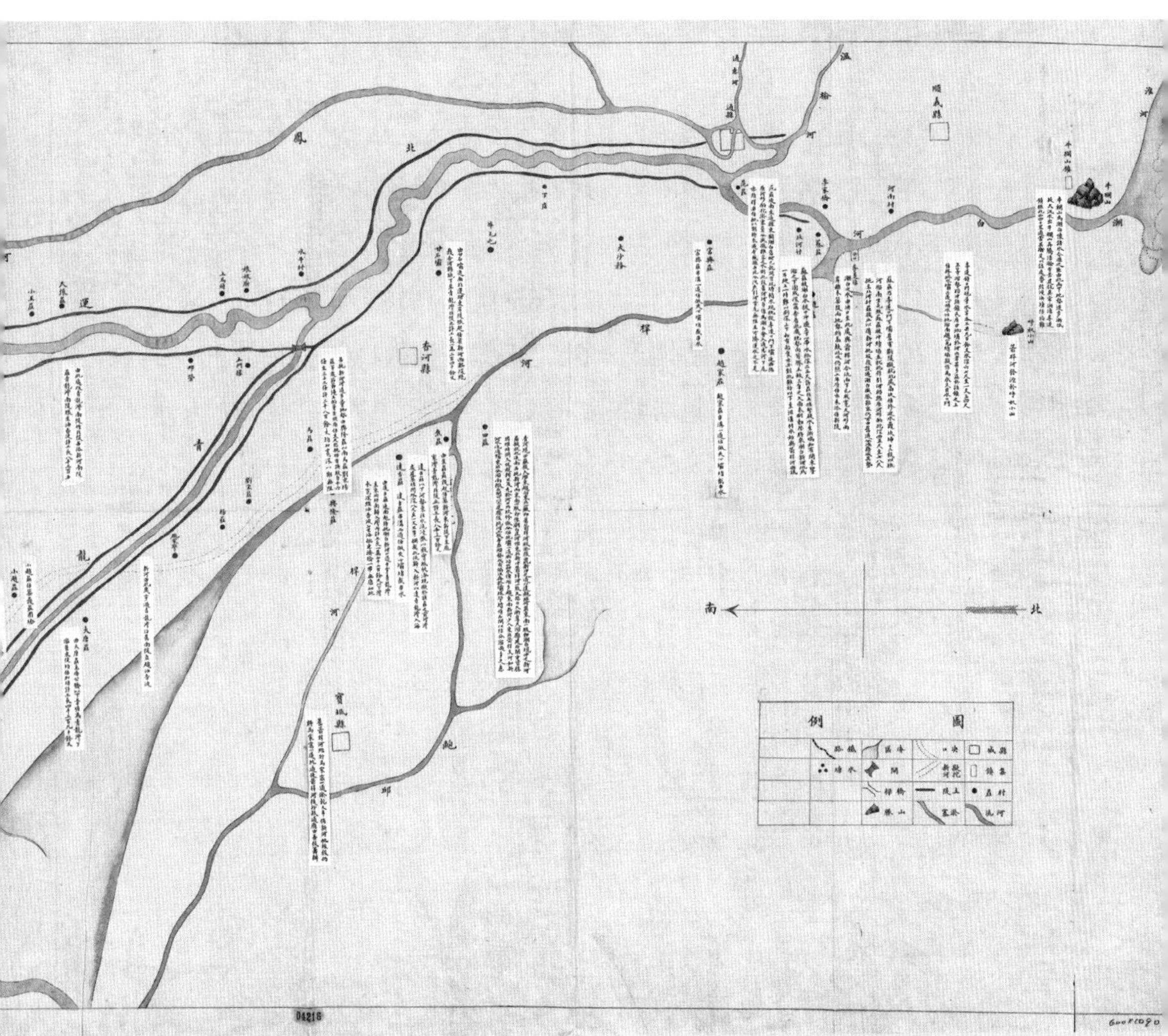

白河水在李遂镇决口后入箭杆河，受洪水影响，箭杆河在顺义焦庄决口，河水向东南漫流至蓟运河岸，为解决水患，拟堵闭达古庄，并另挑潮白新河。“达古庄以下河势东注，水流漫散，以致宝坻被淹，现拟于该庄之前河湾处建筑堵闭……拦截此流归入新河以达青龙湾入海”，“由达古庄迤南起估挑潮白新河一道，中穿青龙湾至东甸村，南归入湾”。

自潮白河决口后，清水不复下行至北运河，刷淤之力骤减，对于北运河航道的威胁特别大。1916 年，政府拨款饬令海河工程局在李遂镇决口处建一滚水坝，挽北运河归于故道，由北运河河务局培补两旁堤岸。然而 1917 年大水，又将滚水坝冲走。1918 年，顺直水利委员会成立，计划在牛牧屯附近开一引河，导箭杆河水归北运河，恢复民国元年以前的状况。但根据以前的报告以及实际测算，北运河不能完全容纳引河之水，所以决定在苏庄建筑水闸，挽部分潮白河水归北运河。1923 年，顺直水利委员会在苏庄北潮白河上修建一拦河闸，同时在右岸修建进水闸。苏庄闸平时闭闸，使潮白河水尽入北运河，夏秋水涨时提闸，宣泄大部分洪水入箭杆河。同时开挖引河一道，一端在苏庄附近接连箭杆河，一端在平家疃附近接连北运河旧槽。苏庄闸由两名美国工程师设计，采用钢筋混凝土结构，建有泄水闸 30 孔，宏伟壮观。《潮白河苏庄水闸之养护与管理》中有一幅《苏庄附近潮白河部分挽归北运河工程图》，从图中可以清晰地看到在苏庄修建的进水闸、拦河闸、新开挖的引河以及潮白河旧水道。不过到 1939 年汛期，苏庄闸又被大水冲毁，洪水再次向东南窜流。1946 年，在香河县潮白河右岸新辟牛牧屯引河，自箭杆河右岸的大沙务起，向南 4.3 公里，以泄潮白河洪水入北运河。潮白河

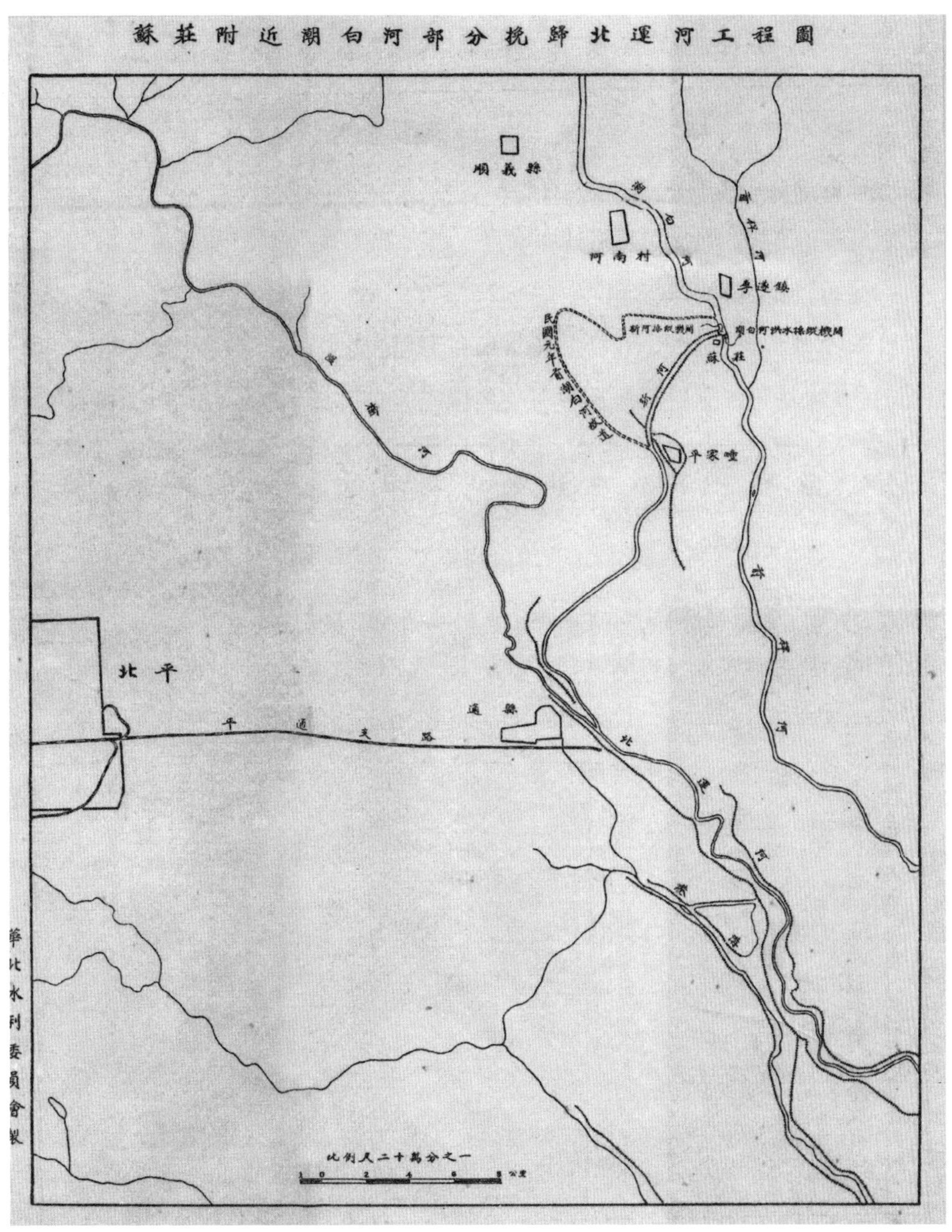

《苏庄附近潮白河部分挽归北运河工程图》

素无自己的入海通道，历史上遇洪水时，除左串蓟运，右夺北运外，只能靠七里海等洼淀存蓄。①

新中国成立后，北京市、天津市和河北省政府根据潮白河水势自然特点，因势利导，出台了新的整治方案，包括对河道裁弯取直、修筑堤坝、挑挖新河、修建水库等等。

潮白新河于 1950 年春由华北水利工程局设计，7 月竣工。潮白新河自香河县焦康庄起，引潮白河水向东南流至宝坻八台港入黄庄洼，下挖导流河入七里海，再经东引河、罾口河分别入金钟河、蓟运河，后入海。由于潮白河尾闾不畅，1970 年再次治理疏挖潮白新河，在黄庄洼以下开辟新河道从宝坻吴村闸下起，经郭庄、大刘坡、裱口至塘沽区宁车沽，汇永定新河从北塘入海。

潮、白两河上游山势陡峭，落差大，水流湍急，汹涌澎湃，两河在密云汇成潮白河后，由于河道平浅，又无堤防，常常泛滥成灾。新中国成立后，为解决潮白河流域的水患灾害问题，控制潮白河上游洪水，建设了密云水库、怀柔水库、云州水库等大中型水库，尤其是密云水库的建成，大大减轻了潮白河中下游的防洪压力。

潮河白河合流图

① 冯焱主编：《中国江河防洪丛书·海河卷》，北京：水利电力出版社，1993 年。

第五节
潮白河漕运

潮白河通航历史悠久，早在秦代，便已用此河转运军粮，据《谏伐匈奴书》记载，“又使天下蜚刍挽粟，起于黄、腄、琅邪负海之郡，转输北河”,其中所述北河即今白河。在辽代,潮白河也是重要的交通、漕运水道,在牛栏山第四峰建有一座望粮墩,相传为辽代萧太后所建,用来观望潮白河中的运粮船只。

明代时，潮白河也用于漕运，称作潮河川运道。明中期以后，为了防御外敌，明廷加强了长城沿线的防卫，遂设蓟辽总督，明嘉靖三十四年（1555）移驻密云，密云成为军事重地，兵将屯结，卫所众多，密云及长城一带广设粮仓，所需军需粮草，都由通县一带经陆路运至怀柔、密云。明嘉靖三十四年（1555）蓟辽总督杨博，上疏“请开密云白河以济粮运，于杨庄地方筑塞新口，使白河之故道疏通，与海朝之水合而为一”[①]。历史上白河河道经常变动，白河曾由北而南流经密云城西，后来河道西迁，在密云城下留下了故道。因此杨博建议在白河杨家庄堵塞现有河道口，使白河改道，东流至密云城西，再南流与潮河汇合。此后，漕粮军饷从牛栏山入水直抵密云县城。但是，从通州至牛栏山段仍是用车挽行，所走为陆路，劳费甚重。明嘉靖四十三年（1564），蓟辽总督大发军卒，疏浚潮白河，使得漕运路线直接从通州沿潮白河而上直到密云。“至是，总督刘焘发卒疏通潮河川水，达于通州，更驾小舟转粟，直抵该镇，大为便利，且省就运费什七”[②]。然而没过多久，潮白河复淤浅，通漕不便。明隆庆六年（1572），密云总督刘应节提出“遏潮壮白”的建议，并疏通牛栏山以上至密云城的河段，以利于漕运。因此明廷阻遏向西南流的潮河，迫使河道在孤山西折而西流，在密云城西南河槽村与白河相汇，二水合流增加了河流水势，漕船可以直行到密云城下。只是潮白河多泥沙，从密云到牛栏山之间百余里，经常受到泥沙淤积的影响，漕运不畅，因此需要经常疏浚。

清兵入关后，密云不再是军事重地，漕运也随之衰落，但并未完全停止。清康熙四十二年（1703）为修建承德避暑山庄，朝廷下旨顺天府密云县再次疏通潮河上游航道，以便运输大型建筑材料。当时密云县令周钺奉旨完成了河道疏通，堤坝修筑，使得潮河上游得以通航。据清康熙《怀柔县志》记述，康熙年间，为在怀柔郑家庄建储存顺天府各县“皇庄”粮米的大型粮库，还请来漕运专家，

① 《明世宗实录》，卷四百一十九。

② 《明世宗实录》，卷五百三十八，嘉靖四十三年九月癸丑。

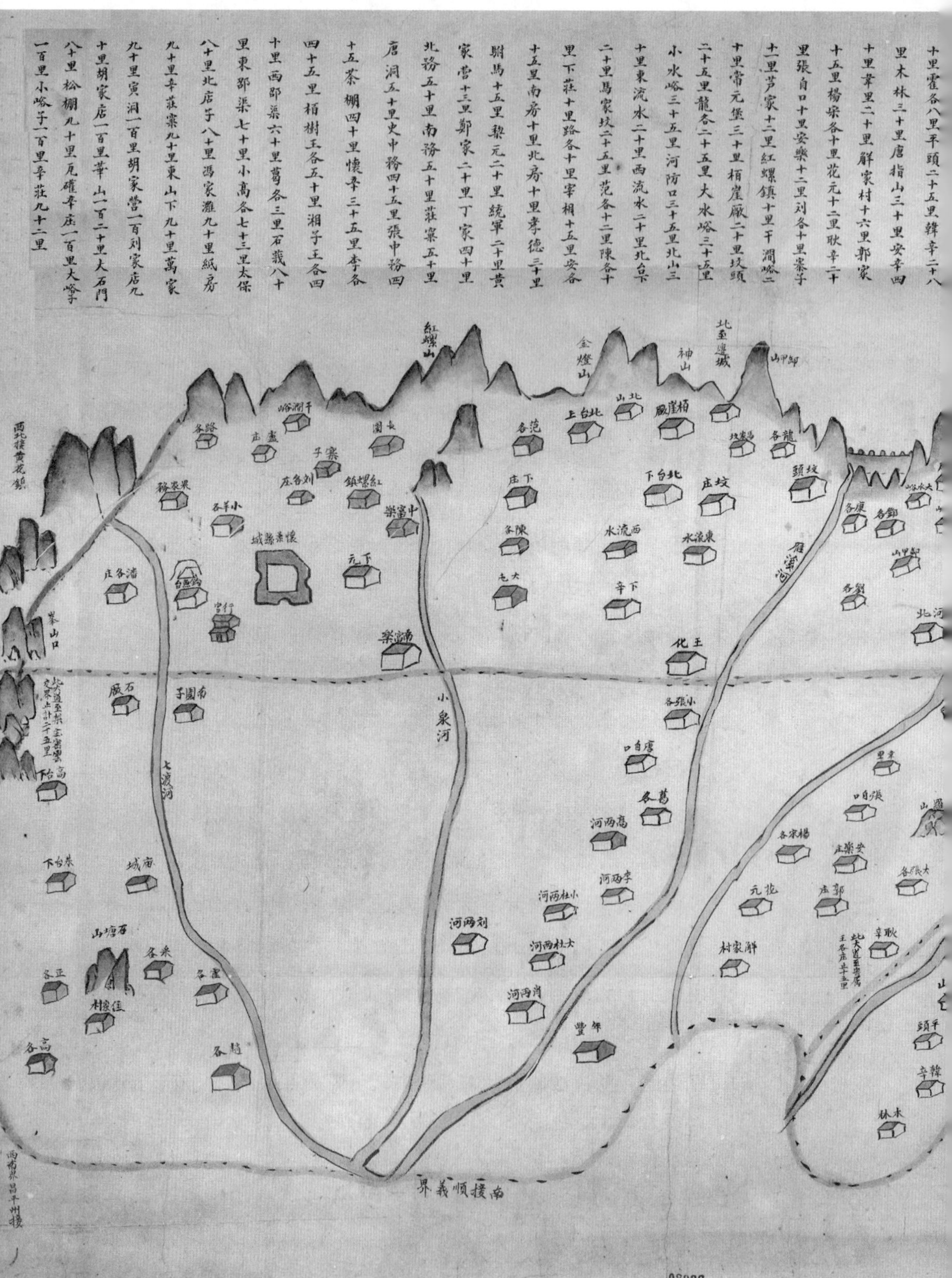

《怀柔县舆图》

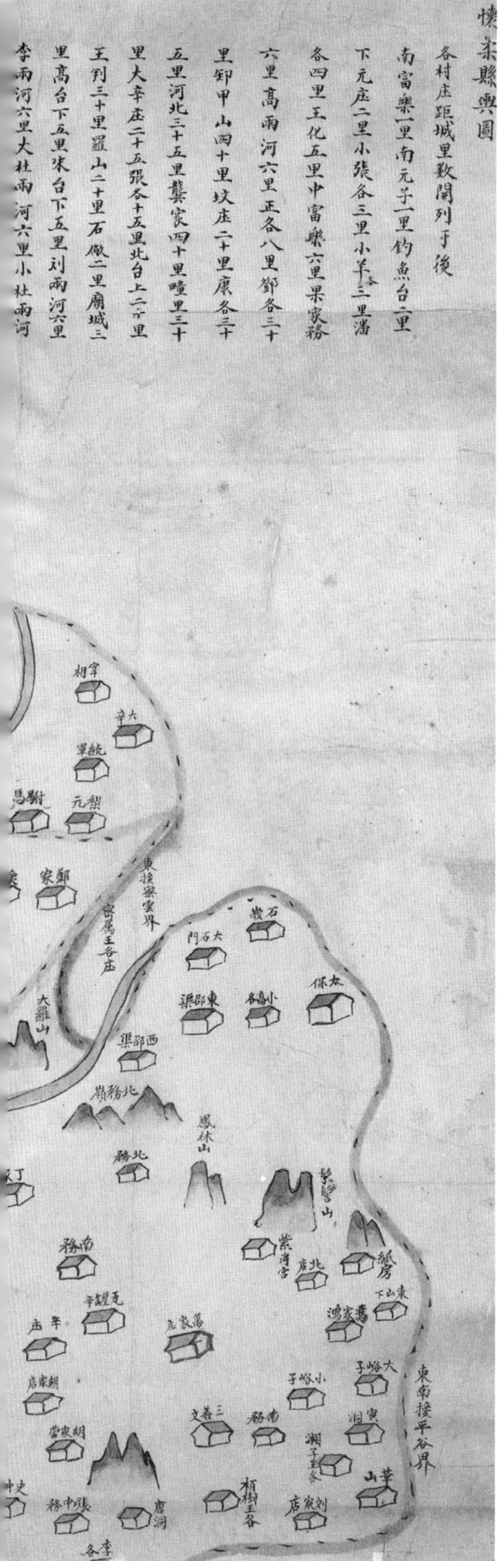

在怀柔规划漕运事宜。清廷曾派出漕运专家张鹏翮来怀柔考察，选定地点，建大型粮仓。张鹏翮、陈鹏年等考察后，认为今怀柔北房镇郑家庄建收储各州县皇庄粮米的仓库，较为可行。一是郑家庄距清康熙四十六年（1707）已开通的御道梨园庄仅 5 华里左右，陆路运粮十分方便；二是张鹏翮等人认为郑家庄地处潮白河西岸，漕运粮船还可日夜兼程，畅通无阻。根据他们的意见，清康熙六十年（1721），清廷决定顺天府各州县皇庄粮米，都可通过水陆两路，交到怀柔郑家庄新建粮仓收储。《怀柔县舆图》中御道着黄色、河流着青色，御道有三条，一条从峰山口向东至梨园庄，横穿怀柔；一条从耿辛庄向东北到梨园庄；郑家庄在两条御道相交处。河流从西向东分别为七渡河（今怀九河）、小泉河（今怀沙河）、雁溪河（今雁栖河）、白河故道、潮白河，郑家庄位于潮白河西岸不远处。

清朝末期，通州至密云段漕运虽然停止，但是为维持北运河漕运，潮白河仍为北运河的主要水源，潮白河与温榆河下游相合后，北运河漕船至通州，须由潮白河入温榆河，才能抵石坝，不过这一河段要经常疏浚开挑，而通往怀柔的漕运，到民国初年仍在继续。1940 年南新民会编印的《河北省怀柔县事情》一书，其第八章交通中，专门设“水运”一节，并记述由天津水运到怀柔的货物以食盐为大宗。每年供应怀柔40万公斤左右的食盐，由天津通过水运到牛栏山附近的小神庙，再由陆路运至怀柔县城。[①]

民国以来，海运渐开，为防止海河航道被淤塞，海河工程局极重视北运河上游潮白河水源的开发利用。曾先后在顺义苏庄附近修建土坝，导潮白河水入北运河，使天津至通县的北运河全程可通帆船。1923年至1925年，顺直水利委员会更拨巨款修建苏庄闸及进水闸，以调节入箭杆河洪水并维持北运河水源。1939年，潮白河大水将苏庄闸冲毁，潮白河水不再入北运河，航运渐废。

① 中共怀柔区委宣传部编著：《天下怀柔》，北京：五洲传播出版社，2014年。

第四章

北运河水系

第一节
概述

京杭大运河是世界上里程最长、工程最大的古代运河。京杭大运河始建于春秋时期，最早可上溯到春秋时期吴国为伐齐国而开凿的邗沟，这是春秋吴王夫差命人开凿的第一条人工运河。后历经隋炀帝时大幅度扩建，形成北至涿郡、南达余杭的南北大运河。元朝翻修运河，弃洛阳而取直至元大都，形成一派南北通途的热闹景象，也正式形成了京杭大运河的基础面貌。到清光绪二十七年（1901），漕运废止，运河分段通航，大运河开始逐步淡出人们的视线。回想起来，京杭大运河从开凿到现在已有 2500 多年的历史。从春秋到清末，京杭大运河这个举世闻名的伟大工程经历了多次盛衰变化。大运河是世界上最古老的运河之一，长期以来也是我国南北交通的“大动脉”，在我国经济、政治、文化中发挥了重要作用。

京杭大运河分为多段，其中北运河是海河支流之一，其干流从北京通州到天津，是京杭大运河的北段，古代亦称为白河、潞河等。

北运河自金代以来成为漕运要道。金中都城建于金天德三年（1151），至完颜珣贞祐二年（1214）迁都汴梁，在此期间中都城作为金朝国都，一共历经60余年。出于国都运送物资的需求，金代开始开凿以北京为漕运中心的人工运河，此后，相关开凿、疏浚等水利工程不断，开启了北京地区运河建设的历史进程。自元代开凿通惠河以来，流经京师内外城的河流，在东便门外大通桥附近注入通惠河。这些自西山而来的流水，出城之后仍然承载着京城运输的工作，使得通惠河成为京师漕运的大动脉。元明清三朝，中央王朝政治中心和经济中心的南北分离，造成京城的正常运转过度依赖漕粮北运，漕运是否畅通直接关系到王朝是否稳定。通惠河是漕粮北运的必经之路。通惠河的起点，元代在积水潭，明清时期在大通桥闸。通惠河的另一端连接的是北运河。北运河向东南方向流淌，在天津卫北侧分流。河水一路注入海河，由直沽口入渤海；另一路与南运河相接，成为京杭大运河的组成部分。

作为京城水系的重要组成部分，北运河在北京漕运中意义重大，也推动了北京城市地位的上升，直到1901年清政府废除漕运制度，北运河才结束了自己的历史使命，成为北京地区的一条普通水道。北运河的上游为温榆河，至通州北关一带，与通惠河汇合之后始称为北运河，大运河自西北流向东南，与南运河交汇于三岔河口，在天津汇入海河。

第二节
元朝北运河

元代统一中国后，于元至元九年（1272）改元中都为大都，作为元代都城。元大都在金中都的东北郊,这一选址有利于引西山水源，亦有利于解决运河和漕运等问题。元大都在高梁河、温榆河基础上开凿的运河主要有坝河和通惠河。这两条运河对于元大都的漕运起到了巨大作用。其中通惠河由城南一直到通州，这条水道的建设使得漕运可以从北运河到达积水潭，从而大大方便了大都的粮食物资运输，是城南漕运的大动脉。

坝河，元代也称作阜通七坝，或阜通河，因河道内建坝而得名。坝河原是高梁河东段北支故道，在金代曾用来通漕，名为通济河。元景定三年（1262），郭守敬奏议："中都旧漕河东至通州，权以玉泉水引入行舟，岁可省僦车费六万缗。"玉泉水入坝河后，坝河漕运得以发展，但金水河开凿后，玉泉水大部分供给皇宫使用，坝河水量减少，漕运受到影响。元至元十六年（1279），大修坝河，西起元大都光熙门，东至温榆河，筑拦河坝 7 座，分成梯级水面，分段行船，进行驳运。从通州北上进入坝河的漕船从下游行驶到第一个水坝后，由该坝坝夫把粮食搬到坝对面的空船上去，然后继续行驶，至下一个水坝，最终抵达大都城东北门光熙门。《元史・王思诚传》记载“至元十六年，开坝河，设坝夫户八千三百七十有七，车户五千七十，出车三百九十辆，船户九百五十，出船一百九十艘”。

坝河的开通增强了通州至大都的漕运，但其漕运能力有限，部分从江南至通州的漕粮只能通过人力或畜力陆运至大都城，费时费力。元至元二十八年（1291），都水监郭守敬奉诏兴举水利，建言称：“疏凿通州至大都河，改引浑水溉田，别于旧闸河故迹导清水，上自昌平县白浮村引神山泉，西折南转，过双塔、榆河、一亩、玉泉诸水，至西水门入都城，南汇为积水潭，东南出文明门，东至通州高丽庄入白河。总长百六十四里又百步。塞清水口十二处，共长三百有十步。坝闸十处，共二十座，节水以通漕运。”这一建议被元世祖所采纳。这是一个围绕首都的大型水利工程，役军一万九千余人，工匠五百四十人，水手三百人，没官囚隶一百七十人，总计二百八十五万名河工，花费楮币一百五十二万锭，耗粮三万八千七百石，木石等物资亦不计其数。通惠河开凿工程开始于元至元二十九年（1292）春天，告成于元至元三十年（1293）秋天，世祖赐河名为“通惠”。

金代和元初都曾利用永定河水济运，都因河水混浊凶悍而失败，郭守敬开凿的通惠河之所以能成功，就是因为找到了可靠的水源。《元一统志》云：通惠河“上自昌平白浮村之神山泉下流，有王家山泉，昌平西虎眼泉，孟村一亩泉，西来马眼泉，侯家庄石河泉，灌石村

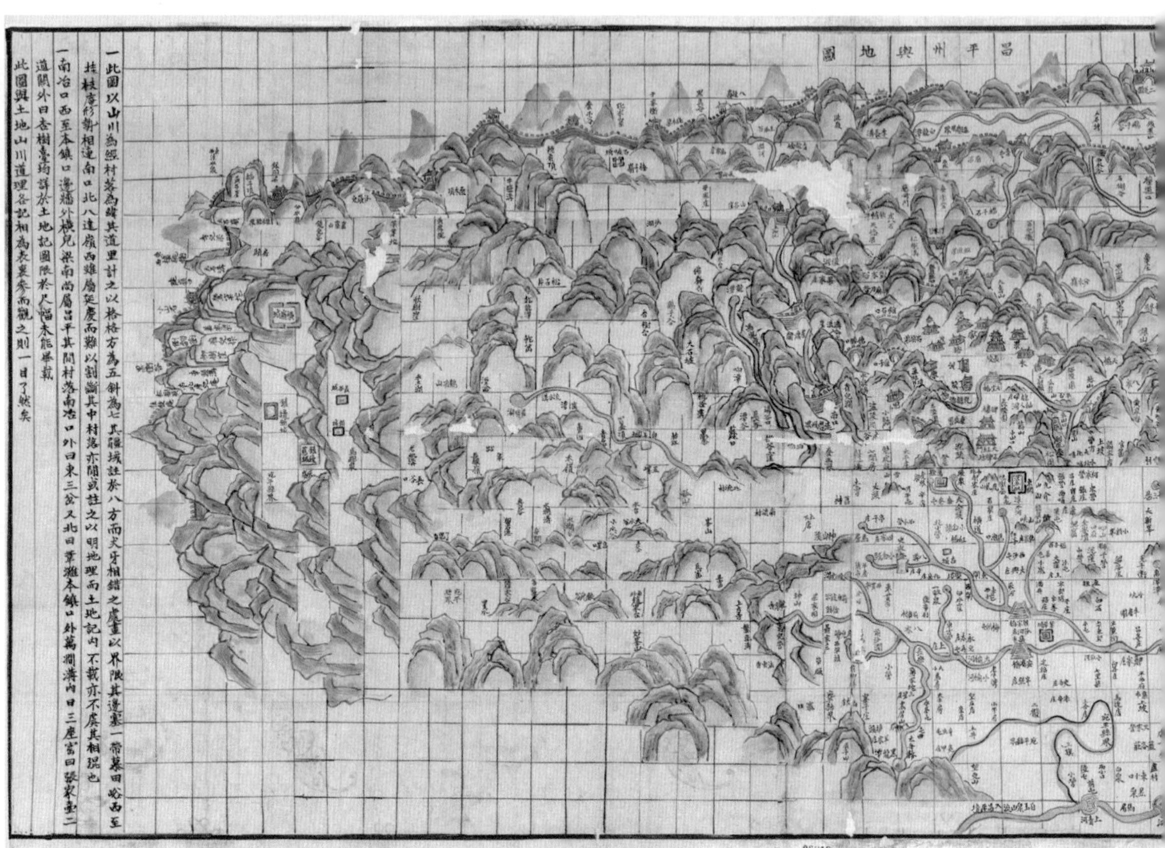
昌平州輿地圖
一此圖以山川為經村落為緯其道里計之以格格方為五斜為七其疆域註於八方而犬牙相錯之處畫以界限其邊塞一帶慕田峪西至
𣏌枝盤紆斬相連南口北八達嶺西雖屬延慶而難以割斷其中村落亦間或註之以明地理而土地記內不載亦不虞其相混也
一南冶口西至本鎮口邊牆外橫兒梁南尚屬昌平其間村落南冶口外曰東三岔又北曰葦甸本鎮口外萬澗溝內曰三座窑曰張家臺二
道關外曰杏樹臺均詳於土地記圖限於尺幅未能畢載
此圖與土地山川道理各記相為表裏參而觀之則一目了然矣
《昌平州舆地图》

南泉，榆河温汤泉，冷水泉，玉泉诸水合”。神山即今龙山，又名龙泉山，“上有都龙王祠，山半一洞……洞北有潭，潭西北泉出乱石间”。清末的《昌平州舆地图》中，可见龙泉山上有一寺庙，山下泉水涌出，其西部虎眼泉、一亩泉等山泉涌出，汇聚成河。

北京地势西高东低，为了节制水流以方便行船，元朝在通惠河的主要干线上修建了多座水闸。通惠河相关坝闸主要有：广源闸；西城闸二，上闸在和义门外西北一里，下闸在和义水门西三步；海子闸，在都城内；文明闸二，上闸在丽正门外水门东南，下闸在文明门西南一里；魏村闸二，上闸在文明门东南一里，下闸西至上闸一里；籍东闸二，在都城东南王家庄；郊亭闸二，在都城东南二十五里银王庄；通州闸二，上闸在通州西门外，下闸在通州南门外；杨尹闸二，在都城东南三十里；朝宗闸二，上闸在万亿库南百步，下闸去上闸百步。

元元贞元年（1295），下诏新开运河闸，拨守护巡防军一千五百人。又设立三名提领，掌管、监督相关巡防事宜。并将西城闸改名为会川闸，海子闸改名澄清闸，文明闸沿用旧名，魏村闸改名惠和闸，籍东闸改名庆丰闸，郊亭闸改名平津闸，通州闸改名通流闸，河门闸改名广利闸，杨尹闸改名溥济闸。元至大四年（1311），又将河闸从木结构改建为砖石结构，以期能够长期使用。元天历三年（1330），又下诏大都运粮河上下游堤堰泉水，严禁挟势偷决。

通惠河在通州沿通州旧城西护城河南行，至西水关进入旧城东行，出东水关入东护城河南行经南溪闸沿今玉带河至土桥，南行经张家湾城东入白河。通惠河以北为温榆河，以南称为潞河，即白河，这是北运河的主河道。在漷州东四里，北出通州潞县，南入通州境，又东南至香河县界，又流入武清县境，达于静海县界。张家湾码头形成于元代初期，因通惠河、萧太后河、凉水河等数条河流汇聚于此，张家湾以下水量充沛，利于航运，而张家湾以上河道浅涩，漕船无法北上到达通州，因此张家湾逐渐发展成漕运码头，通惠河也因此从通州南下，至张家湾入白河。

《北京历史地图集·人文生态卷》中《元大都周边河湖水系分布图》清晰地绘制出了北运河源、开挖路线、坝闸分布。北运河源自昌平白浮泉，水西折南转，流至瓮山泊，向东南从和义门北入城至积水潭，从积水潭开挖两条河道，一条向东从光熙门南出城，继续向东入温榆河，一条向南从文明门出城后向东直至通州，在张家湾入运河。图中通惠河上标注各闸名称为元元贞元年（1295）改名后的新闸名。

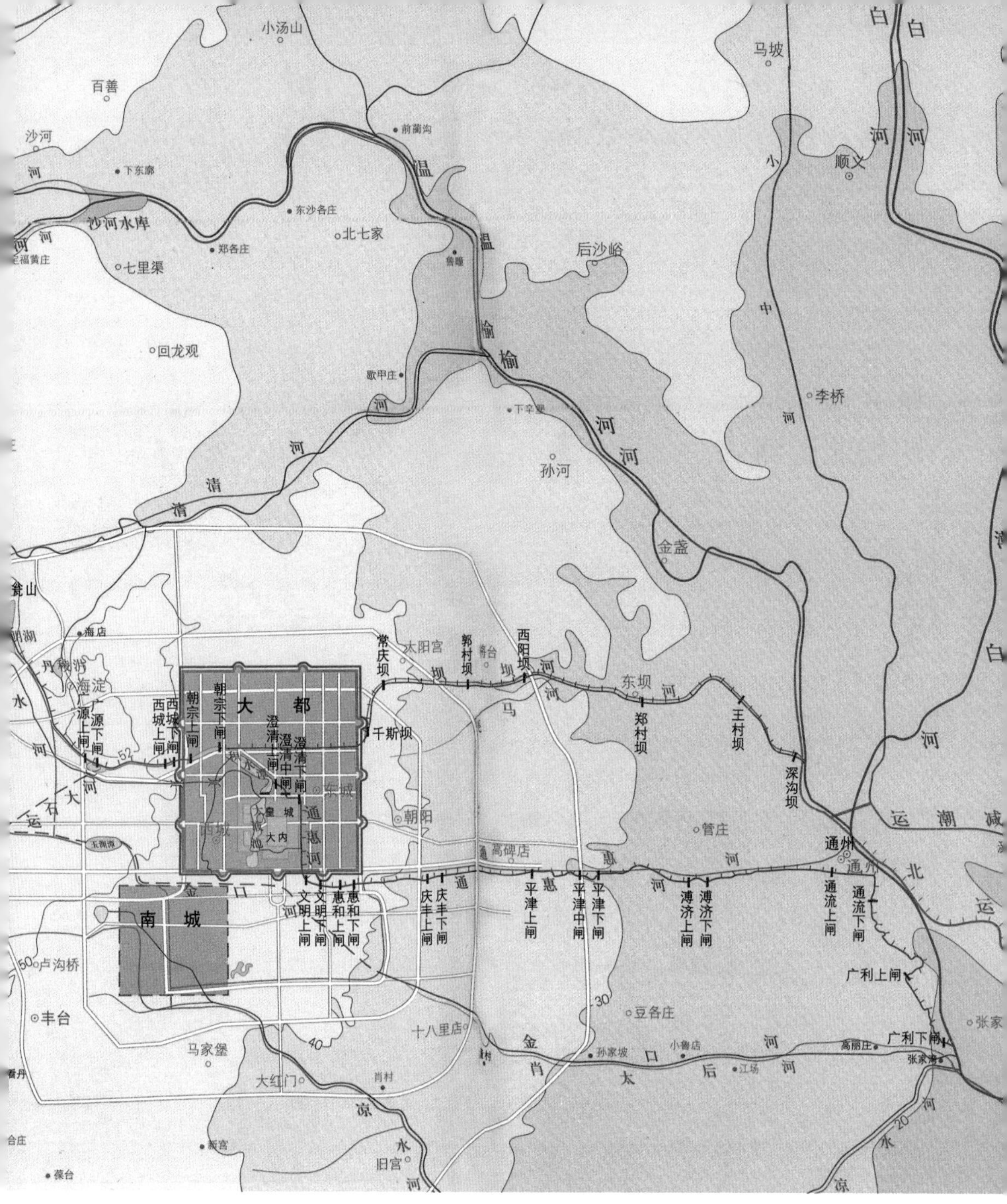

《元大都周边河湖水系分布图》[①]

---

① 侯仁之主编：《北京历史地图集·人文生态卷》，北京：文津出版社，2013 年。

第三节
明朝北运河

明永乐元年（1403），改北平为北京，北平府为顺天府，明永乐四年（1406），明成祖下诏修筑北京宫殿，明永乐十九年（1421）正式迁都北京。北京地理位置的重要性使得京城漕运同样是重中之重，孙承泽《天府广记》载："京师百司庶府，卫士编氓，仰哺于漕粮。"明代继承了金元漕运制度，北运河在将江南粮食运往北京的漕运中起到了巨大作用。

北运河开凿于潮河、白河合流之前，是以白河下游为基础开挖形成，因此，明代称北运河为白河。根据《明史·河渠志》记载："明成祖肇建北京，转漕东南，水陆兼挽，仍元人之旧，参用海运。逮会通河开，海陆并罢。南极江口，北尽大通桥，运道三千余里。综而计之，自昌平神山泉诸水，汇贯都城，过大通桥，东至通州入白河者，大通河也。自通州而南至直沽，会卫河入海者，白河也。"则从大通桥到通州的水道被称为大通河，而由通州至天津的水道被称为白河。

白河又名通济河。《明史》记载，此河“源出塞地，经密云县雾灵山，为潮河川。而富河、罾口河、七渡河、桑干河、三里河俱会于此，名曰白河。南流经通州，合通惠及榆、浑诸河，亦名潞河”。水道长约三百六十里，至直沽与卫河交汇后入海，是明代漕运的要道。杨村以北一带地势非常特殊，势若“建瓴”，水道底部多淤沙。夏秋水涨苦潦，冬春水微苦涩。这段水道的冲溃徙改与黄河河道相似。耍儿渡在武清、通州地界间，是其要害之处。自永乐至成化初年，一共经历了八次决口，每次都需要招募民夫筑堤。而明正统元年（1436）的决口危害尤其严重，特敕太监沐敬、安远侯柳溥、尚书李友直处理相关工程事宜，发五军营卒五万人及民夫一万人筑决堤。又命武进伯朱冕、尚书吴中役五万人，在离河西务二十里的地方凿河一道，导白水入其中。这两次工程完竣之后，对于白河漕运起到了极大促进作用，因此明英宗赐名曰通济河，封河神曰通济河神。

大通河为元郭守敬所凿，元代称为通惠河。《明史》记载，大通河“由大通桥东下，抵通州高丽庄，与白河合，至直沽，会卫河入海，长百六十里有奇。十里一闸，蓄水济运，名曰通惠。又以白河、榆河、浑河合流，亦名潞河”。顾祖禹《读史方舆纪要》中记载了明代北运河河道情况，这段记述大致是从天津一直到通州，再到京师的顺序：

> 又西北经武清县东，又西北经漷县东，漕河在武清县东三十五里。自天津卫以达于神京，皆白河之流也，亦谓之通惠河。元人创开运道，自昌平州引神山诸泉经都城至通州合于白河，又南至于天津，皆曰通惠河，今亦曰大通河。

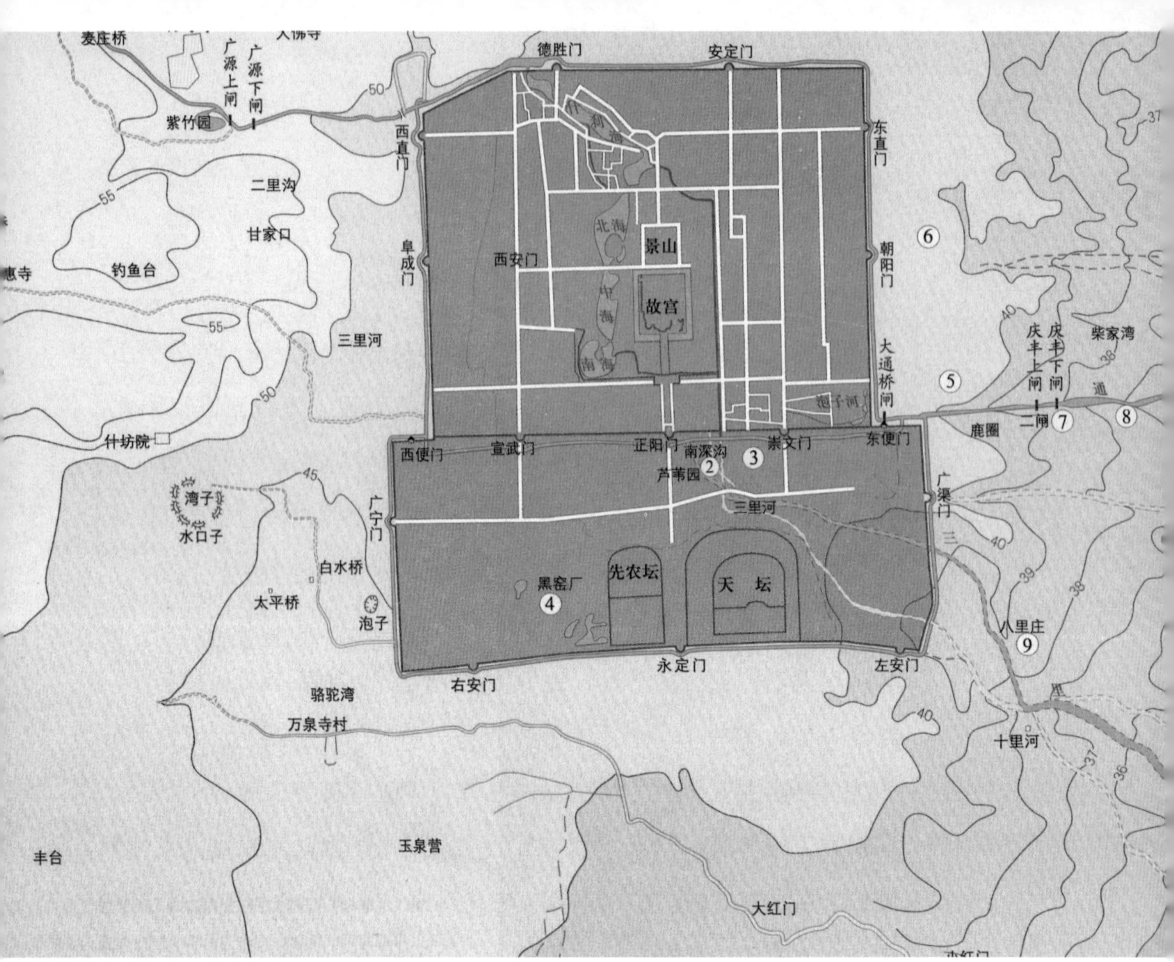

《明代通惠河图》[①]

今自天津而西北十里曰丁家沽，又十里曰尹儿湾，又十里曰桃花口，又十里曰满沟儿，又二十里曰杨村驿，潘氏曰："杨村以北，通惠之势峻若建瓴，白河之流淤沙易阻，夏秋水涨则惧其潦，冬春水微则病其涩，浮沙之地，既难建闸以备节宣，惟有浚筑之工耳。沿河两堤，如撒罾口、火烧屯、通济厂、东要儿渡口、黄家务、华家口、阎家口、棉花市、猪市口、观音堂、蔡家口、桃花口以上堤岸，卑薄

① 侯仁之主编：《北京历史地图集·人文生态卷》，北京：文津出版社，2013 年。

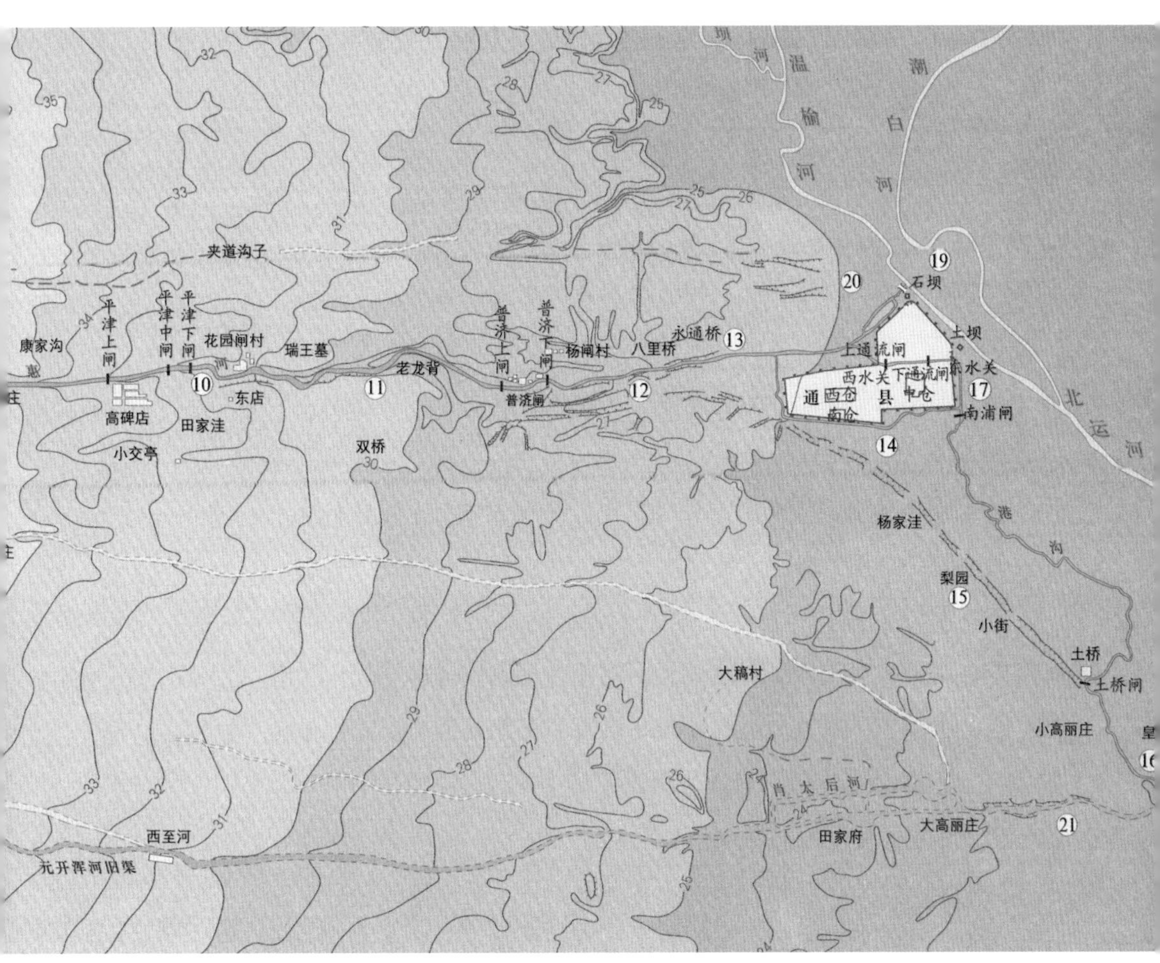

最甚，民居漕艘，被患不时，所当以时浚筑，不可或忽也。”又三十里曰南、北蔡村，又十里曰砖厂，又十里曰黄家务，又十里曰蒙村，又十里曰白庙儿，又十里曰河西务，西南至武清县三十里。又三十里曰红庙，里道记：“河西驿十五里至王家摆渡口，又十里至鲁家渡，又五里至红庙。”又十里曰靳家庄，又十里曰搬罾口，又十里曰萧家林，又十里曰和合驿，属通州。又二十里至漷县杨家庄。又二十里至漷县，又十里则火烧屯也。自河西务以至通州张家湾计百四十里，河狭水迅，路曲沙渟，凡五十有九浅云。又北

> 至通州之南而输于太仓。漕河至州南十五里曰张家湾，东南运艘毕集于此，乃运入通州仓。里道记："火烧屯而北七里曰公鸡店，又七里曰沙孤堆，又六里曰保运观，亦谓之李二寺，又十里即张家湾矣。"自通州而西，又四十五里乃达于都城，则上流浅阻，置闸节宣，仅容盘运，非运艘直达之道矣。详见京师大通河。

这段记载详细记录了明代北运河的沿途地名、地理情况、水道走势等，也标注了哪些地点容易出现淤塞和漫滤的情况，需要在此招募河工开展相关工事。《读史方舆纪要》中的这段史料是我们今天了解明代北运河情况的重要参考。

明初建都南京，元代开凿的通惠河即废。永乐迁都北京后，为修建宫殿，曾疏通通惠河故道，以运漕粮和建筑物资。明永乐四年（1406）八月，北京行部言："宛平昌平西湖、景东牛栏庄及青龙华家瓮山三闸，水冲决岸。"命发军民修治。明永乐五年（1407）复言："自西湖、景东至通流，凡七闸，河道淤塞。自昌平东南白浮村至西湖、景东流水河口一百里，宜增置十二闸。"北京城建成后将一段通惠河包入皇城，漕船不能行至积水潭，只能到达大通桥，所以自通州至大通桥这段通惠河又被称作大通河。由于水源问题，由大通河进行漕运效果不佳，大通河水道再次搁置，运往北京的漕粮只能运至张家湾或通州，然后转陆运至北京城。

由于通州至北京之间陆路运输成本极高，因此明廷一直在想办法开通水路运输。自明宣德六年（1431）至明正德二年（1507），明廷疏挖河道、修理水闸 10 多次，均未能成。

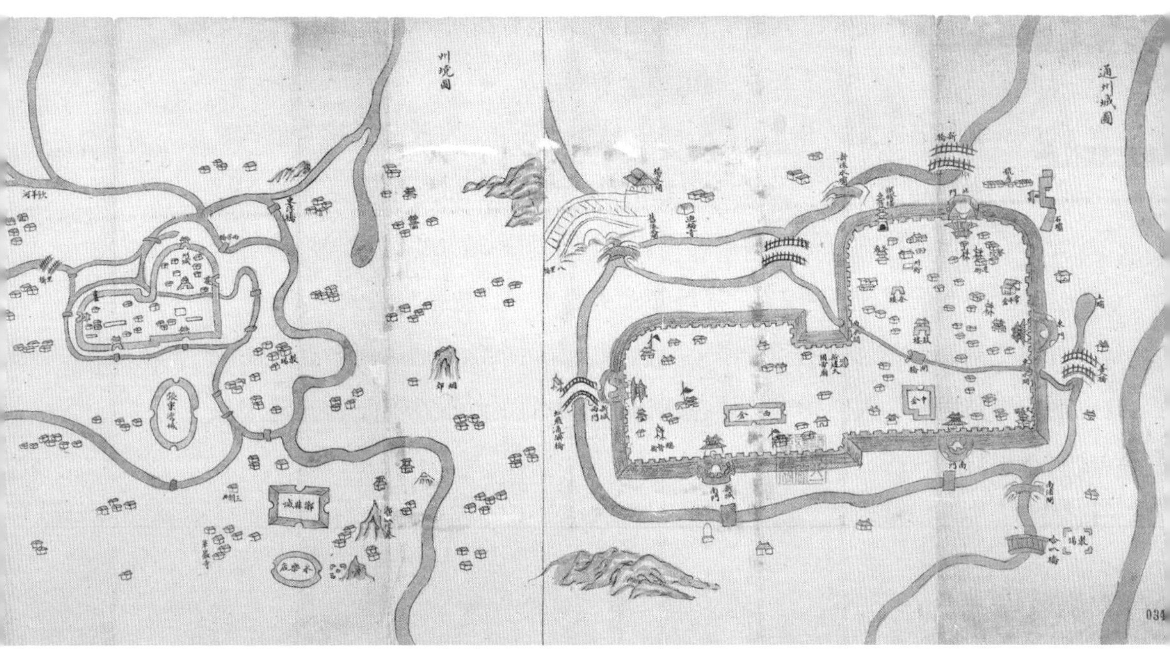

《通州城图与州境图》

明嘉靖六年（1527），御史吴仲进言称：“通惠河屡经修复，皆为权势所挠。顾通流等八闸遗迹俱存，因而成之，为力甚易，岁可省车费赀二十余万。且历代漕运皆达京师，未有贮国储于五十里外者。”嘉靖皇帝深以为是，命户部和工部商讨方案。《通惠河志》中《户部等衙门右侍郎等官臣王轨等谨题为计处国储以永图治安事》一折中认为：通惠河不可弃置不用；建议通惠河改道从通州北入白河，不再南流经张家湾入白河；修理闸座、疏浚河道、筑砌新坝。礼部尚书桂萼则认为这一工程难以实施，建议改修三里河。皇帝与大学士杨一清、张璁商议之后，依然采纳了王轨等人提出的方案。

明嘉靖七年（1528）六月，吴仲等人主持的通惠河疏浚工程完工，而后吴仲上疏言五事：“大通桥至通州石坝，地势高四丈，流沙易淤，宜时加浚治。管河主事宜专委任，毋令兼他务。官吏、闸夫以罢运裁减，宜复旧额。庆丰上闸、平津中闸今已不用，宜改建通州西水关外。剥船造费及递岁修艌，俱宜酌处。”嘉靖皇帝采纳了吴仲的建议，并命何栋专门管理通惠河道。吴仲于明嘉靖九年（1530）进呈其所编写的《通惠河志》，嘉靖帝命人将此书送史馆，采入会典，且颁工部刊行。自此以后，漕运船只可以直达京师，通惠河一直到明末仍然通航。人们感念吴仲在运河工程中的贡献，在通州为其建祠祭祀。

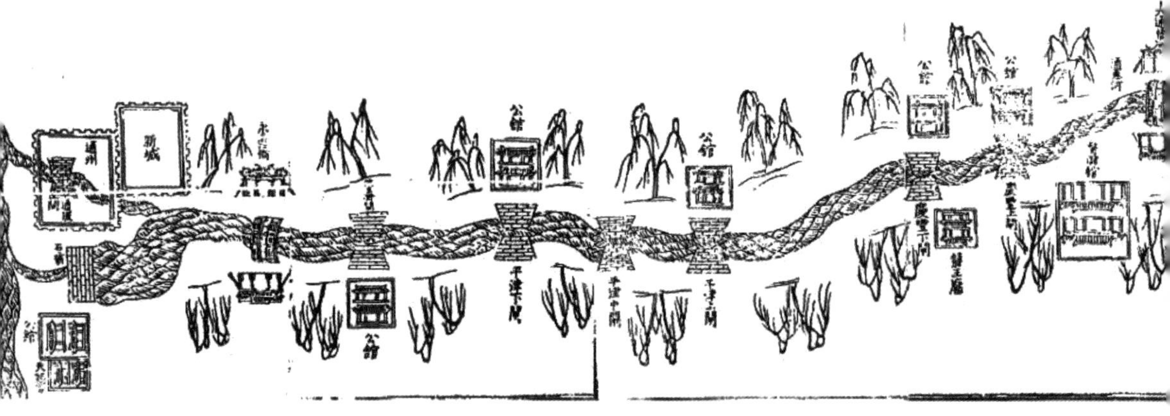

《通惠河图》——选自《通惠河志》

第四节
清朝北运河

北运河在清代仍是非常重要的水道。清顺治元年（1644）清军入关之后，仍以北京为都城。清代漕运制度基本沿袭了明代制度。清顺治二年（1645），清政府规定天下每年漕粮总额沿袭明代相关规定，其中运往北京的漕粮为每年400万石。根据陈喜波《漕运时代北运河治理与变迁》一书的考证，漕船抵达通州之后，漕粮分为两处交卸，“东南粟米，舳舻转输几百万石，运京仓者由石坝，留通仓者由土坝”，即正兑漕粮在石坝卸下，改兑漕粮在土坝卸下。正兑漕粮在石坝卸下后，再由石坝装船沿通惠河行经各闸坝运至大通桥，在此漕粮卸下由车户运至京仓收储。改兑漕粮在土坝装船，沿护城河至通州城南，再陆运至通仓收储。

北运河为直隶交通要道。清道光三年（1823），颜检上《直隶河道大概情形》一折，其中说道：“直隶大川有五，曰南运河，曰北运河，曰永定河，曰大清河，曰滹沱河。五大川若顺轨安流，则诸河皆有所归宿。”据《清史稿》记载，北运河流经直隶顺天府通州、香河、武清地界，之后在天津汇入海河。

北运河在清代北京漕运中发挥了重要功能。乾隆皇帝曾作《过通州浮桥即景杂咏》一诗：“飞梁驾水响梢东，转漕连艘此处通。南望江乡渺何极，遥源犹忆自云中。”清乾隆四十五年（1780）朝鲜使者朴趾源为庆祝乾隆皇帝七十大寿来到中国，途经辽宁、热河、北京等地，他将沿途见闻写成《热河日记》一书，其中也记录了通州潞河一带的盛景：“凡天下船运之物，皆辏集于通州，不见潞河之舟楫，则不识帝都之壮也。”清乾隆四十一年（1776），冯应榴请好友江萱为自己绘制了一幅《潞河督运图》，此图卷细致地描摹了通州运河船只往来的盛况，他还亲自为此图题写了一篇跋文。运河漕运，自隋而下，历来兴旺。京城的粮食、织品等主要通过长江、运河运输，其中长江漕运也十分发达。长江沿岸是盛产粮食的地方，两湖和江西的粮食集中在九江，从九江开始船运至镇江，再由镇江沿京杭大运河送至京城。虽然漕运自苏杭直达京师的情景已经成为过去，但我们可凭借相关诗文重温运河曾经辉煌的历史，想象运河沿岸樯桅林立的盛景：

> 此余于乾隆丙申以考功郎中奉使坐粮时，倩京口江萱所绘《潞河督运图》也。图中往来船舫，系于运者十之八九，其一二瓜皮艇，则稽察征榷之用，坐粮使者所兼司也。漕艘之中，植两樯，而扬帆捩舵，衔尾以进，或已泊如鳞比者，为重运；卷帆抽舵，以尾推行者，为回空。回空必让重运先行，违者有罚。以布袋盛米麦黍豆于船，船约百

余袋，袋各一石，无篷窗而以篙徐进者，为剥载。坐粮之运役曰经纪，曰车户者司之。盖潞河水浅舟多，不能齐达坝下，故别以船剥坝，有石有土，石坝在北门外，通州州判掌之，有楼曰大光，义取损上以益下也。满、汉仓场侍郎暨坐粮者，恒于斯茇憩凭眺焉。坝前为潞河，后即通惠河。隔潞河三四丈许，幅旁樯旂小露者，是已运十三京仓之漕抵石坝，由大光楼下，背负而入通惠，肩踵相接，日数万人。通惠每闸有船，亦经纪司之。过闸负运者，谓之水脚，并隶使者所辖。至大通桥以上，则监督之职矣。石坝之北有浮桥，为榷税十三口之一。近东门者为土坝，州同兼掌之。运通州西、中仓之漕，由坝而入城河，舟运至旧南门者，贮中仓；新南门者，贮西仓。城以内皆车运，故司事之役，总曰车户。他政均与石坝相类。至中流饱帆而放棹者，即余官船。每漕艘抵通，使者日乘舟往验其高下，乃分坐于各仓，并以时赴津门督催之。小舟飞浆，捧盘来迎余舟者，即取验之粮；以粮散盛于舟，尾漕艘而行者，杨村官给之剥载也。形如虡业，系绳于端，牵岸上者曰刮板，牵之者曰浅夫，负柳枝行者为标夫。潞河沙易胶壅，非疏浚可施，惟时刮沙，俾随水去，无阻运足矣。好事者以新意改制，辄无益而止。又河之深浅无定，必以柳枝标识，浅处使漕艘望知避焉。夫漕，为理财之一端；坐粮，司漕之一职耳。顾粗举规制，百不罄一，已繁重若是，矧其涉江淮河数千里，以挽纳神仓者乎？司漕诸君子，苟不以爱民恤丁、洁其身奉职为念，其何以副朝廷惠下之仁、任人之意乎？览斯图者，当亦有感于余言矣。戊戌春仲，瓜代旋京，将以索能文者题咏，因先自书其后。

京杭大运河在中国历史上承载着非常重要的功能，所以现在留存下来的运河地图还是相当可观的。国家图书馆藏《运河全图》大约有四五个版本，而与运河有关的古旧地图数以百计。从内容上看，这些运河全图描绘的是清代中期以后运河流经府县、水闸、堤坝、山川、河流、名胜古迹的实际情况。对运河沿途重要信息，比如水闸之间里程，各河厅和各县交界等方面都有明确标注。运河最北端，我们可以看到北京城、通惠河河道和通州城。为了解地图上的通惠河，本节选取了几幅绘制年代相近，但绘图比例、功用有一定差异的地图进行比较。以此揭示京师河道图的特点。

国家图书馆藏《河防一览图》中也描绘了北运河和通惠河的水道情况，此图为拓本，单色，纵 43 厘米，横 2010 厘米，明潘季驯编绘，根据明万历十九年（1591）立石拓印。潘季驯（1521—1595），字时良，号印川，湖州府乌程县（今属浙江省湖州市吴兴区）人。他是明朝中期著名的治河专家，曾先后 4 次主持管理黄河、运河事务，在长期的治河实践中，他总结出“束水冲沙法”，对后世黄河治理影响深远，也为中国的水利事业做出了巨大的贡献。潘季驯将治水心得著成《河防一览》一书，此书附图即为《河防一览图》。

目前所见《河防一览图》版本主要有三种，一为刻本图书，一为拓本，一为彩色摹绘本。而国家图书馆藏《河防一览图》拓本，即是《河防一览图》的重要版本之一。此图前附“祖陵图说”“皇陵图说”“全河图说”，这几种图说记载了明代皇陵的位置，黄河、运河、淮河的河道情况。全图以黄河为主体，全面展现了黄河自星宿海发源，沿途流经甘肃、宁夏、内蒙古、陕西、山西等省区，在徐州附近与京杭运河汇合，之后流入大海的整个过程。此图将运河与黄河绘于一图，对于两河的重要支流也有所表现。

《河防一览图》采用中国传统地图绘制方法，以不同的符号表现沿途的府、州、县、堤坝、河道等，图中多有说明文字，介绍黄河两岸的堤坝防御工事、相关河道的水患情况等等，图文并茂，内容清晰，展现了较高的地图绘制水平。《河防一览图》是中国现藏最大的一幅古代治黄工程图，它全面地描绘了明代中期黄河、运河河道情况，对于我们研究明代黄河、运河治理情况有重要的史料价值。此图中记载："通惠河发源于昌平州神山泉，会马眼诸泉，经都城入内府，出玉河桥，由大通桥至通州与白河合。""白河，源出顺天府密云县雾灵山，南至汇沙榆、通惠、桑干河，至天津汇卫河，同入于海。"

《八省运河泉源水利情形图》是一幅清后期绘制的大运河全图。这幅地图用传统山水画法，画出了漕粮经过长江、运河水道，最后

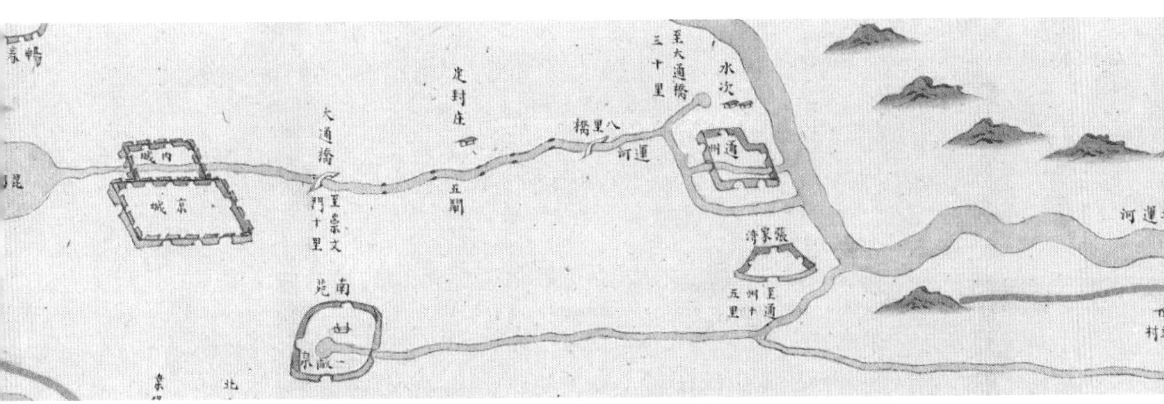

《八省运河泉源水利情形图》（局部）——通惠河

到达京师的路线。因为图上所绘黄河已改道大清河入海，所以推测这幅地图的绘图年代应该在清咸丰五年（1855）黄河改道之后。在这幅绘制大运河全景的地图里，通惠河只是其中的一小段。从图上可以看出，通惠河的源头是昆明湖。昆明湖水经长河，引入内城。河水由内城西墙入城，再由内城东墙出城。城内河道用简单的直线表示，并没有画出内城河道的真实情况。京城的正东方向是临近北运河的通州城。出城的通惠河河道，一路向东，奔向通州城。图上北京城至通州城的河道，画出明清通惠河的终点大通桥和临近通州城的八里桥。大通桥和八里桥之间，用蓝色点状符号标绘河道上的5个闸口。河道经过八里桥，在通州城西侧分为三支。最北一支，经通州城北墙北侧，流入温榆河。中间一支，流经通州城，出通州城东城墙后，汇入北运河。最南一支绕道通州城南墙向东，汇入北运河。在通惠河之外，一条从南苑一亩泉发源的凉水河河道，出南苑苑墙也一路向东流，在张家湾附近汇入北运河。

更细致的河道，需要更大比例的地图来表现。《京兆上游通惠河通庆汛全图》是一幅手绘的通惠河河道地图。这幅地图背面有红色贴签“京兆上游通惠河通庆汛全图 通庆汛汛官蒲斌呈”，并加盖官印。显然这是一幅由管辖通庆汛官员上呈的官绘地图。但根据图上通州城标注“通县”的地名来看，这幅地图的绘制时间应该在1912年，民国政府改通州为通县之后。所以，这幅地图推测应该是民国初年通惠河河道全图。

这幅地图严格遵循上北下南的图向，画出了东起东护城河，西至北运河的通惠河河道，以及相关水利设施、城池和道路。因为大通桥至北运河，东西相距20公里左右，但落差可以达到20米以上。

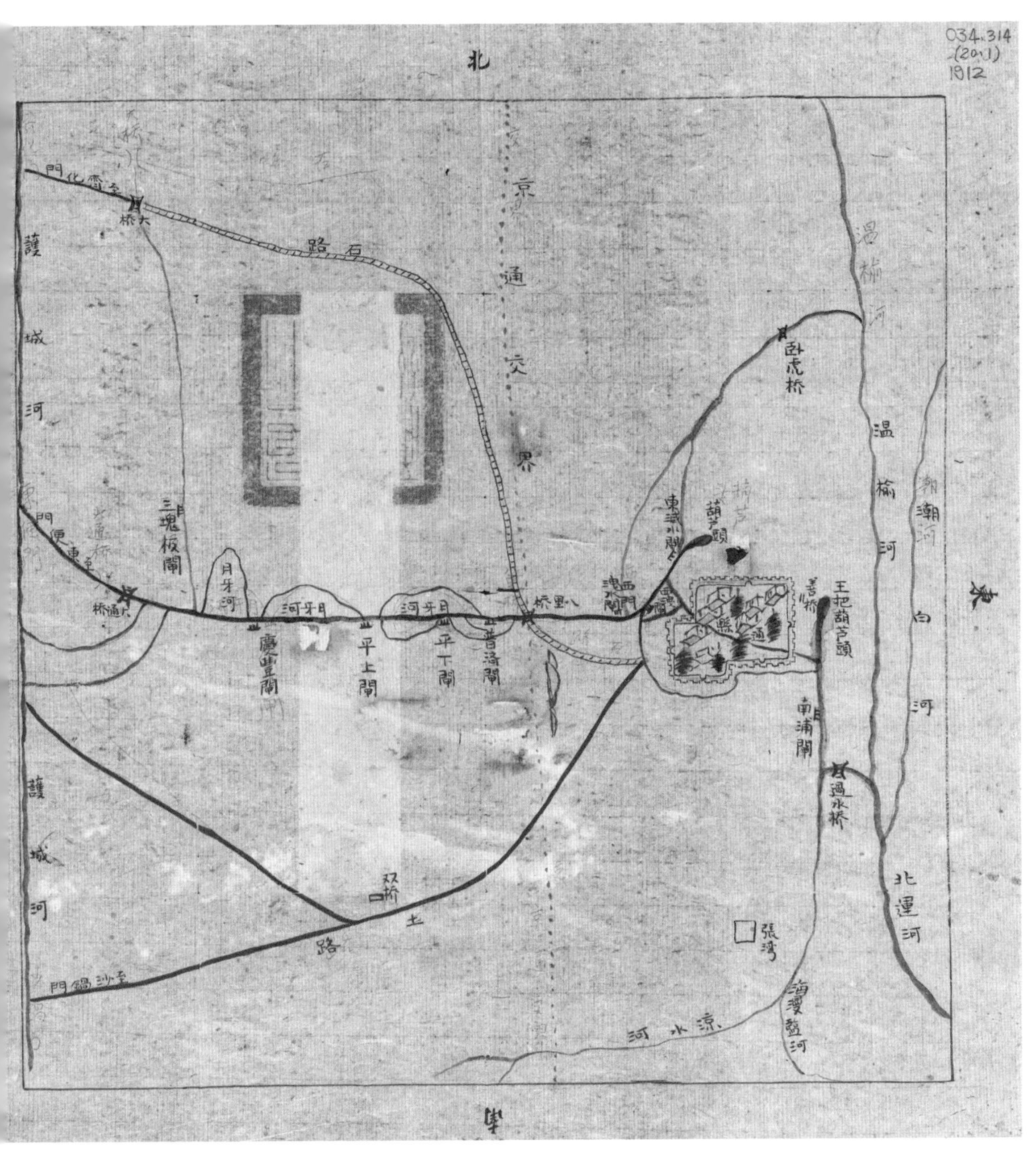

《京兆上游通惠河通庆汛全图》

急速的落差，导致通惠河水流急速落下，不利于漕运行船。所以在元代开凿通惠河时，从瓮山泊至通州高丽庄共建水闸24座[①]。但水闸太多，水流控制住了，通航的船只也挡住了。明清时期，为保证通惠河的通航能力，减少水闸设置，开凿月河，缓解水流速度。从这幅清末民初的地图上看，水闸数量明显减少。从大通桥向东分别标注了庆丰闸、平上闸、平下闸、普济闸。这几座水闸之间，除主河道外，图上还画出用于缓解水流速度的月牙河。普济闸向东，过八里桥，进入通县辖区。主河道在通县县城西侧泄水闸开始分流。北流一支，分为东、西两条河道。西侧河道在泄水闸以东，流向东北方向，经卧虎桥石坝，注入温榆河。东侧河道，经过葫芦头，东减水闸，向北再注入北流西侧河道。中间一支，由北流东侧河道引出，由西泄闸控制，经西水关流入通县县城，再由东水关出城，绕城向南流，经南浦闸、过水桥，注入北运河。南流一支在泄水闸分流处，直接向南，再向东，沿通县县城南墙，最终与流经城内的河道汇合。

与《八省运河泉源水利情形图》相比，《京兆上游通惠河通庆汛全图》反映了更多通惠河的河工信息。通惠河闸口及月河，护城河、温榆河、潮白河河道，通县城与内城朝阳门之间的石路、与外城广渠门之间的土路，京师与通县的交界线，甚至通县城内的房屋都一一标绘。但这幅地图的绘制方式仍然十分简洁，蓝色线条表示河道，黑色线条表示道路，红色虚线表示分界的画法已经与现代地图非常相似了。

与《京兆上游通惠河通庆汛全图》绘制时间相近，《通县通惠

① 蔡蕃：《北京通惠河考》，《中原地理研究第四卷》，1985年1期。

河两岸图》同样展现了清末民初通惠河的全景。与《京兆上游通惠河通庆汛全图》不同的是，这幅地图用形象画法展现京城和通县的城门城墙，河道两岸的堤坝、桥梁、闸口、月河等水利设施。这样的绘图方式可以更直观地展现河道水利设施和这些设施的相对位置，但在表现河道精确距离、城池大小等方面相对较弱，只能用图说来补充。与《京兆上游通惠河通庆汛全图》相比，两幅地图虽然都是展现通惠河的河道，但因为表现的侧重点不同，所以绘图方法、精细程度和重点绘制的地理要素都不相同。《京兆上游通惠河通庆汛全

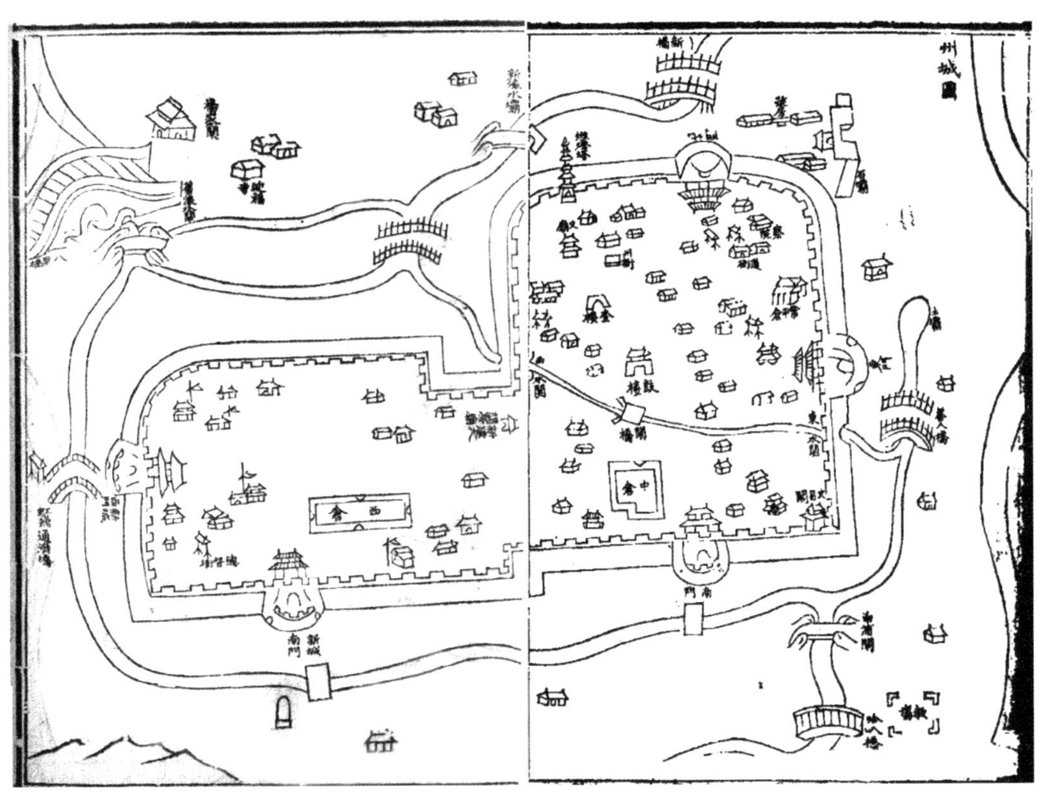

《州城图》——选自清光绪五年（1879）《通州志》

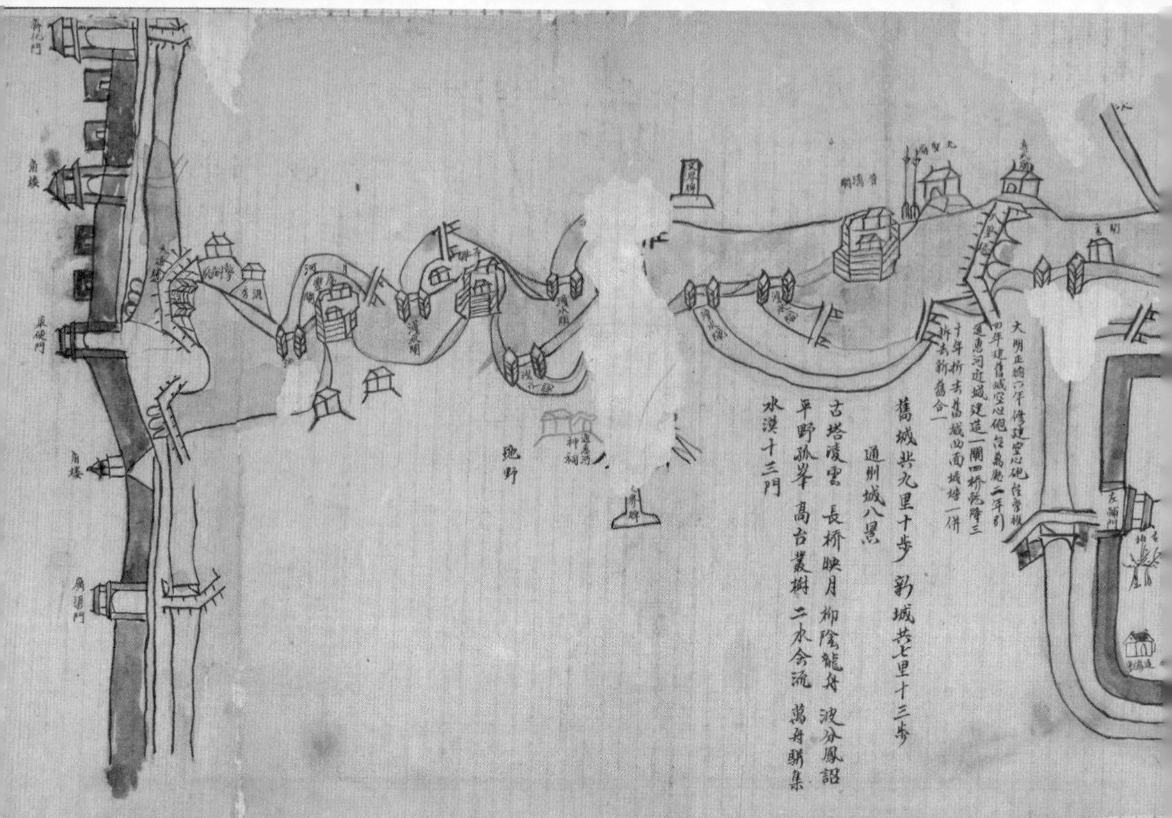

《通县通惠河两岸图》

图》用线条表示的河道，用ㄩ表示的桥闸，在《通县通惠河两岸图》上都变成了写实的样子。宽阔的河道，用蓝色表示；河道两岸的堤坝，用褐色线条来表示。月河与主河道交汇的闸口和桥闸建筑，甚至河道桥梁的形制，都清晰地表现出来。通县县城的画法也要比《京兆上游通惠河通庆汛全图》详细很多。流经通县城河道上的桥梁、通流闸、粮仓、代表建筑、城内道路等都标绘清晰。这幅地图上绘制的通县城，与单幅的通州地图一样详细了。

从嘉庆年间开始，内忧外患的清政府已无力完成通惠河的河道疏通治理。久而久之，河道逐渐淤塞，通过通惠河运送漕粮的旧制也已经无法维持。无论是《京兆上游通惠河通庆汛全图》，还是《通县通惠河两岸图》都绘制于民国初期。显然，当时的民国政府仍然希望改善河道现状，恢复通航功能。可惜，通惠河恢复通航的目标

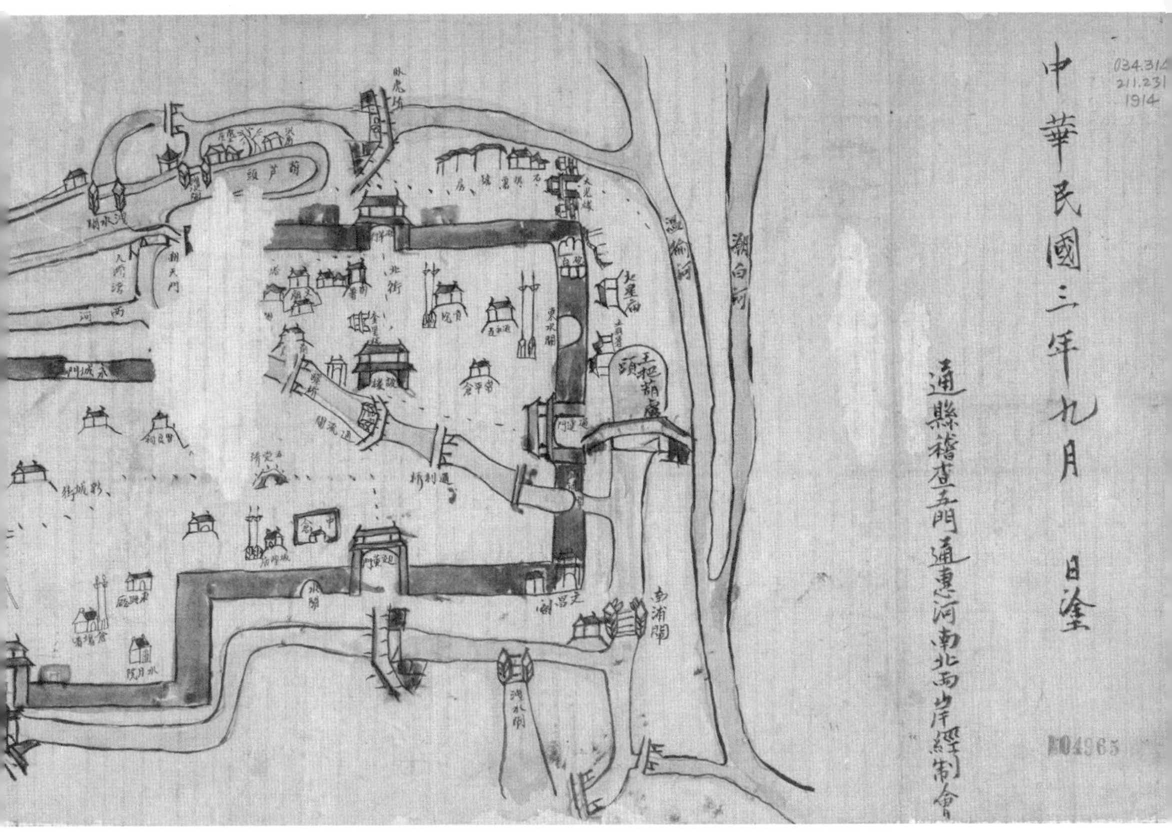

终究没有在民国年间实现。早已失去了驳运功能的通惠河，成为人们休闲娱乐的场所。晚清至民国，通惠河河道成了人们滑冰、乘坐冰床的活动地点。

从通惠河北支流，经石坝注入温榆河开始计算，至天津三岔河口大红桥汇入海河为止，这段运河河道就是北运河。北运河河道全长 120 公里。经过北运河南下的船只，可以继续南下，进入南运河漕运航道；也可以顺着海河河道，直达大沽口，进入海运航道。同样，北上的船只，无论选择海运还是河运，都在三岔河口开始交会，共同进入北运河，顺流而上，直达通州城。

《全漕运道图》和《八省运河泉源水利情形图》是清代绘制的两幅运河河道全图。虽然同为清代绘制，但两幅地图表现的内容侧重点不同，所以地图的绘制方式也有一定差别。《全漕运道图》收藏

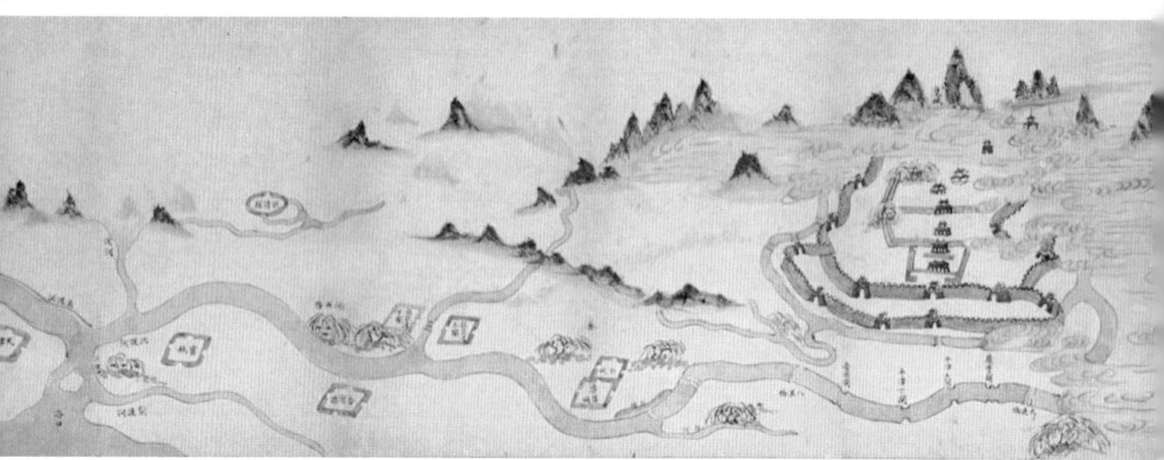

《全漕运道图》(局部)——京师及北运河

在美国国会图书馆。这幅地图绘制于光绪年间，反映了清代京杭大运河的漕运河道和洞庭湖以下长江河道。除绘制河道外，还标注了河道所经地区的沿途城池、村庄和标志性建筑。可以说，《全漕运道图》是一幅典型的清代水路交通地图。《全漕运道图》上，通州北关石坝在画面的右侧，天津三岔河口在左侧，画面遵循上西下东的图向。河道标注北运河的字样。河道两旁，标绘通州城、张家湾上关、张家湾下关、河西务、宝坻5处途经地点，另外还画出凉水河、淀河注入北运河的河道。河道两旁点缀的柳树，实际上是北运河河堤加固的一种保护。也就是说，这幅地图绘制了北运河的通航路线。而与北运河相关的水利设施，并不是地图需要表现的内容。

《八省运河泉源水利情形图》收藏在国家图书馆，这幅地图绘制于清后期。全图既绘制了杭州至京师的大运河河道，还绘制了洞庭湖至南京的长江水道。地图在绘制河道的基础上，还详细绘制了与主河道有关的周边水道、湖泊以及河流之间交汇处的水利设施情形。

图上辅以文字说明，介绍各条河流的发源、流域及水道通航难易程度等情况。与单纯的《全漕运道图》相比,《八省运河泉源水利情形图》以济运诸泉和运河水利工程为核心，兼具描绘运河沿途风景和漕运通道，可以说是一幅反映大运河全貌的综合地图。这幅地图对北运河段的绘制，显然要比《全漕运道图》复杂很多。《八省运河泉源水利情形图》大致遵循上东下西的图向。这与《全漕运道图》的图向正好相反。地图上不但绘制了北运河河道，还绘制了注入北运河的河流、北运河两岸堤坝、河道中的浅滩等等。为减缓北运河水流流速的王家务减水河和筐儿港减水河也都详细绘出。运河两岸途经的城池、村落、水闸、桥梁都用不同的图例符号绘出。运河途经重要地点之间的里程数，也都一一标注。除北运河之外，与北运河有关的河流、湖泊，以及引河、闸口等水利设施同样清晰绘制。在地图上方空白处，另附北运河段图说："北运河发源有二。一潮白。自古北口外，由潮河营石闸至密云县西南，与白石白河合流。一怀柔县境内磨石口之七渡河。与该县螺山河合流处迤下与潮白河会。至通州又与昌平州之八达岭河温榆二河合流，即名北运矣。以上各河皆系山河，其形北高南低约数十里，万山水发建瓴之势，是以勇猛多险。"说明北运河的上游发源水系及北运河水路特点。图上三岔河口处，注入海河的子牙河和南运河用土黄色表示，所以我们可以清晰区分北运河和其他河道。在《八省运河泉源水利情形图》中，我们不仅可以了解北运河漕运航道的情况，还可以了解与北运河有关的相关河道和水利设施的信息。这幅地图显然不是单纯的水路交通图，而是维护运河水利工程设施的指示图。

有清一代，在北运河上建造了两座减水坝，开挖三条引河。这

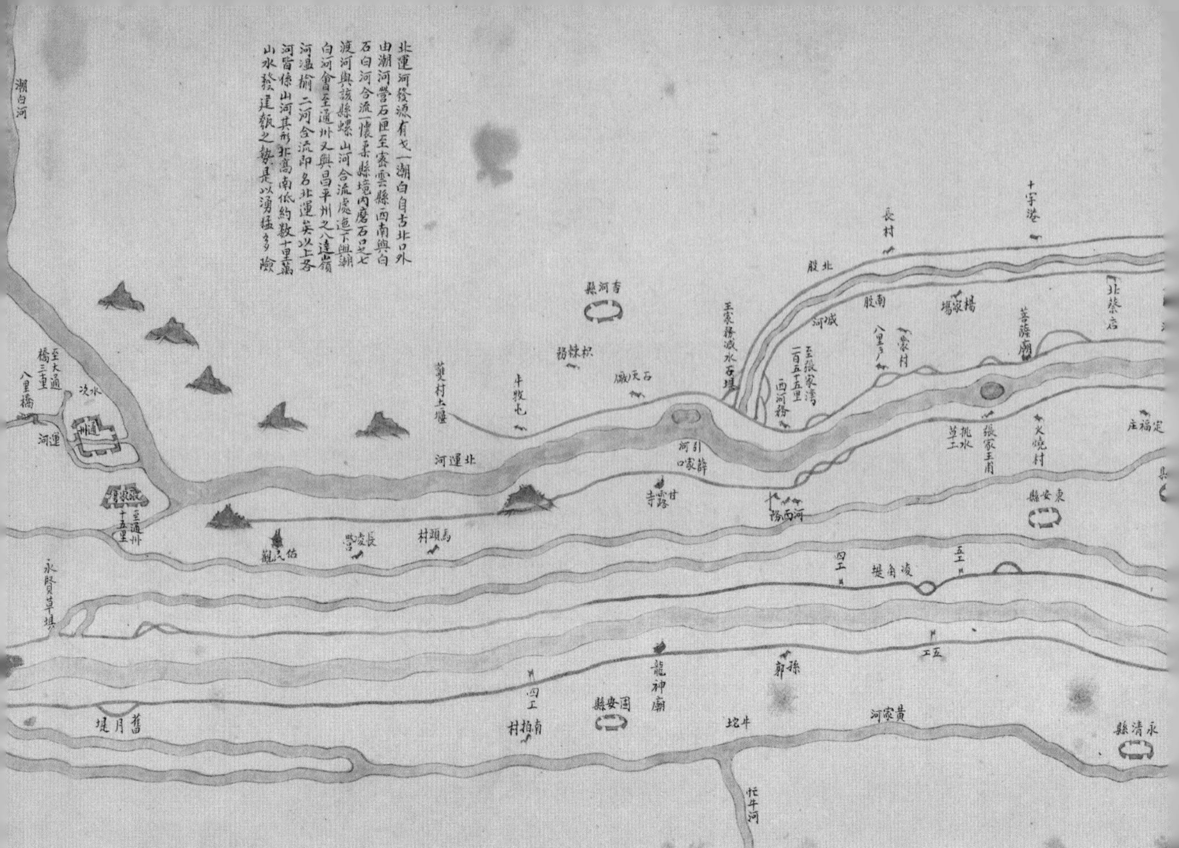

《八省运河泉源水利情形图》(局部)——北运河

些疏通北运河的水利工程都是在乾隆朝之前完成的。所以我们在《八省运河泉源水利情形图》上可以清楚地找到这些水利设施。清康熙三十八年(1699)北运河筐儿港附近决口。在决口处,造减水石坝一座,同时开挖两条并行流向东南方向的引河。引河两侧修筑长堤,以绝后患。这条引河流经塌河淀,部分水流经引河导入北运河三岔口上游,部分水流流入七里海,与蓟运河汇流,最终注入渤海。清雍正八年(1730),在筐儿港上游河西务一带,雨季水流暴涨,有水灾隐患。于是,清廷在河西务建造减水坝,并开外引河。与筐儿港引河不同的是,这条被称为王家务引河的河道只有一条。王家务引河同样修筑两侧长堤。引河流经香油淀、鲫鱼淀、七里海等处,分蓟运河和塌河淀。减水坝和引河的修筑,降低了北运河发生水患的概率,

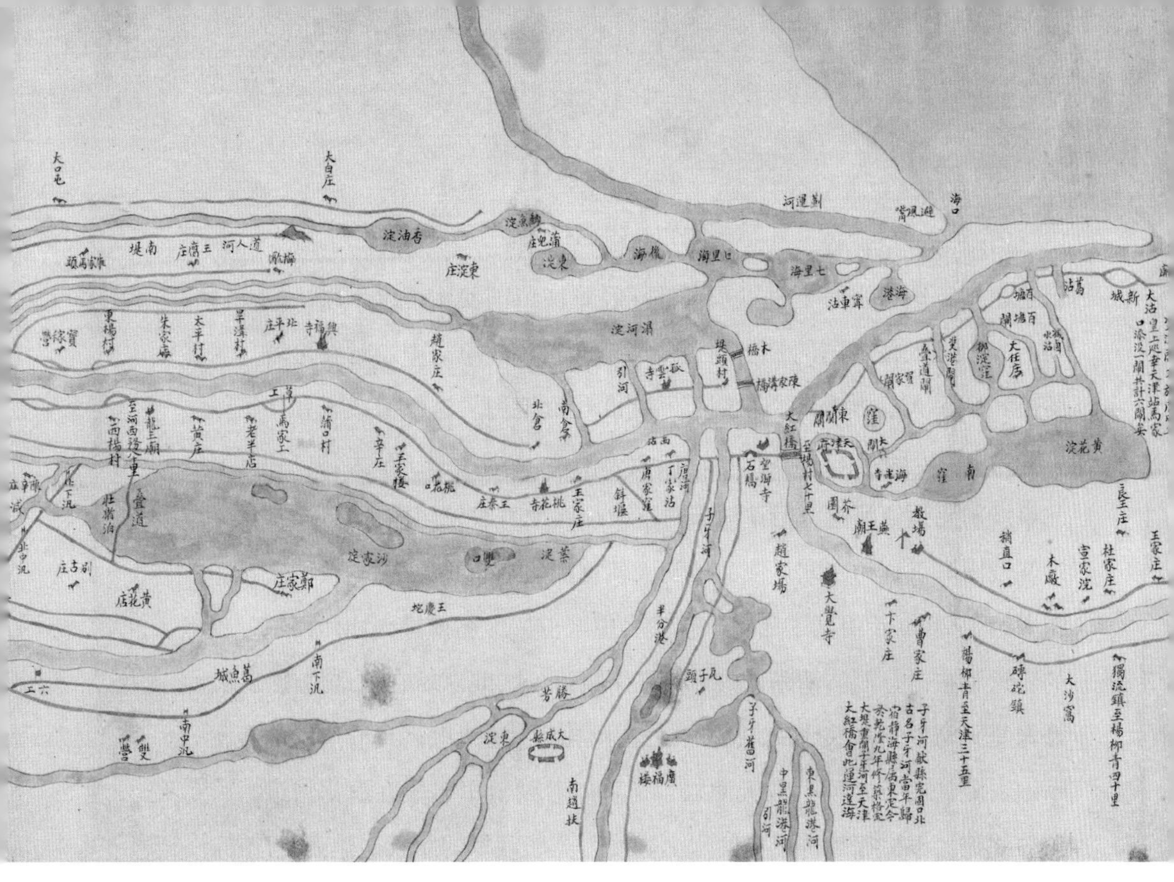

同时也使北运河的水流降速，更利于通航。但修筑减水坝和引河带来的水流放缓，泥沙沉积严重。后世维护北运河的任务，主要集中在疏通河道，清理淤积泥沙方面。

维护了几百年的北运河河道，饱含着几代河工的辛苦劳动。畅通无阻的北运河，使运往京城的漕粮平安走过运抵京师的最后一段水路。可是，谁曾想到，畅通无阻的北运河在晚期，却成了清政府难以忘记的噩梦。

清嘉庆二十一年（1816），英国阿美士德使团来华[①]，由海路到大沽口，转乘清朝官船，由北运河水路到达通州，再由通州改走陆路，

① [英]亨利·埃利斯：《阿美士德使团出使中国日志》，北京：商务印书馆，2013 年。

到达京师。这条由海上直抵京师的捷径，被英国使团记录下来，成为后来列强入侵中国的重要通道。第二次鸦片战争之中，远在伦敦的英法联军大后方，精心绘制了一幅北运河地图。这幅清咸丰九年（1829）出版于伦敦的地图，采用形象画法，详细绘制了从大沽口到北京城的北运河河道、沿途城市村落及途经北直隶辖区的地形地貌。这幅地图可以称为《北运河河口到天朝首都北京鸟瞰地图》，由国家图书馆于2019年中国书店春季拍卖会中购得。地图以进入内河河道的船只为主体，简洁清晰。大沽口在下端近处，北京城在上端远处，好像是英法联军入侵北京城的路线指示详图。地图上，我们可以清晰地看到处在三岔河口的天津城，还可以看到清军布置在海河河道上的铁桩、木桩等障碍组成的水上防线。英法联军的船只逆流而上，突破层层防线，直抵京城。画面左侧边缘，另绘由南运河顺流而下，直抵三岔河口的水道。水道之上，帆船林立。在有限的幅面上，远在万里之外的英国人，可以如此详细地画出经海路和运河直抵京师的捷径，这足以让大多数国人惊讶至极了。而几百年来，国人费尽心力，开凿维护的北运河河道，在外来列强的入侵下，被迫人为拦截，这不得不说是一种无奈的讽刺。进入北京城的英法联军，给中国历史留下一道抹不去的伤疤。今天看到这幅英国人绘制的北运河地图时，不免感慨万千。清咸丰十一年（1861），第二次鸦片战争之后，英国人芮尼随在京建立使馆的英法官员，从天津骑马，经陆路抵达京城。虽然芮尼没有由水路到京，但在他的日志里，白河是出现最为频繁的词汇[①]。显然，从天津选择陆路进京，运河仍然是路上重要的景色。

① [英]芮尼：《北京与北京人》，北京：国家图书馆出版社，2008年。

天津三岔河口之下，漕运海运分途。漕运和海运的争议，伴随着王朝始终，也决定了漕运地图和海运地图的发展轨迹。三岔河口以下的漕运和海运河道，距离京师越来越远。而从遥远的长江流域运送的漕粮，却时刻与京师密切相连。

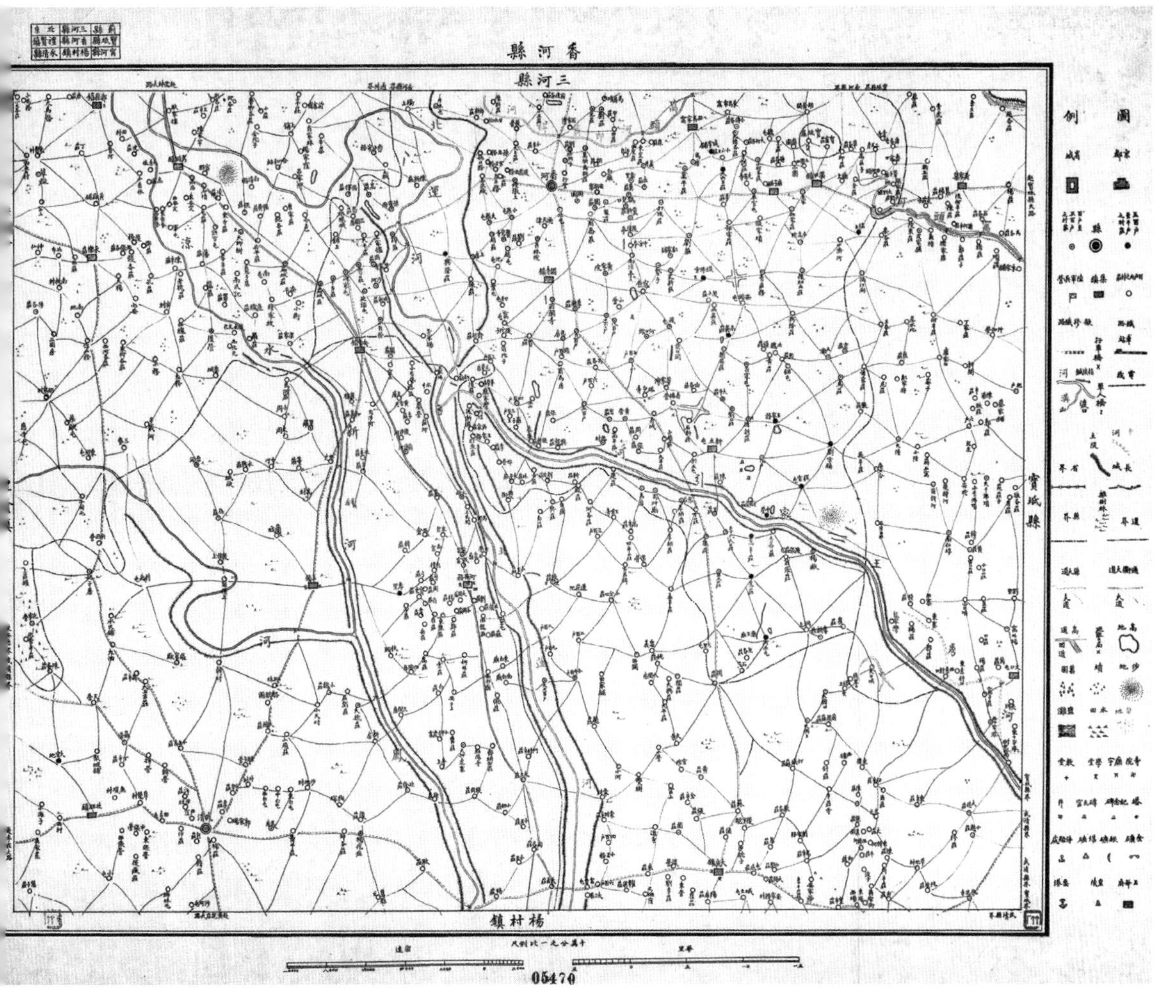

《香河县图》

民国时期组织测绘的北京城区图中，仍然有北运河的身影。到清光绪二十七年（1901），漕运废止、运河分段通航，大运河作为京师漕运的功能逐渐退出历史舞台，但它仍然是重要的京城水道，担任着供水、运输等功能。

第五章

永定河水系

第一节
永定河

永定河与北京城

永定河是海河支流，上游由桑干河和洋河组成，桑干河是永定河的正源，发源于管涔山北麓，向东北方向流经山西北部、内蒙古，在河北怀来附近与洋河汇合。桑干河与洋河汇流处是永定河干流起点，从此开始永定河转向东南流。永定河从管涔山发源至汇入海河，经历了从山地向平原的过渡，三家店附近是河道从山区流向平原的重要节点。从此向东南，河道坡度变小，水流速度骤减。河流从黄土高原上裹挟了大量泥沙、砾石，在北京湾沉积下来，形成永定河冲积扇。永定河冲积扇的范围北起清河，南至大清河，西起小清河至白沟，东至北运河。现在北京城的主城区，乃至北京南部丰台、房山、通州，以及河北省、天津市永定河流经地区，均属于永定河冲积扇的一部分。这里地势平缓，河流纵横，既有利于大规模的城市建设，又有利于开垦农田。可以说，永定河是北京城的母亲河，没有永定河，就没有北京城。

历史时期，永定河是一条变幻不定的河道，也被称为无定河。《水道提纲》称：永定河“自元、明以来，则元以前，无大变迁，旧时永定，灌溉稻田，水有所分，淤有所积”，“废稻田为陆地，则洪水高涨堤防竞兴，水灾渐多，循以南北，而雄、霸以北，无宁岁矣”。中华人民共和国成立以后，在永定河干流起点附近，建设官厅水库。官厅水库成为北京城的水源地，也为根除永定河水患发挥了重要作用。永定河水出官厅水库，进入北京辖境西部。河道由山区进入平原，历史上曾多次改道。现在的永定河河道，处于元明故道与清代故道之间，大致流经河北廊坊，并在天津辖境与北运河汇合，注入海河。永定河最早载于《山海经》，称为“浴水”，《汉书·地理志》称为“治水”，东汉《说文解字》称㶟水，被后世沿用。郦道元在《水经注》中对永定河水系进行详细描述。宋元以降，永定河流经的长城内外成为游牧民族与农耕民族争夺的焦点。永定河作为这一区域的重要水源地位逐渐提升。金朝开始，北方民族入主中原，定都北京。建都的同时，引永定河水东流，直通京城，用来补充都城水源，此时永定河称卢沟河。金大定十年(1170)，金朝试图引卢沟之水以通漕运。“自金口疏导至京城北入濠，而东至通州之北入潞水。”金大定十二年(1172)，因永定河水的河渠修建完成，名为金口河。但以为永定河水浑浊，泥沙淤积，不能行船，只能用于供水和沿途农田灌溉。金口河位置大致相当于现在阜石路沿线，金大定二十七年（1187），因金口河淤积直接威胁金中都而废。金元易代，永定河成为建设元大都时运送木材的水路通道。随着永定河上游植被砍伐，流经黄土高原边缘的河道含沙量逐渐增大，河道淤积和改道问题愈发严重，因此，元明清时期永定河也被称为“小黄河”。元明清三朝为防止河道泛滥，主政者通过疏导河道、加固河堤等方式治理永定河，以保证北京城的安全。但由于永定河含沙量大，下游河道平缓，泥沙淤积日趋严重，致使永定河堤防维护工程日趋繁重。明代，永定河水泥沙淤积的情况并未改变，被人们称为浑河，清康熙三十七年（1698）始称永定河，

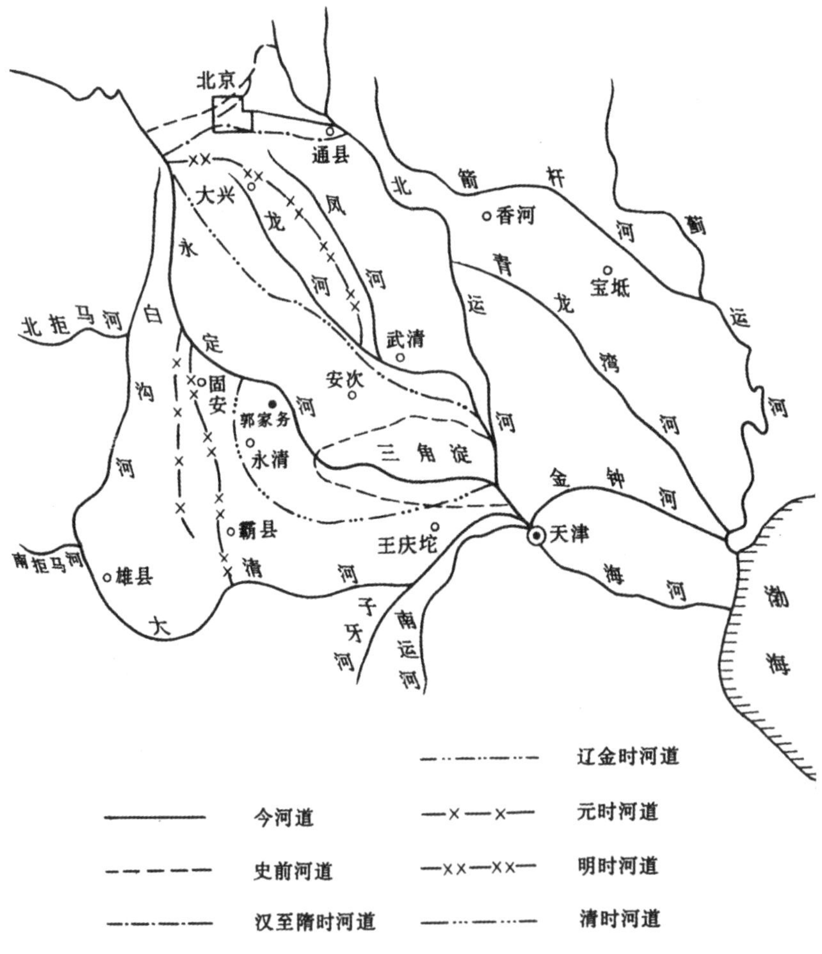

历史时期永定河河道示意图

寄托了人们希望河水永远安定的美好愿望。

永定河的河道变化，与北京城的城市发展历史密切相关。除了河道本身，永定河也是北京城通向周边地区的重要水路通道。北京之所以可以成为燕山以南的大型城市聚落，与四通八达的交通路线是分不开的。永定河在北京西部由山区进入平原，河流自西北流向东南。北京城作为燕山以南、长城内外的交通枢纽，以永定河古渡口为南下北上的中转站，永定河河谷是南下北上的必经之路。从永定河河谷北上，向西北走“居庸关大道”径去蒙古草原，向东北走“古北口大道”，到达燕山腹地和松辽平原，向东走“山海关大道”可至辽西。《北京通史》记载：“北京历史上最早的城市位置一直是在现在的北京城的西南部，即今宣武区一带，直到元代才向东北转移。这与古代蓟城需要接近永定河卢沟渡口和利用这条河的水利有关。”其实，除了卢沟渡口，京西地区永定河渡口可达数十处。三家店、卢沟桥等地是北京城物资流通枢纽和商品集散地。由北京城出发，有一条重要孔道，便是从京西过永定河，经王平、斋堂到口外，即京西古道。永定河上游的上谷、张家口地区都曾是历史上最为活跃的商品贸易地区。明清时期，这条古道与通往库伦的张库大道相连，成为通往亚欧腹地的中外贸易商道。

永定河是北京城的重要水源，除河道流经区域之外，也源源不断地补充着北京城的地下水，同时还是北运河的水量补给来源。现在的莲花池公园，保留了金中都建都时城市供水的印记。这处被称为西湖的水面主体就来自永定河潜流地下水。也就是说，永定河河水成为北京城建都的必要条件。在北京西郊，明代贵族王公修建了大量的私家园林，清代将这些私家园林改造，建成以“三山五园”

为代表的皇家园林。京西园林的水源来自玉泉山和万泉河水系。万泉河源出万泉庄附近的众多泉水。这里地处永定河故道中，所以万泉河水也与永定河古河道的地下潜水有关。永定河河水成为京西皇家园林的重要来源。元大都建成以后，元朝将旧有京杭大运河进行裁弯取直改造，大运河不必经过洛阳，便可从杭州直抵京师。元明清三朝，在京师生活的数十万人口的粮食和生活物资需求，十分依赖大运河的转运。漕粮北运是否畅通，直接影响到帝国都城的正常运转。北运河与通惠河，是漕粮北运京师的最后一段。北运河水主要来自上游的潮白河、温榆河和通惠河。通惠河水承接京师内外城水系，与京西水系相连。元明时期，永定河（时称浑河）在卢沟桥以下看丹村附近分为两支，一支南流，注入霸州以东的淀泊；另一支东北转东南流，至马驹桥又转东流，过高古庄再转东北流，至通州南张家湾汇入北运河。这一支就是今天的凉水河。部分永定河的水汇入北运河，增加了北运河的水量，便可保证漕运通畅。

永定河的管理体系与河志

永定河与北京城的命运息息相关，历朝历代主政者都极为重视永定河的河工建设。清代，随着永定河泛滥、改道问题日趋严重，永定河成为京畿地区最具威胁的隐患。康熙年间，康熙皇帝认为“从古未曾设官营治”，开始反思永定河的河道治理体系，开创了自成一体的永定河河官管理体系，并将永定河治理制度化。康熙年间，清廷设永定河南北岸两分司，沿河划分南岸 8 汛、北岸 8 汛，由部院笔帖式及效力人员内拣发正副共 36 员，分工题补，是为汛员，专门负责永定河的河务管理。清雍正元年（1723），清廷裁南岸分司，以北岸分司兼管南岸分司事。清雍正四年（1726），清廷为加强对永定河的管理，统一永定河的管理事务，始改设永定河道，置于河道总督之下，使之成为与山东运河道、江苏淮徐河道及淮扬河道等三河道并列的 4 个专任河道之一。光绪年间，河道先后都改归地方巡道兼管，永定河河道依然为专任的官署，体现了清政府对于永定河河务的重视。

当健全的河官河工制度建立之后，出任永定河河务的河官就会将治理河道的经验记录下来。《永定河志》在这样的历史背景之下产生。清代第一部《永定河志》成书于乾隆年间，开创了为永定河修志的传统，并开创了《永定河志》的纂修体例。永定河的河流概况，历朝历代永定河的河工治理情况，帝王谕旨诗文，河工建设及维护河道的经费开销，历史河患及救灾情况，等等，都一一记录在册。《永定河志》的编纂者是陈琮，乾隆年间永定河河工的河臣，他的治河能力受到当时户部尚书裘曰修的重视。裘曰修向乾隆皇帝推荐，乾隆帝任命陈琮总理永定河工程。陈琮不负众望，在永定河治理水患 20 多年，平生主要政绩都在永定河的治理上。作为永定河河官，他竭尽心血纂修《永定河志》，成为清代第一部《永定河志》。清乾隆五十三年（1788），正在编写《永定河志》的陈琮曾将《永定河全图》进呈给乾隆皇帝，其中就包括《永定河简明图》《永定河源流全图》《永定河屡次迁移图》《永定河沿河州县分界图》。这些地图得到乾隆皇帝的赞赏。《永定河志》具体内容分为 19 卷：卷首为谕旨、宸章、巡幸记；卷一为河图；卷二为永定河职官表；卷三为古河考；卷四为今河考；卷五、卷六和卷七为工程考；卷八为经费考；卷九为建置考；

卷十至卷十八为奏议；卷十九为附录。其中，卷一中的永定河诸地图，是我们了解清朝永定河河道的直观图像信息。图卷开篇说明永定河的地理位置及4幅永定河地图的不同用法。

> 永定河发源山西马邑，汇雁门、云中及宣化，塞外诸水迸集而下，其势浩瀚，皆行万山中，群峰夹峙，不虞泛滥，至石景山以下，地平土疏，漫衍无定。我朝康熙三十七年，筑长堤以束之，环绕畿南，为神京襟带，下游则入大清河，汇子牙河南北运河，达津归海。治河者周览须明起讫作简明图，流注须详脉络作源流图，欲知决徙所由作迁移图，欲知州县所隶作分界图。灵源千百余里，曰于尺幅中，庶几了若执掌焉。

《永定河简明图》是永定河流经地区地形地势、河流交汇、河道走向、所经地点的形势总览图。这幅地图展现了清乾隆年间永定河的全貌。地图采用上南下北、左东右西的图向，清晰地展示了永定河从吕梁山脉管涔山发源，一路东北行，流经吕梁太行山脉之间的大同盆地、阳原盆地等地，转而北上坝下河谷盆地，再由太行山脉的官厅山峡向东南流向京西的整体走势。以太行山燕山山脉组成的群山景象几乎占据地图右半幅，这与河流纵横、湖泊散布的华北平原占据左半幅形成鲜明对比。其中，图上对永定河在石景山以下至天津三岔河口一段，明显画出康熙、雍正、乾隆年间永定河河工治理的成果。永定河南北大堤及下口改河工程，从清康熙三十七年（1698）开始，至清乾隆三十七年（1772），清廷前后组织6次大规模的永定河河工治理工程。这 6 次工程被详细记载在清乾隆五十四年（1789）编写的《永定河志》中。《永定河简明图》绘制的永定河下游河道，反映出清乾隆三十七年（1772）后，永定河河工治理的成果。国家图书馆藏一幅经折装绘本《永定河图》，幅面宽 60 厘米、长 135 厘米。根据绘画风格推测，这幅《永定河图》应该绘制于清代晚期。从地图内容来看，这幅地图是根据乾隆年间陈琮编写的《永定河志》摹绘而成。全图由《简明图》和《源流全图》组成，这正是陈琮版《永定河志》中《永定河简明图》和《永定河源流全图》的摹绘本。而《永定河志》中的《永定河屡次迁移图》和《永定河沿河州县分界图》，因有较强的时效性，并没有被晚清《永定河图》摹绘。以《简

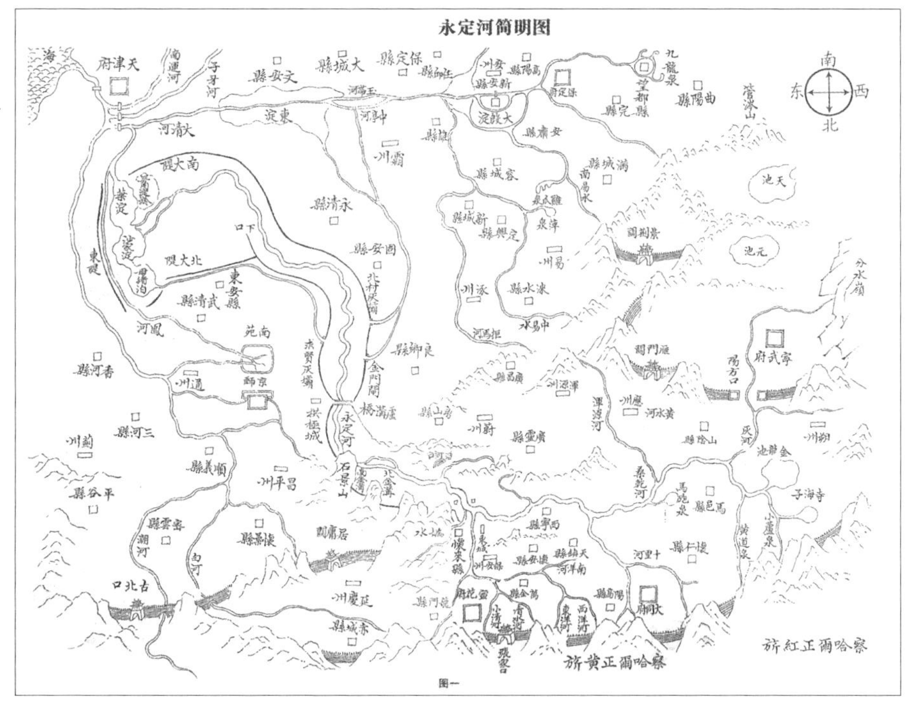

《永定河简明图》——选自《永定河志》

《简明图》——选自《永定河图》

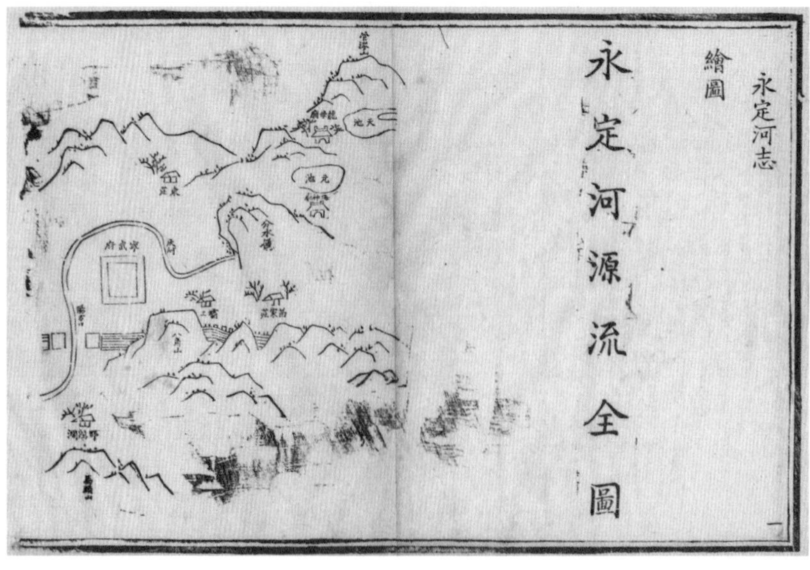

《永定河源流全图》（局部）——选自《永定河志》

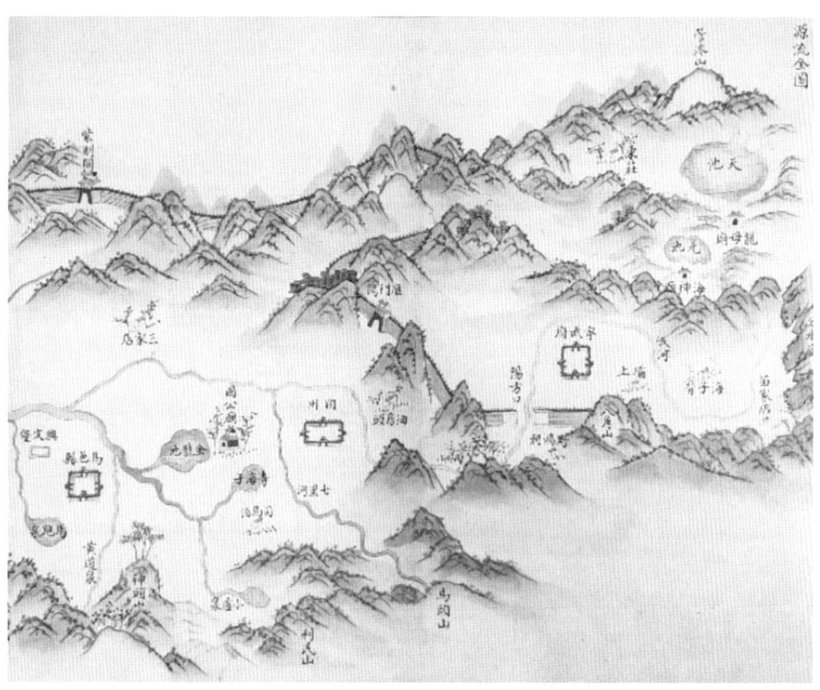

《源流全图》（局部）——选自《永定河图》

明图》为例，晚清摹绘本与陈琮《永定河志》本在绘制内容、地图四至、河工表现等方面均没有太大差别。《永定河源流全图》与《源流全图》对比情况与《简明图》的结果基本一致，足见乾隆年间纂修的《永定河志》对后世影响深远。

《永定河屡次迁移图》保留了永定河未修建河堤之前，以及6次修建河堤后的河道及河工情况。这些河工资料与地图成为研究康雍乾时期永定河的河道变迁，以及自然地理环境变化的重要历史文献。《永定河志》用地图直观地展示了永定河6次改道，6次建堤筑埝的具体位置。现将陈琮《永定河志》中《永定河屡次迁移图》图说摘抄如下，来反映永定河下游河道、河工变迁情况。

未建堤以前河图说

京南以水为固，金元以来，浑河坌入所至辄淤，遂迁移无定，为宛平、良乡、涿州、新城、雄县、固安、霸州、永清、东安、武清等州县田庐患，非建堤浚河，因势利导，不能治也。然不明未建堤以前之形势，亦不显既建堤以后之利，赖万世也。爰绘旧河形势于六次迁改河图之前。

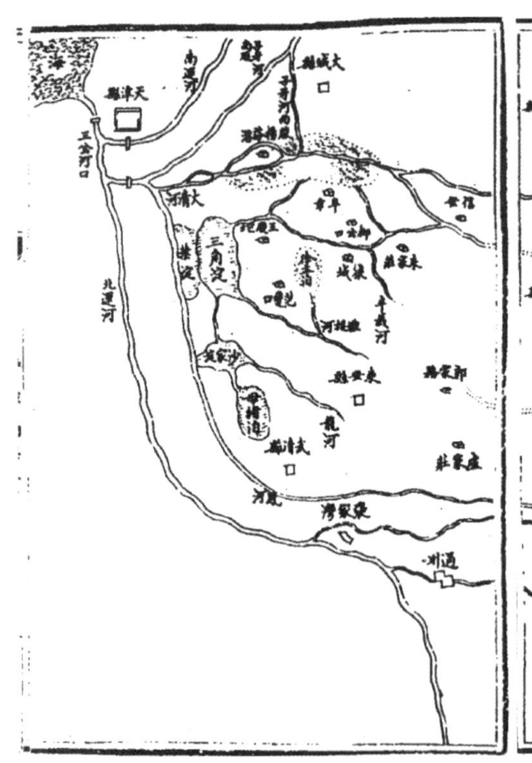

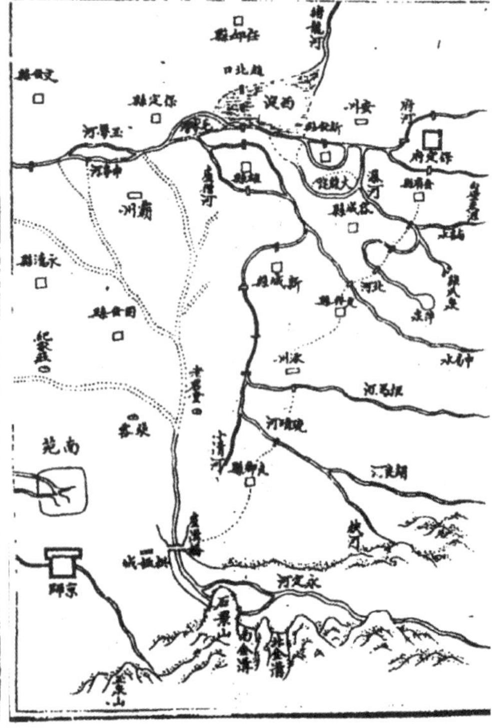

未建堤以前河图——选自《永定河志》

初次建堤浚河图说

康熙三十七年创兴堤岸，疏筑兼施。南岸自良乡县之老君堂村起，至永清县之郭家务止，北岸自良乡县张庙场起，至永清县之卢家庄止，筑堤长百八十余里，挑河长百四十余里，至永清县朱家庄会狼城河由淀达津。

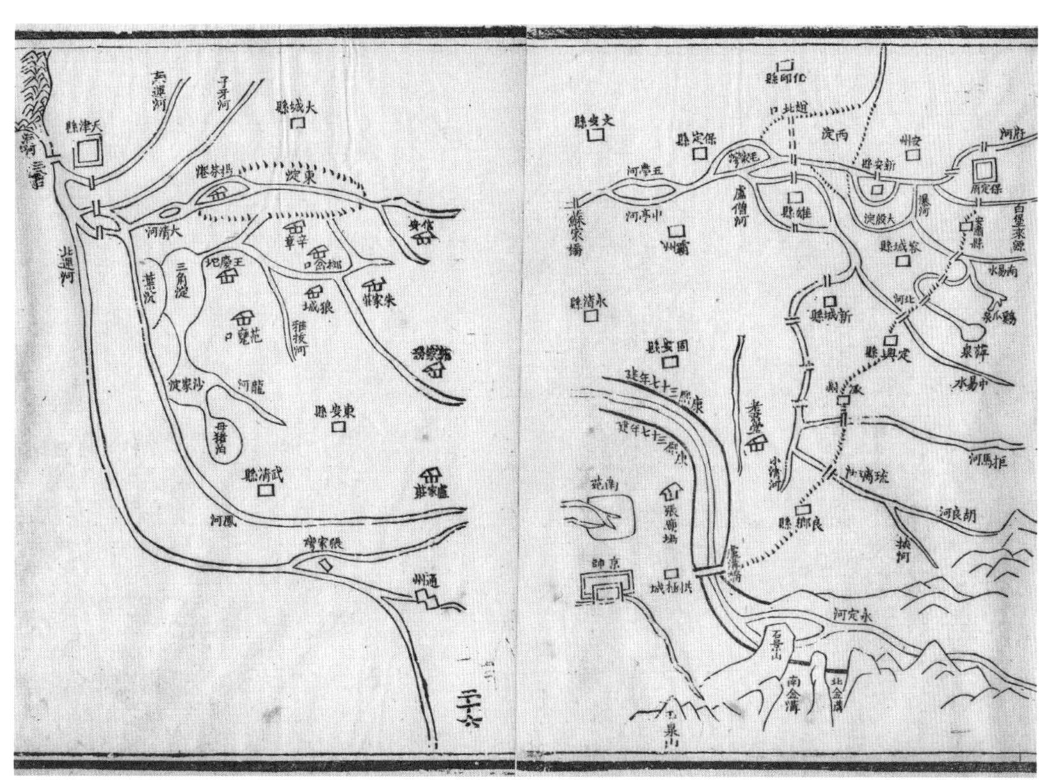

初次建堤浚河图——选自《永定河志》

二次接堤改河图说

康熙三十九年，因河身浅狭，下游出水不畅，两岸吃重狼城，河口受淤，于郭家务接筑南岸，卢家庄接筑北岸，至霸州柳岔河口止，河由柳岔口注大城县，辛章河入东淀。谨按此河经行二十余里年。

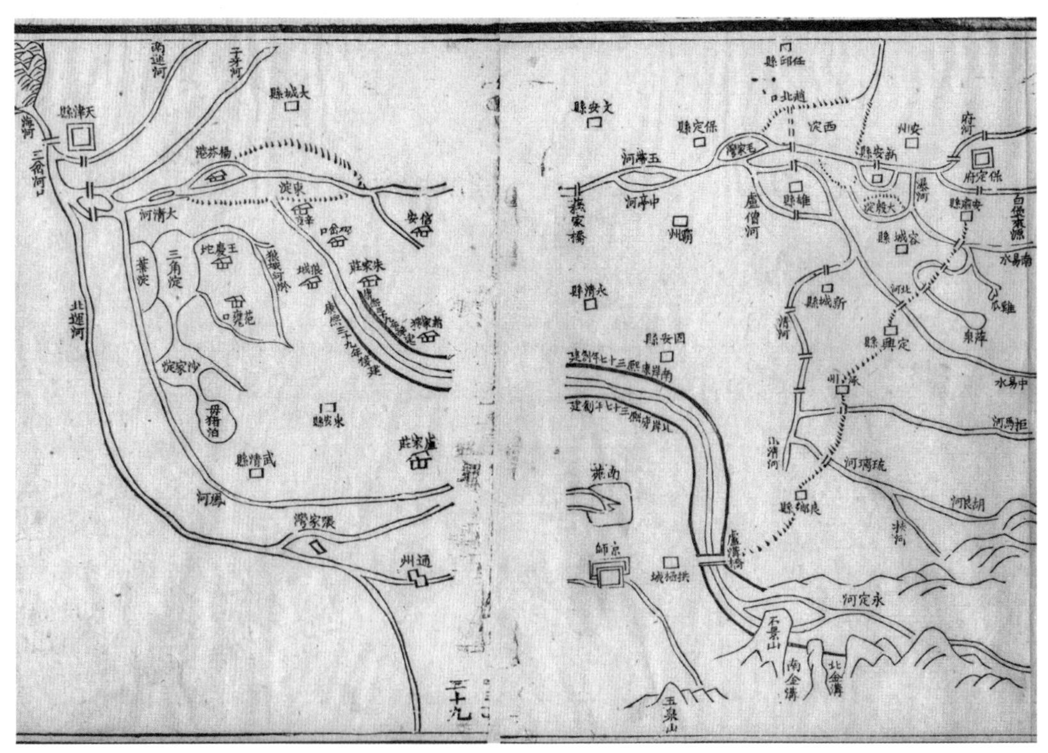

二次接堤改河图——选自《永定河志》

三次接堤改河图说

雍正四年，辛章胜芳一带淀池被淤阻，清水达津之路议筹河淀分流，遂自永清县冰窖村改筑南岸，至武清县王庆坨止，自卢家庄接筑北岸，经冰窖村北，至武清县范瓮口止，挑河入三角淀，达津归海。谨按此河经行二十五年。

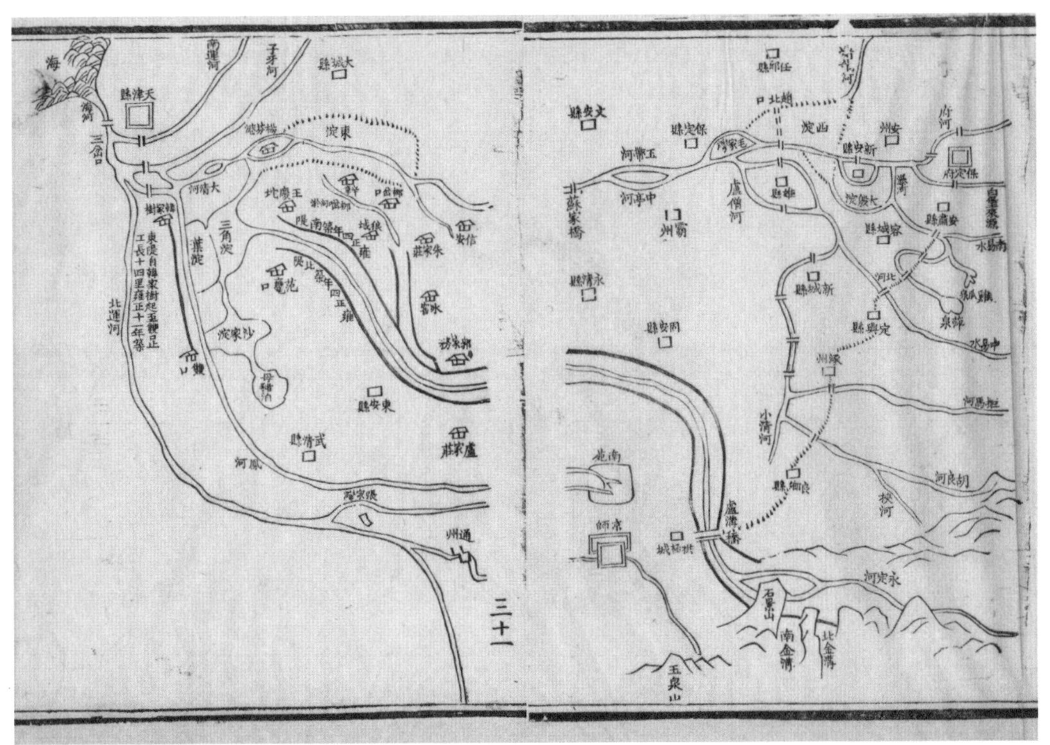

三次接堤改河图——选自《永定河志》

四次改河加堤图说

乾隆十六年三角淀一带淤成高仰之势，南岸七工冰窖草坝凌汛夺溜，河由南岸外行，东入药淀，循河汇入大清河遂加倍。康熙三十九年接筑之北堤，并乾隆三年所筑之南坦坡埝为南埝，以乾隆四年所筑之北大堤为北埝，分员防守。谨按此河经行五年。

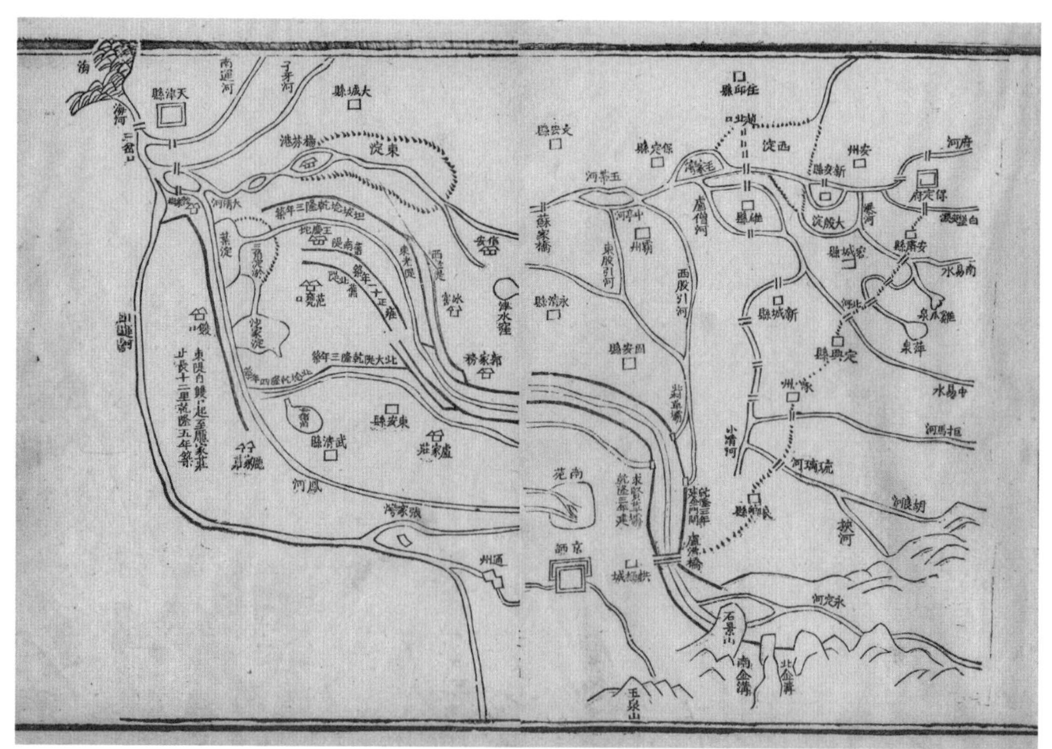

四次改河加堤图——选自《永定河志》

五次改下口河图说

乾隆二十年，因南堤外地面窄狭，汛过辄淤，皇上临阅指示机宜，于北岸六工二十号开堤放水，改为下口，河流东注畅入沙家淀，循凤河南，汇大清河，达津归海。谨按此河自乾隆二十年至三十七年已经行十七年。

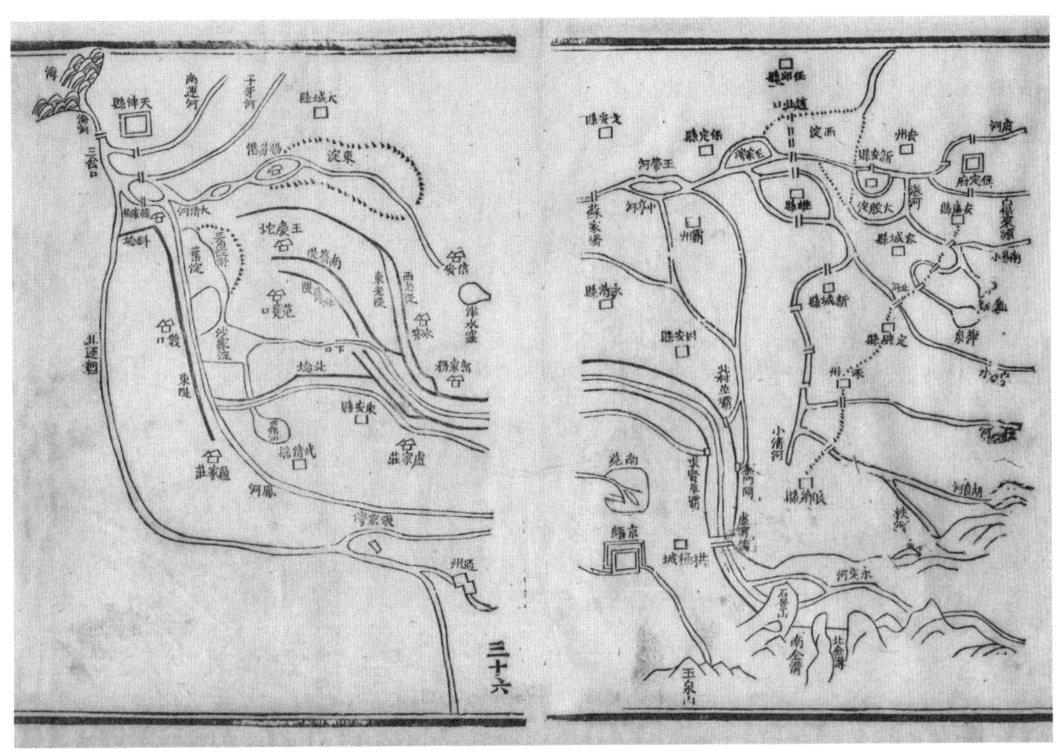

五次改下口河图——选自《永定河志》

六次下口改河图说

乾隆三十七年兴举大工，因河出下口，年久地淤，形势迂曲，于东安县之条河头挖河，经毛家洼，直入沙家淀。谨按此次所挖之河，虽在条河头村南，而上承下口，下入沙家淀，仍是乾隆二十年所改下口经行之地。迄今又十七年，安流顺轨，统计共三十四年矣。

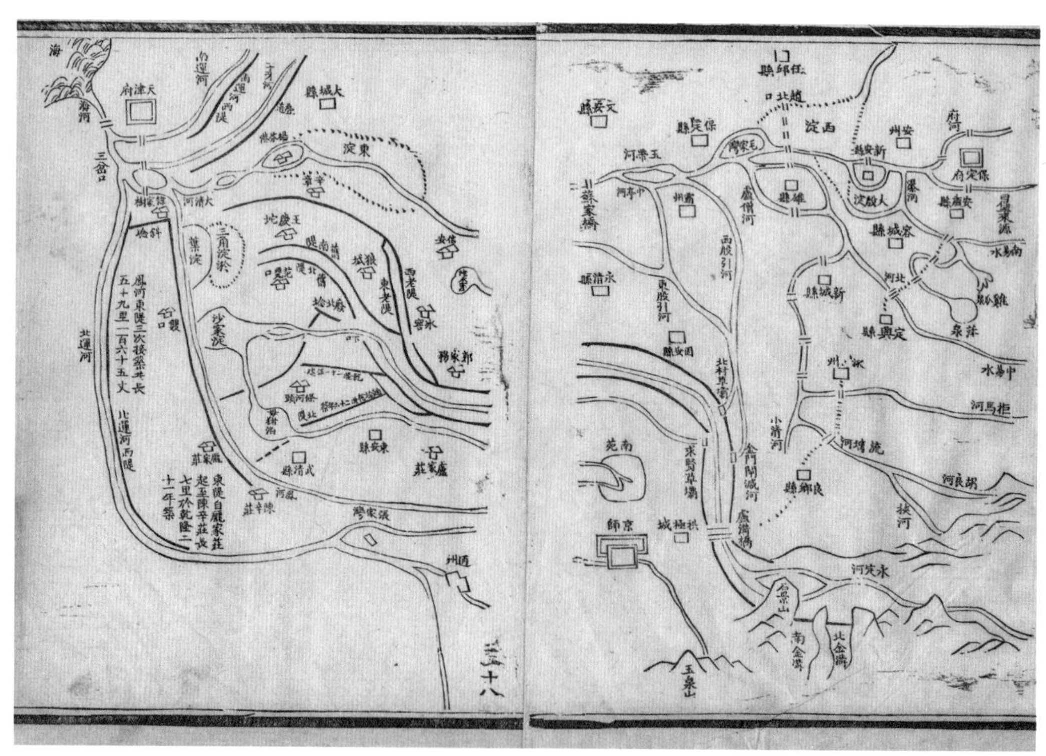

六次下口改河图——选自《永定河志》

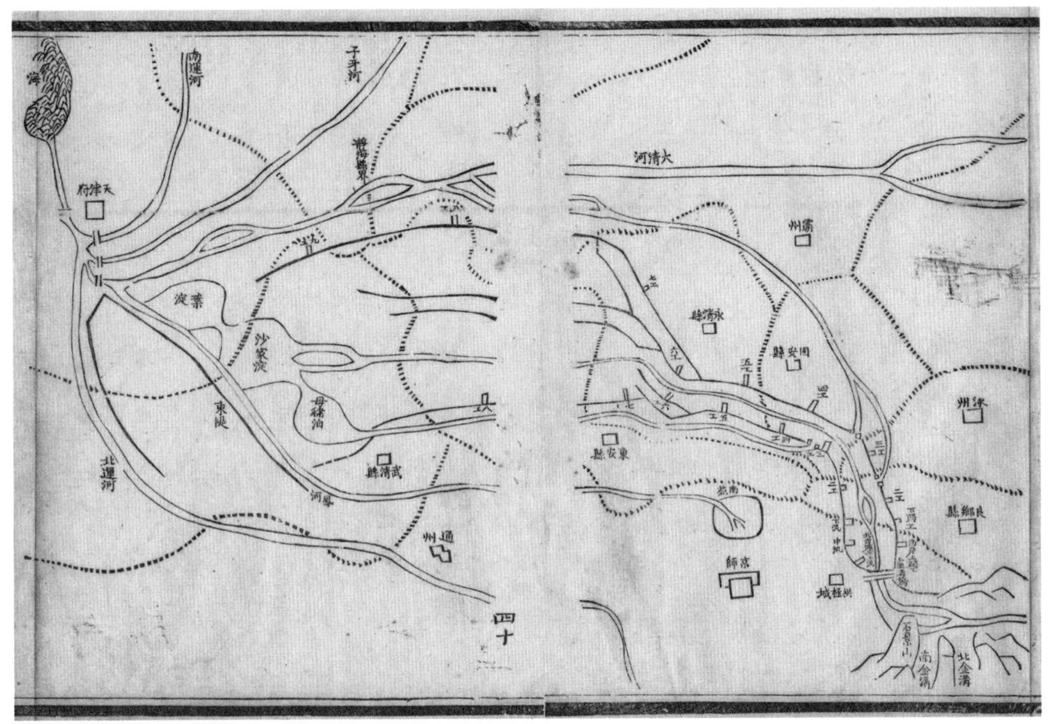

《永定河沿河州县分界图》——选自《永定河志》

《永定河志》中的《永定河屡次迁移图》和《永定河沿河州县分界图》采用的是同一幅底图。这幅底图就是《永定河简明图》的下游部分。在同一幅底图上，河道屡次迁移被标绘。同样，永定河沿河州县分界，也以虚线区分分界的方式画在这幅底图之上。显然，无论是河工建设还是沿河州县分界，都是以永定河下游河道为重点，分工明确，责任清晰。

在乾隆年间陈琮纂修《永定河志》以后，清廷又有两次纂修《永定河志》的历史。清嘉庆二十年（1815），李逢亨纂修《永定河志》。清光绪六年（1880），朱其诏、蒋廷皋二人续修《永定河续志》。这两种永定河专志延续了乾隆年间《永定河志》开创的体例，是清代水利专志的一个典型范例。李逢亨纂修《永定河志》分为八门："曰绘图、曰集考、曰工程、曰经费、曰建置、曰职官、曰奏议、曰附录。"与陈琮纂修《永定河志》基本一致。朱其诏与蒋廷皋合作编纂的《永定河续志》是前两部志书的增补与延续。此次续修，清嘉庆二十年（1815）之前旧志已录入的不再记载。《永定河续志》在体例上依然承前旧志"谕旨仍恭录简端。其绘图、工程、经费、建置、职官、奏议、附录七门沿旧例"。清代河臣在对永定河进行治理的过程中，既继承前人、效仿前人的治河之策，又因地制宜、因时制宜地总结出了一套行之有效的治河理论，并将治河上谕及章程写成条款，刊刻石碑。清乾隆三十八年（1773）《永定河事宜碑》问世，成为治理永定河，乃至其他河流的重要参照，也为后人研究清代治河的理论和政策提供了重要的线索。

永定河与西山永定河文化带

《北京城市总体规划（2016年—2035年）》中提出要"加强大运河文化带、长城文化带、西山永定河文化带"这三条文化带的整体保护和利用。"三条文化带"对于北京来说代表着各种不同的作用，其中，西山永定河文化带是北京生态保护屏障，也是北京的重要文化景观所在地，拥有极为丰富的自然与人文资源，承载着多样的文化形态，包括以清代"三山五园"为代表的特征鲜明的皇家文化，以大觉寺、卧佛寺等为代表的历史悠久的寺庙文化，以妙峰山为代表的传统民俗文化，还有以景泰陵为代表的陵墓文化等。对于西山永定河文化带，总体规划提出："依托三山五园地区、八大处地区、永定河沿岸、大房山地区等历史文化资源密集地区，加强琉璃河等大遗址保护，修复永定河生态功能，恢复重要文化景观，整理商道、香道、铁路等历史古道，形成文化线路。"西山永定河文化带是北京作为历史文化名城的重要构成部分，对西山永定河文化带进行科学研究、保护与利用，无疑具有重要影响与深远意义。同时，永定河也是北京重要的生态屏障，保护西山永定河的生态环境也成为规划和自然资源管理的重要课题。

西山永定河文化带，既包括北京西部群山，又包括永定河的富饶之地。其中西山的大致范围初步界定为：从昌平区南口的关沟一直向南抵达房山区拒马河畔，涉及昌平、海淀、石景山、丰台、门头沟和房山6区的浅山区和近山区，长约90公里，宽约60公里。这片山区各种类文化遗存十分丰富。其中，海淀、门头沟、房山均是北京市文物大区，妙峰山、翠微山、瓮山以及山前平原地带分布众多人文遗踪与名胜古迹，如周口店北京人遗址，董家林西周燕国都城遗址，"三山五园"皇家园林，云居寺、卧佛寺、八大处等寺庙古迹，具有重要的自然价值与人文内涵。永定河与西山关系密切，永定河流经西山，成为西山地下潜水的重要来源。永定河与大运河文化带水源关系密切。元大都开凿通惠河，从昌平白浮引水，并汇集西山山前诸泉。西山山前诸泉的水——玉泉、瓮山泊，都与永定河水密切相关，所以我们将京西地区的玉泉山水系也纳入永定河水系。时至今日，北京市大力推进西山永定河文化带的建设，京西水系的文化意义需进一步发掘。

卢沟晓月——选自《燕京八景图》[①]

① 《燕京八景图》，张若澄绘，现藏于故宫博物院。

第二节
玉泉山水系

玉泉山水系概况

北京城在建城伊始，就要考虑河道水系与城市规划布局的关系。北京城的地势西北高、东南低。燕山和太行山余脉在京师的西北方向聚集，形成一个向东南方向展开的山弯。山弯之下，是面向渤海的北京小平原。来自东南方向的季风吹拂着平原，却被西北方向的山脉挡住了去路。于是，受阻的空气携带着大量水汽，在山弯的东南方向形成地形雨。所以山南地带比一般的温带季风气候环境多了更丰富的降水。降水被大地吸收，形成了诸多山泉、河道、沼泽。这个蕴含丰富水源的地方叫作海淀。诞生在这里的水系是玉泉山和万泉河水系。加上流经北京小平原的永定河水系，形成了北京建都的水源基础。如果没有人为干预，玉泉山和万泉河水系形成之后，会随着地势高低走向，流向东北方，注入清河。然而，当北京成为都城之后，两条水系的命运也随之发生改变。金朝建立中都城时，利用永定河水系，将选址确定在西湖（莲花池）以东，并引西湖水入城。西湖水成为金中都的重要水源。很快，西湖水源无法满足城市和皇家园囿用水，所以引玉泉山水入中都会城门的水门。从此，玉泉山水系开始与都城用水相关。

清代皇家园林是西山永定河文化带的代表名胜，以“三山五园”为代表。西山一带，群峰叠翠，泉泽遍野。自辽金以来，深得历代帝王喜爱，不断建立起的“八大水院”“清华园”等，为“三山五园”的形成奠定了良好的基础。“三山五园”建成之后，西山皇家园林成为与紫禁城并列的另一个政治中枢。西山脚下，泉源纵横，水源充沛。这样得天独厚的地理环境是京西园林建设的基础。围绕玉泉山、万泉河水系，从金朝开始，就在京西一带营建皇家行宫。金章宗时，国力强盛。借助西山水源，金朝在西山脚下营建八大水院。这开启了京西地区营建皇家园林的序幕。著名的“燕京八景”，得名于金章宗明昌时期。其中，“西山晴雪”和“玉泉垂虹”都出自京西园林。明代，随着明成祖迁都北京，京西一带成了达官贵人集中建造私家园林的区域。在这里，皇家行宫、私家园林和名门古刹会集，京西小江南已初具规模。清朝立国之后，很快在京西开展大规模的皇家园林建设工程。经过康熙、雍正、乾隆三朝的营建，以“三山五园”为代表的西郊园林最终形成。西郊园林成为紫禁城之外，清朝最重要的政治中心，同时也是皇帝和后妃游乐生活的场所。“三山五园”是对清代西郊皇家园林的统称。具体说起来，三山是指香山、玉泉山和万寿山，五园是指静宜园、静明园、清漪园、圆明园、畅春园。“三山五园”的说法，山可以与园相对应。后来，“三山五园”并不一定指代上述园林，而成为京西众多皇家园林的统称。

国家图书馆藏《京城内外河道全图》详细绘制了北京城及京西“三山五园”的河道水系。我们对照这幅地图梳理一下北京城的河道。《京城内外河道全图》用青绿色表示京城河道水系，用黄褐色表示河岸土堤及土山。图上大大小小的区块分别代表城圈、园林、稻田、营房所在区域。河道、桥梁、水闸、园林、营房、寺庙、村落及城门均用贴黄签的形式标注。全图采用上南下北的图向，京西众泉在西北角的墨线山脉处汇集成河，经过京西园林，流向内外城。根据图上“三山五园”的名称，特别是对清漪园以及园内治镜阁、藻鉴堂的标注，可以确定这幅地图的绘制年代下限是英法联军火烧“三山五园”之前，也就是清咸丰十年（1860）前。再根据熙春园区域近春园的地名标注确定，这幅地图的年代上限是清道光二年（1822），熙春园分为东西两园，工字厅以西部分称为近春园开始。也就是说，《京城内外河道全图》反映的是道光、咸丰年间的京师河道情况。

从图上看，在香山静宜园脚下，有两条河道：一条是向东流的北旱河，另一条是向南流的南旱河。南、北旱河是为保护京西皇家园林及京城西郊不受水灾困扰，在清乾隆三十八年（1773）开凿的泄水渠。北旱河由西山发源，至安河桥和青龙桥之间分为两路。南流一路注入昆明湖，成为清漪园和静明园的水源。昆明湖水向南流经绣漪桥，进入长河。长河河道先向南再向东，经过长春桥、麦庄桥、广源闸、白石桥一路，最终在西直门附近注入城河。这条河道由积水潭入内城，成为三海的主要水源。除昆明湖水注入城河之外，还将玉泉山下高水湖由金水河引入长河，成为注入城河和三海的另一支水源。北旱河北流一路经安河桥、肖家河桥，最终在圆明园东

《京城内外河道全图》

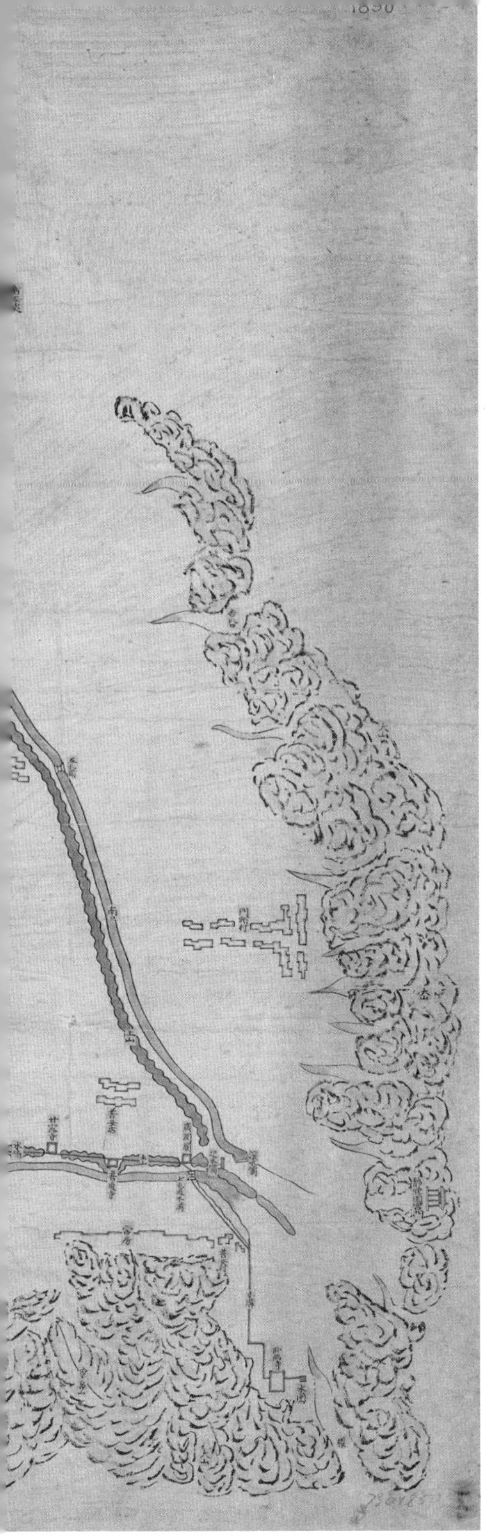

北方向，与流出圆明园的河道汇合，注入清河。元代郭守敬曾修建昌平白浮泉至西山脚下的河道，这条河道将京师城北的水源与西山的众水源合为一股，然后注入昆明湖，用来增加昆明湖的蓄水量。昆明湖水经长河流入积水潭，从而改善积水潭码头及运河的通航能力。可是清道咸时期，昌平白浮水源早已枯竭，我们已经无法在《京城内外河道全图》上找到这条河道。昆明湖以及在昆明湖修成之前的瓮山泊，是调节京西水量的枢纽。昆明湖南有绣漪桥闸，控制城内供水，北有青龙桥闸，负责汛期泄洪。东北有二龙闸，将湖水由西马厂引入圆明园。南旱河由西山脚下向南流，经五孔桥、平坡庄桥、半壁店桥后，分为两路。一路向东注入钓鱼台湖面（玉渊潭）。之后，河水出钓鱼台，由三里河注入内城城河。另一路在钓鱼台湖面上游向东南流，注入莲花池。河水出莲花池向东注入外城城河。万泉河水系相对分散，以巴沟、泉宗庙区域为中心，万泉河水系北流，被引入畅春园和圆明园，并在出圆明园后与北旱河汇合，注入清河。万泉河各条河道之间夹杂着多块稻田，形成京西水稻独特的自然景观。玉泉山和万泉河水系的人工改造在乾隆时期基本完成。改造后的京西河道，供给“三山五园”，也供给京西稻田和周边百姓生活。不仅如此，无论是城河、三海还是东向连接通惠河的河道，都接受着来自两条水系的馈赠。《京城内外河道全图》对京师内外城河道水系的描绘比京西水系简单很多。在内外城城墙之外，是环绕城墙的护城河。由积水潭引入内城的水源供给三海，并形成环绕宫城的护城河。内城护城河在崇文门外向东，与通惠河相连。一个完整的北京城河道系统就此确定。《京城内外河道全图》虽然是道咸时期绘制，却可以反映清代成熟的河道网络。从此，京城内外许多老北京故事围绕河道展开。

地图上的玉泉山水系与“三山五园”

目前发现最早绘制京西一带景色的地图是《三才图会 · 西山图》。《三才图会》是明万历年间刻印的图文对照的类书。这部书对西山同样采用图文对照的方式描述。《三才图会 · 西山图》与中国传统山水画的画法非常相似，如果不是标注地名，我们基本可以把这幅图当成山水画来看待。既然是地图，《三才图会 · 西山图》的表达方式更注重对这个区域地理要素的绘制。全图采用由南向北的侧视视角，描绘从城南永定河河畔北望西山的景色。画面最下方画出河流和河上桥梁，桥梁旁标注桑干河，由此推测这座桥应该是永定河上的卢沟桥。河流上游河道流经西山山脉，与永定河的实际河道走向吻合。永定河属于桑干河的下游，所以在画面上标注桑干河也可以理解。画面的中央是波光粼粼的西湖。西湖西侧是绵延不断的西山。西山脚下，由北向南依次标绘瓮山、功德寺、玉泉、甘露、碧云几处景致。这些地点都是西郊园林的代表性景点。西山占据了整幅画

《西山图》——选自《三才图会》

面的一半，是这幅地图的绘制主体。画面上的瓮山就是清代的万寿山，加上玉泉所在的玉泉山，甘露寺、碧云寺所在的香山，就是清代西郊园林中的三山。依托三山所营建的五园，就是这幅图绘制的主体区域。画面上，云雾缭绕的西湖东侧是九重宫殿。这里是城墙环绕的北京城。从南向北看，内城和外城的南侧城门城墙都清晰可见。内城西南角外是天宁寺塔。内城城墙之内是耸入云端的紫禁城。依稀可见天安门、华表和紫禁城的宫殿屋顶。

与《西山图》相对应的文字说明，介绍了西山、西湖周边的主要景色以及景点之间的路程距离。“西山自太行联亘，起伏数百里，东入于海，而都城中受其朝拱。灵秀之所会，屹为层峰，汇为西湖。湖方十余里，有山趾其涯，曰瓮山，其寺曰圆静，寺左田右湖，近山之境，于是始胜。又三里，为功德寺，洪波衍其东，幽林出其南。路尽丛薄，始达于野，乃有玉泉出于山。喷薄转激，散为溪池。池上有亭，宣庙巡幸所驻跸处也。又一里，为华严寺，有洞三。其南为吕公洞。一窍深黑，投之石，有水声。数步不可下，竟莫有穷之者。又二十里，为香山，楼宇台殿与石高下，其绝顶胜瓮山，其泉胜玉泉。又二十里为平坡寺，俗所谓大小青居之，迥绝孤僻，其胜始极，而山之大观备矣。"

刻印于乾隆五十三年（1788）的《宸垣识略》是记录乾隆时期北京史地沿革的著作。其中，《宸垣识略·西山图》是"三山五园"建成之后，第一幅绘制京西园林全景的地图。《宸垣识略·西山图》完全继承了《三才图会·西山图》的构图方式，并在图上加入新营建的园林。《宸垣识略·西山图》同样选择了西山图作为图名，同样采用由南向北的视角绘制。但西山在地图上所占的幅面和重要程度，明显不如《三才图会·西山图》。这幅地图的中心位置是昆明湖，昆明湖的北、西、南三面是连绵起伏的西山。清漪园、静明园、静宜园的园林建筑遍布西山之中。昆明湖的东侧画出了乾隆时期加固的东堤。东堤以东是圆明园和畅春园。画面的东侧是北京城。《宸垣识略·西山图》画出了"三山五园"的全貌，增绘了更多地理要素，并全部标注。与《三才图会·西山图》相比，昆明湖周围的建筑一下子多了起来，静宜园、静明园、清漪园、圆明园、畅春园一一画出。其中，圆明园和畅春园在画面上所占面积明显大于其他三园。清漪园、圆明园和畅春园的宫殿建筑都耸立在云端。乾隆时期，圆明园、

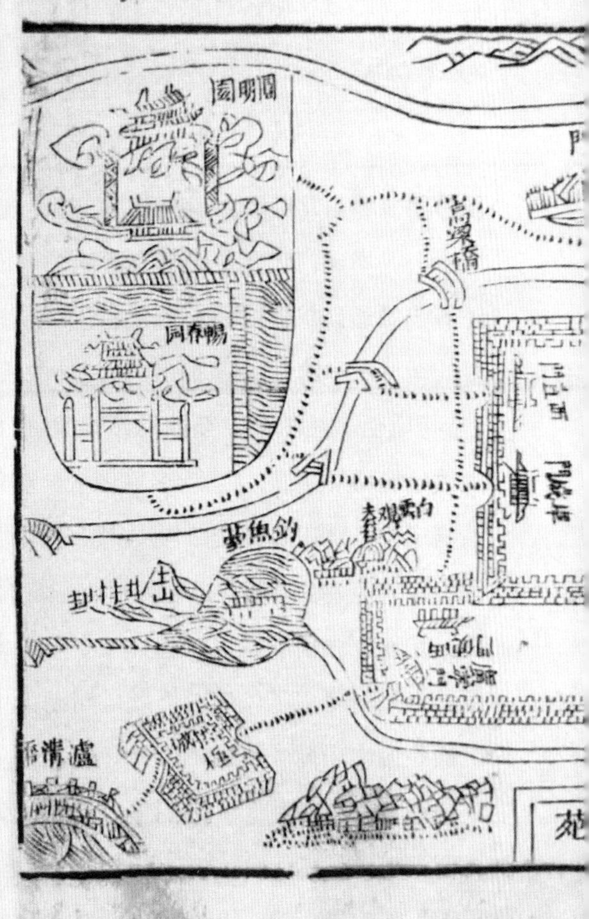

《西山图》——选自《宸垣识略》

畅春园和清漪园都是皇帝经常巡幸的地点。以祥云点缀也正体现了这些园林至高无上的地位。除"三山五园"之外,图上还标注了金山、黑龙潭、报恩寺、卢师山等京西景点。昆明湖东堤和北京城之间的区域是《三才图会·西山图》隐去未画的部分。《宸垣识略·西山图》对这个区域的绘制十分详细，包含很多内容。其一，这个区域画出京西园林与北京城之间的河道水系。最北侧，我们可以清晰地看到圆明园北侧的北旱河河道。中间是由昆明湖至内城护城河的长河。最南侧是南旱河经钓鱼台，流入外城护城河的河道。其二，图上画出京西园林与北京城之间的道路。图上道路用虚线表示。从德胜门、西直门、阜成门和西便门都有通向圆明园和畅春园的道路。广安门还有出城通向拱极城和卢沟桥的道路。其三，图上还画出了最具代表的地标——钓鱼台湖面和西便门外白云观。

《唐土名胜图会·苑囿总图》是在《宸垣识略·西山图》基础上改绘、增绘而成。《唐土名胜图会》刻印于日本文化二年，也就是清嘉庆十年（1805）。这部书同样采用图文对照的形式，描绘乾隆年间中华大地古今沿革、风土人情、皇宫内苑等方面的内容。《苑囿总图》用整幅画面展现京西园林，空间更大，余地更大，可以画出的细节自然就增多了。地图仍以昆明湖为中心，昆明湖的北、西、南三面是西山山脉。西山中园林寺庙建筑众多。昆明湖的东岸，最主要的园林还是圆明园和畅春园。“三山五园”中，圆明园所占面积最大。昆明湖东岸至北京城城墙之间的大片空地，标绘了与《宸垣识略·西山图》同样的河道、石路等地理要素。此外，地图还增添了对京西其他园林、村庄、寺庙、桥梁的绘制，如倚虹堂、乐善园、万泉庄、彰义村等。《苑囿总图》刻绘得非常精细，整幅画面山与湖相对应，各式不同的树木草丛点缀其中。

从明代万历年间的《三才图会·西山图》，到清代乾隆年间的《宸垣识略·西山图》，再到嘉庆年间的《唐土名胜图会·苑囿总图》，“三山五园”地图经过100多年的积累沉淀，形成了独特的“三山五园”地图风格。总结这三幅地图，我们发现很多共同之处。第一，三幅地图都是明清时期图文结合的书中插图。插图的性质决定了地图的幅面不会太大，不会超过一般线装书的幅面。刻本中的插图也决定了三幅地图都是刻印本，虽然画面越来越精致，但始终不如绘

苑囿总图》——选自《唐土名胜图会》

本地图效果好。第二，三幅地图都采用上北下南的图向，虽然视角选择上有一定差别，但整体构图十分相似。第三，三幅地图表现的主题相同。西山、昆明湖及西郊园林是地图表现的重点。无论是画面简单还是复杂，展现京西一带优美景色的初衷没有改变。第四，三幅地图都采用了传统形象画法绘制。这种画法也最容易展现京西园林的景色。刻本古籍因为印刷数量较大，幅面较小，容易保存下来。而绘本地图因为数量少，幅面大，留传至今极为不易。正因为如此，三幅刻本地图非常难得地保留了清乾隆之前京西一带的湖光山色。如果不是这些古籍的存在，也许我们很难见到这么久远的“三山五园”地图了。

第三节
长河

明代长河

从元代郭守敬引玉泉山水入城济运，长河水道就成为通惠河的主要水源。元至元三十年（1293），郭守敬在长河河道建 4 座水闸，长河开始具备通航的条件。从此，元明清三朝，通过长河往来西湖（昆明湖）和皇城之间，成为帝后出行的重要选择。长河成了名副其实的水上御道。

元代皇帝长河泛舟有明确的史料记载。《析津志辑佚》记载："闸河水门，在和义门北。金水河水门在和义门南。肃清门广源闸别港有英宗、文宗二帝龙舟。"[①] 从这条文献可以看出，元英宗、元文宗都曾泛舟长河。《元史》同样记载元天历三年（1330）三月"以帝师泛

① [元]熊梦祥：《析津志辑佚》，北京：北京古籍出版社，1983 年，第 102 页。

舟于西山高梁河，调卫士三百挽舟”[1]。可见，元文宗泛舟长河时，动用牵引龙船的人力非常多，竟然需要 300 人。虽然文献中没有记载元文宗泛舟长河的路线，但推测来看，从西直门外高梁河乘船到西湖（昆明湖）巡游应该是可以实现的。

到了明代，长河成为皇帝巡幸的重要路线。《长安客话》记载万历皇帝巡幸西湖时的故事。“万历十六年，今上谒陵回銮，幸西山，经西湖，登龙舟，后妃嫔御皆从。先期水衡于下流闭水，水与崖平，白波淼荡，一望十里，内侍潜系巨鱼水中，以标识之。方一举网，紫鳞银刀泼刺波面，天颜亦为解颐。”[2]《辑校万历起居注》也记载了同样的事情：

（九月）十日庚申，辰刻，上率后妃发京师，居守大臣及文武百官与德胜门外送驾。驾次清河行宫……驾次巩华城驻跸……

十一日辛酉，驾发巩华城，午刻驻跸感思殿。从官及守臣朝见……

十二日壬戌，上率后妃恭谒长陵、永陵、昭陵毕，上亲阅寿宫。从官于殿前东厢叩头毕，上起，命辅臣及在工大臣随行，历阅宝成、玄堂。毕，坐幄次，进茶。……是日，上登降周览，天颜温怿，回视诸臣、召前随行者再。驾还

---

① [明]宋濂：《元史卷三十六·本纪第三十六·文宗五》，北京：中华书局，1976 年，第 802 页。

② [明]蒋一葵：《长安客话》，北京：北京古籍出版社，1982 年，第 50—51 页。

感思殿驻跸……

十三日癸亥，驾发感思殿，至巩华城行宫，免后宫及守臣朝见。是日，驻跸功德寺行宫……

十四日甲子，驾幸石景山，欲观浑河，道中遣内侍数辈，趋召辅臣时行等三人，及定国公文璧、临淮侯言恭，飞骑而至。上御河崖幄次，诸臣叩头。毕，上赴乘桥。桥梁木为二道，诸臣从上，异道而行。上呼使同道后随。上临流纵观，目时行使前，示之曰："朕每闻黄河冲决，为患不常，殊未得见，故欲一观浑河。今水势汹涌如此，则黄河可知。"时行对云："浑河来自西北，古所称桑干河是也。从此卢沟桥至直沽入海。"……上伫立良久，乃从桥下，命从臣先行功德寺候驾，仍赐酒饭。盖上一豫一游，常留心政治如此。

十五日乙丑，驾发功德寺行宫还京。居守大臣及文武百官俱于城外迎驾①。

明万历十六年（1588），万历皇帝以谒陵为由，巡幸京北和京西地区。九月初十日，皇帝携众妃嫔从紫禁城出发。一行人等由德胜门出城，留守百官在德胜门外送驾。当日，在清河行宫休息，晚上驻跸巩华城行宫。巩华城行宫在现在的昌平沙河镇，是明代帝王为谒陵专门修建的行宫。十一日由巩华城至明皇陵区感思殿驻跸。感思殿在明永陵东侧，是帝王谒陵驻跸之所。十二日，万历皇帝祭拜

① 南炳文、吴彦玲辑校：《辑校万历起居注》，天津：天津古籍出版社，2010年，第711—713页。

先祖并视察了为自己修建的皇陵进展。十三日，皇帝起驾回京。先由感思殿至巩华城，再由巩华城至功德寺行宫驻跸。这一日，万历皇帝的行程仍是陆路。功德寺行宫在青龙桥西侧。从光绪年间绘制的《五园图》上看，功德寺行宫的东侧和南侧正好是汇入西湖的河道。由此，皇帝可以乘船，经长河，一直到西直门外高梁桥岸边。根据《辑校万历起居注》记载，十四日，万历皇帝并未回宫，而是巡幸了西山一带并视察永定河。十五日，皇帝一行人马由功德寺行宫沿水路回宫。据《长安客话》记载，随侍人员为讨皇帝高兴，将西湖下闸口封闭，形成几乎与岸平齐的水面。在宽阔的水面之下，随侍人员将大鱼刻意放在水中，并做标记。然后下网捕鱼。起网时，之前放好的大鱼们从水中跃起。万历皇帝看到这样的场景，开颜欢笑。万

《五园图》（局部）——青龙桥附近河道

历皇帝荒于政务，对游山玩水却毫不怠慢。《辑校万历起居注》和《长安客话》记载的万历皇帝泛舟长河的历史，被著名的宫廷绘画《出警入跸图》生动地表现出来。

台北故宫博物院所藏明代宫廷绘画《出警入跸图》画出了万历皇帝谒陵出行的全过程。《出警图》表现的是皇帝从德胜门启程，从陆路去往皇陵区的场景。《入跸图》表现的是皇帝谒陵后巡幸西山，从西湖坐船至西直门外高梁河畔换乘轿辇入城的场景。《入跸图》表现的场景正好和《辑校万历起居注》和《长安客话》的记载相对应。与地图表现不同的是，宫廷绘画用传统山水画的技法表现皇帝谒陵路上的华丽场面。让我们更直观地了解明代长河的景色及皇帝长河泛舟的宏伟盛况。长河之上，大小船只遍布河道。船队的最前方，是两艘体形较小的驳船。驳船之上，宦官正在点燃鞭炮。这两艘船应该是为整个船队开道的导航船。驳船之后，是载着护卫士兵、仪仗人员和宫廷乐队的船只，共 10 艘。在这些船只之后，是万历皇帝乘坐的御船。皇帝乘坐的御船体量明显大于其他船只。万历皇帝端坐在御船中央，四周是黄幄环绕。御船之后，是 6 艘载着随侍人员、护卫人员和随行大臣的船只。头船已走到长河中央，尾船刚做登船的样子，可见船队的阵仗宏大。长河两岸，树木成荫，最美的是随风轻拂的河边柳。树荫之下，是在岸边护卫船队前行的随侍人员、皇家卫队、车舆轿辇和陆上仪仗卫队。陆上随行人员已到达西直门瓮城，准备进城。驻守京师的守军和文武百官，在高梁桥长河岸边恭迎圣驾。长河之上、长河两岸，彩旗飘飘，人头攒动。从皇帝到官员，再到普通士兵，每个人的鲜活形象跃然纸上，尽量还原万历皇帝泛舟长河的真实景象。画面的远端，是云雾缭绕的九重宫殿。

《出警入跸图》（局部）——船队最前面的两艘驳船

《出警入跸图》（局部）——万历皇帝的御船及护卫人员

《出警入跸图》（局部）——高梁桥附近的随行队伍和在长河岸边恭迎圣驾的百官

《出警入跸图》（局部）——云雾缭绕下的紫禁城

云雾之间，点缀着松树和仙鹤。午门的样子在云端清晰可见。云端的紫禁城显得庄严而神秘。长河早就融入了元明清三朝的皇家生活，成为京师河道的重要符号。

长河成了明代皇家专用水道，京城百姓是否可以到长河游玩呢？《帝京景物略·高梁桥》记载:“水从玉泉来，三十里至桥下，荇尾靡波，鱼头接流。夹岸高柳，丝丝到水。绿树绀宇，酒旗亭台，广亩小池，荫爽交匝。岁清明，桃柳当候，岸草遍矣。都人踏青高梁桥，舆者则褰、骑者则驰、蹇驱徒步，既有挈携，至则棚席幕青，毡地藉草，骄妓勤优，和剧争巧。厥有扒竿、筋斗、倒喇、筒子、马弹解数、烟火水嬉……是日，游人以万计，簇地三四里。浴佛、重午游也，亦如之。”[①] 长河河道是皇家御用，长河两岸却不是。在皇帝不出游的日子，长河两岸成为百姓们游玩的最佳去处。清明时节，踏青观柳是京城百姓固定的娱乐项目。长河两岸的优美景色，吸引四面八方的人们到高梁桥附近聚集。在高梁桥附近挤满了踏青观柳的百姓。人多的地方还吸引了许多民间艺人，表演绝技。一时间，游人数以万计，热闹非凡。到了四月初八浴佛节，万寿寺浴佛节庙会上演。清明踏青观柳的人们再次在长河两岸聚集，明版《清明上河图》在长河两岸再次上演。明代诗人朱茂晒写过一首清明在高梁河畔踏青的诗，描写的就是民间踏青观柳的场面。“高梁河水碧湾环，半入春城半绕山。风柳易斜摇酒幔，岸花不断接禅关。看场压处掉都卢，走马跳丸何事无？那得丹青寻好手，清明别写上河图。”[②]

---

① ［明］刘侗、于奕正:《帝京景物略·卷五·高梁桥》，上海:古典文学出版社，1957年，第80—81页。

② 北京艺术博物馆:《北京长河史万寿寺史》，北京:荣宝斋出版社，2006年。

清代长河

有清一代，随着京西皇家园林逐步建成，通过长河往来紫禁城和西郊园林也越来越频繁。清康熙十二年（1673），为解决京城供水问题，清廷开始疏浚玉泉山至护城河的河道，并修缮沿途水闸。乾隆时期，京西园林圆明园、清漪园是避喧听政的场所，圆明园的长春仙馆和畅春园是皇太后经常居住之所。此时，京西园林、城市供水和运河转运需要更多的水源。清乾隆十四年（1749）至清乾隆十五年（1750），汇集玉泉山和西山泉水供应京师的水利工程改造完成。此次工程汇集西郊泉水，扩充西湖容量，扩建西湖至高梁桥沿途水闸，同时加固西湖堤岸，疏浚河道。加固的大堤由文昌阁一直延续到长春桥。扩容后的西湖改成昆明湖。湖水在人工水闸的控制下，根据不同需求将水源引入京西园林及京师内外城。此后，在昆明湖上游又建造人工湖，增加蓄水量。乾隆时期一系列的水利工程改善了北京城的河道环境，也为长河泛舟创造了更好的条件。乾隆皇帝是文献记载中泛舟长河最频繁的清代帝王。在乾隆皇帝之前，往来紫禁城和京西园林多走陆路。出西直门至圆明园有一条石路，专供皇室往来其间。乾隆时期，整治后的长河水道，高梁桥码头是起点，绣漪桥是终点。由水路往来京西园林与紫禁城比之前更为方便。相比陆路，乾隆皇帝更喜欢长河泛舟。因为帝王的喜好，长河两岸为帝王巡幸配建了多处行宫、码头。原有沿途寺庙也都重新修缮。这些沿途建筑供皇帝休息、娱乐、祭祀，使长河泛舟内容更加丰富。

长河两岸的景色达到了极盛，乾隆皇帝的御河泛舟频繁而奢华。乾隆御制诗中保留了数十首与长河泛舟有关的风物诗，勾勒出乾隆皇帝与长河的不解情缘。如：清乾隆十年(1745)《泛舟自西海至万寿寺》，清乾隆十一年（1746）作《自西海泛舟进宫见岸旁禾黍油然喜而有作》《西海泛舟至万寿寺》，清乾隆十四年（1749）《自高梁桥泛舟至西汉即景杂咏》，清乾隆十五年（1750）《泛舟过万寿寺即景杂咏》《四月朔日进宫斋戒自昆明湖进舟至万寿寺，传路晓烟，未泮麦畤，宿雾犹浓，触景成欣，援毫得句》《自高梁桥泛舟过万寿寺至昆明湖之作》，清乾隆十六年（1751）《高梁桥进舟昆明湖川路览景即目成什》《自高梁桥泛舟回御园川路晓景即目》，清乾隆十七年（1752）《自昆明湖泛舟进宫》《高梁桥泛舟至昆明湖之作》，清乾隆十八年（1753）《取道长河进宫斋戒即目有怀点笔成什》《凤凰墩放舟自长河进宫之作》，清乾隆十九年（1754）《凤凰墩放舟由长河进宫川路览景杂咏》，等等。在这些御制诗中，乾隆皇帝描写了长河两岸的景色，也说明了长河泛舟途经的重要地点。以清乾隆二十九年（1764）三月《舟过万寿寺未入，遂由绣漪桥至昆明湖水路览景杂咏得诗六首》和清乾隆三十一年（1766）《自长河进舟至昆明川路即目得诗六首》为例，梳理一下乾隆皇帝泛舟长河的路线及途经重要地点。

《舟过万寿寺未入，遂由绣漪桥至昆明湖水路览景杂咏得诗六首》

片刻徘徊乐善园，进舟仍复溯长源。
麦刚茁陇新膏润，稻未栽塍宿水存。

广源闸隔水高低，易舫之间屧步堤。
万寿寺才离半里，扬帆姑且置招提。

麦庄桥过接长春，两岸轻烟罥柳新。
石坝金河泄余水，天然洪泽那堪伦。

坝外湖心亭好在，乍因缀景忆西湖。
曾经一到常空过，似此何须构筑乎。

绣漪月漾忽当头，绿柳红桃四面稠。
寒食明朝兼上巳，岂能分日作遨游。

陆牵入湖易水牵，湖光上下漾天光。
小船轧轧鸣櫛处，不辨吴村与越乡。

《自长河进舟至昆明川路即目得诗六首》

倚虹堂畔进烟舟，一泛长河溯逆流。
已爽人炎宁不廑，知他牵路柳阴稠。

舟移岸转几循回，乐善名园近水隈。
属我盼霖游兴懒，篱门徒望竟空开。

沿堤陆陇复溪塍，一例菁葱象已凭。
再得时霖收可卜，为兹渴泽念弥增。

广源闸限水高低，登陆易舟复进西。
川路何妨较常浅，节宣原为灌鳞畦。

岸旁万寿古祇园，禅衲红衣跪俟门。
写出都官诗里意，不须到点向重论。

溪路曾无廿里遥，鸣榔径渡绣漪桥。
谁言拙速六章就，也觉其间半刻消。

从倚虹堂至绣漪桥，途经重要地点有乐善园、真觉寺、白石桥、昌运宫、紫竹禅院、广源闸、延庆寺、万寿寺、麦庄桥、长春桥、广仁宫、外火器营，乾隆皇帝御制诗里经常提到长河泛舟经过的地点。西直门外倚虹堂是乾隆皇帝登船码头。从倚虹堂高梁桥码头上船，御船沿长河河道向西航行。“倚虹堂畔进烟舟，一泛长河溯逆流。”说的是倚虹堂登船的事情。经过柳荫密布的河道，就到了乐善园。乐善园经乾隆时期修缮，成为皇家行宫，是乾隆皇帝小憩的场所。“片刻徘徊乐善园，进舟仍复溯长源。”两句说明乾隆皇帝在乐善园曾登陆小憩。乾隆皇帝在乐善园休息片刻继续逆流而上，到达广源闸。倚虹堂至广源闸一段，河道较窄。广源闸至绣漪桥一段，河道较宽。广源闸上下水面高低不同，所以乾隆皇帝行至此处，要下船登陆，在紫竹禅院或者万寿寺行殿休息片刻，然后过广源闸换大船，继续西行。“广源闸限水高低，登陆易舟复进西。”说的就是广源闸换船的事情。过了广源闸，河道豁然开朗。大船在河道上航行，行进速度加快，视野非常开阔。过麦庄桥、长春桥，船队直奔昆明湖。过绣漪桥，船队进入昆明湖。湖光山色秀美至极，宛如江南。难怪乾隆皇帝发出“不辨吴村与越乡”的感慨。

乾隆皇帝之后，痴迷于长河泛舟的人当数慈禧太后了。我们根据晚清时期《申报》对慈禧太后和光绪皇帝长河泛舟的记载，了解一下慈禧太后巡幸长河的过程。经过第二次鸦片战争的焚毁，西郊园林及长河河道都已破败不堪。长河终点清漪园早已毁于英法联军的大火之中。幻想着大清盛世的慈禧太后，挪用海军军费2000多万两白银，重修清漪园。清光绪十四年（1888）建成的园子改名颐和园。在重修京西园林的同时，长河河道的整治工作一并展开。清光绪十二年（1886），慈禧太后下令清理河道、加固堤岸、修缮沿途景观。河道整治工程要配合颐和园的重建工程。根据相关文献记载，清光绪十二年，慈禧太后命醇亲王负责整治长河两岸工程。长河两岸每两丈种植水杨树两棵。水杨树之间夹种桃树一棵。在修复沿途植被景观的同时，清光绪十二年十一月初五，光绪皇帝下谕，命直隶总督李传相在天津购置小火轮船一艘，计划于清光绪十三年（1887）春天运抵北京。这艘小火轮是专门为了慈禧太后泛舟长河而准备的[①]。游船准备好之后，清理河道的工程有条不紊地进行。十一月十二日，开挖长河河道，并建造长河上木桥，便于行人通行[②]。国家图书馆藏清代样式雷《绣漪桥起至长春桥麦庄桥广源闸白石桥高梁桥至铁棂闸止修理河道工程画样》，可能与光绪年间这次河道整修相关。这幅画样应该是修复河道工程的草图，也可能是工程示意

---

① 光绪十二年十一月初五《申报》第二版："内廷传述，皇上寄谕直隶总督李传相，在天津购办小火轮船一艘，于明春解运至京，恭备皇太后沿长河至昆明湖来往乘坐云。"

② 光绪十二年十一月十二日《申报》第二版："四门所筑马路将次竣工，复于城外开挖长河，起造木桥，以便行人来往。"

图。全图保持上北下南的图向，用黑线画出长河河道、大堤、沿途重要建筑、桥梁、西直门外十字街、石路、西直门附近城门城墙及长河与护城河交汇流入内城的情况。图上用红线标注需要修缮的建筑，用红字标注需要清理的河道和增修拆修的河坝、闸口和涵洞。从红色标注来看，清空河道，保证通航是这项工程最主要的工作。拆修泊岸、填筑泊岸和增修涵洞等工程在高梁桥附近展开。长河沿途需要修缮的建筑包括高梁桥北的娘娘庙、真觉寺（五塔寺）、白石桥北小庙、延庆寺、万寿寺、广仁宫。十一月十八日，《申报》登出，京西海淀园林宫殿在英法联军火烧“三山五园”之后，已经破败不堪。虽然在同治年间曾经简单整修，但却尚未恢复火烧前的景观。为保证清光绪十三年（1887）慈禧太后和光绪皇帝的长河泛舟计划，应该在长河沿途先修几处，等待太后和皇帝巡幸。然而在河道整治工程开始后，却没有得到明确的指示[①]。显然，迫于国库压力，内忧外患的清政府当时已无力支撑沿途建筑的修复计划。样式雷画样上，用红色标注的待修缮建筑，也成了纸上谈兵。清光绪十三年三月十一日，醇亲王府李相在南苑阅操之后，前往长河倚虹堂检查长河整修工程。此次检查包括河道工程、巡幸船只、昆明湖打算建

---

① 光绪十二年十一月十八日《申报》第二版：“海淀园子各处宫殿，自遭庚申兵燹后，蹂躏不堪。同治季年迭经毂庙临幸，稍加修葺，尚未规复旧观。明年皇太后、皇上拟沿长河泛舟至此，尤当先修几处，以待翠华之戾止，然未见明谕也。”

巴溝村
火器營
廣仁宮
藍靛廠
萬壽寺
廣源閘
小廟
白石橋
御書亭
五塔寺
倚虹堂
南

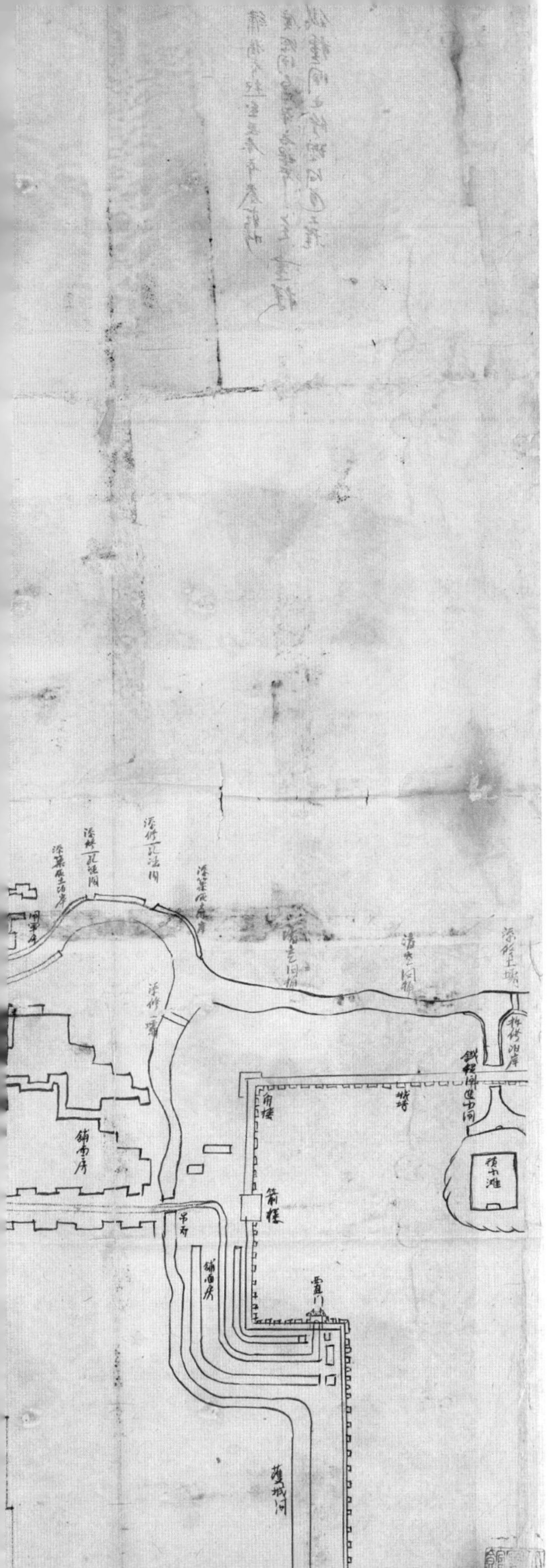

《绣漪桥起至长春桥麦庄桥广源闸白石桥高梁桥至铁棂闸止修理河道工程画样》

造的水师学堂，同时检阅了护卫“三山五园”的骑兵和步兵合操[①]。显然到这个时间，长河整治工程基本完工，进入验收阶段。同年闰四月初八，在沿途景观无法修缮的情况下，内廷选取乐善园作为主要修缮的地点，以备慈禧太后短暂停留休息。乐善园的修缮工作由神机营海部负责，预计需要花费白银二十万两[②]。五月二十八日，去年从天津购置的火轮船由铁路运输至西直门外长河河道[③]。慈禧太后泛舟长河的火轮船已准备就绪。清光绪十四年（1888）八月二十八日，内廷传出消息，慈禧太后和光绪皇帝将于九月期间从长河泛舟至颐和园。预计在颐和园驻跸 10 天。其间，慈禧太后和光绪皇帝享受从天津新购置的火轮船，在昆明湖畔观看水师会操，并观看香山小过膛枪队和精捷营操练。虽然具体巡幸日期没确定，但所有的准备工作都已经完成[④]。从清光绪十二年（1886）修复长河景观、整治河道开始，到清光绪十四年（1888）八月底，慈禧太后的长河泛舟计划

---

① 光绪十三年三月十一日《申报》第二版：“醇邸李相，自南苑阅操毕，前往长河倚虹堂阅工。于万寿寺住宿，以便翌日阅视河工船只，暨昆明湖等处拟建水师营武备学堂地址，并筹商练兵事宜，又阅三山各营马步合操，毕然后进城。”

② 光绪十三年闰四月初八《申报》第二版：“西直门长河南岸旧有乐善园，于乾隆年间修建，恭备太后憩息之所。其中景物清幽，山水明秀，近则修葺，阙如年久渐形颓圮。咸丰庚申，又遭兵燹。迄今竟成荒墟，非特遗迹湮没，且牧马刍荛之辈时时往焉，刻拟择要兴修，归神机营海部，并案办理，估银二十余万金。”

③ 光绪十三年五月二十八日《申报》第二版：“传问此次由通州开活铁路，运火轮船至西直门外长河，甘运送之铁道后当安置，内廷然未奉明文也。”

④ 光绪十四年八月二十八日《申报》第二版：“传闻皇太后皇上拟于九月间前往海淀在颐和园驻跸十日，以览天津所进轮船，暨昆明湖所练水师炮船会操，并香山小过膛枪队及精捷营官兵技。自倚虹堂登龙舟，沿长河上驶。虽尚未定何日临幸然已预备一切矣。”

准备完毕，历时近两年的时间。清光绪十四年（1888），重修的颐和园完工，长河泛舟准备业已齐备。从此，慈禧太后和光绪皇帝往来紫禁城和颐和园之间经常选取水路。

《申报》记载的晚清长河泛舟的活动比比皆是。清光绪十六年（1890）九月十一日，光绪皇帝从紫禁城乘轿辇，经阜成门至紫竹院，在广源闸乘船至颐和园。当天，按照同样的路程返回紫禁城[①]。清光绪十八年（1892）八月二十八日，光绪皇帝从中南海瀛台出发，瀛台至紫竹院段走陆路，乘坐轿辇。广源闸至颐和园段，走水路乘船。当日沿同样路线返回[②]。九月初八日，光绪皇帝去颐和园的路程与之前相同[③]。清光绪十九年（1893）四月十八日，慈禧太后由颐和园乘

① 光绪十六年九月十八日《申报》第二版："本月初十日，由内传抄，皇上明日办事用膳召见后，出德昌门、福华门、西三座门、西安门、阜成门，紫竹院小坐进茶，广源闸乘船，由长河至颐和园。龙王庙拈香，玉澜堂用晚膳毕，仍乘船至广源闸，换轿进阜成门。"

② 光绪十八年九月初九《申报》第二版："侍卫处为知照事，八月二十七日奉旨，朕于明日办事用膳召见大臣后，乘轿出德昌门、福华门、西三座门、西安门，走阜成门，紫竹院少坐，至广源闸乘船至颐和园。步行诣乐寿堂皇太后前请安，侍膳毕，玉澜堂少坐毕，仍乘船出颐和园，走长河至广源闸下船，乘轿至紫竹院少坐，进阜成门、西安门、西三座门、福华门、德昌门，还瀛台。卯正二刻预备钦此。"

③ 光绪十八年九月二十一日《申报》第二版："侍卫处为知照事，本月初七日奉旨，朕于明日办事用膳召见后，由勤政殿乘轿，出德昌门、福华门、西安门、阜成门，紫竹院小坐，至广源闸降舆升船。由长河至颐和园下船，至乐寿堂皇太后前请安侍膳毕，至玉兰堂小坐，仍乘船至广源闸下船，升轿至紫竹院小坐，进阜成门、西安门、福华门，还瀛台。卯初预备钦此。"

船至广源闸，同样在紫竹院小坐后，乘轿辇经阜成门回宫[①]。清光绪十四年（1888）之后，长河河道修复。有趣的是，文献中记载慈禧太后和光绪皇帝选择的水路都是由广源闸至昆明湖。倚虹堂至广源闸段几乎废弃不用。这与乾隆皇帝由倚虹堂登船的路线有一定区别。上文我们曾经说过广源闸至昆明湖段，河道变宽，水流变大，有利于大船行驶其中，速度也比较快。可能是倚虹堂至广源闸段水路较窄、行船缓慢的原因，光绪年间，这段水路使用频率较低。从紫禁城经陆路到广源闸，直接从广源闸下轿乘船，可以避免途中换船的烦恼，应该是最有效、最省时的路程选择。也正因为这样的路程比较省时，光绪皇帝才能一天之内往返一次。清光绪十九年（1893），为慈禧太后筹备六旬万寿庆典，又要在长河两岸寻找合适的休息处所，广源闸南岸昌运宫，因乾隆时期举办万寿庆典而建，成为慈禧太后万寿庆典选择水路回宫的中途休息地点[②]。当然，昌运宫成为被选择的休息地点，也充分考虑到颐和园回宫路程的日常选择。昌运宫作为广源闸旁的行宫，位置再合适不过了。

---

① 光绪十九年五月初三《申报》第一版："侍卫处为知照事，四月十七日奉懿旨，皇太后明日由颐和园乘船，走长河至广源闸下船，乘轿至紫竹院小坐，进阜成门、西安门、西三座门、福华门，还海。辰初二刻预备钦此。"

② 光绪十九年五月二十九日《申报》第一版："西直门外长河广源闸南岸，有昌运宫焉。当乾隆朝举办万寿盛典时，于此建设行宫。恭备皇太后小憩。历年既久，未曾兴修，月牖星题，渐形颓废。明年甲午，恭奉慈禧端佑康颐庄诚昭豫寿，恭钦献皇太后六旬万寿，自应酌加修葺，以光巨典。刻经海部勘估，拟将殿宇、行宫、山门、牌楼、栅栏、墙垣，修盖聿新油绘，如式置办，撙节约需十万有奇。已派兴隆等厂数家分做矣。"

第六章

大清河水系

第一节 大清河

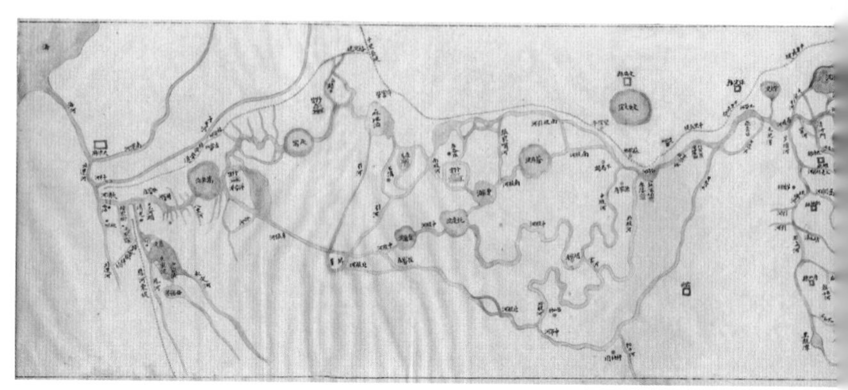

《大清河现行水道图》——选自《直隶五大河流图考》

大清河是海河水系五大河之一，位于海河流域中部，北临永定河，南近子牙河，大清河由恒山南部山麓和太行山东部山麓的水流汇聚而成，整个流域覆盖山西省、河北省、北京市和天津市4个省市的49个区县，北京房山区是这49个区县之一。大清河水系是北京市五大水系之一，镇守北京西南部，其北部支流拒马河流经北京房山区。

因相邻的流域北部为永定河冲积扇，南部为滹沱河冲积扇，两河均为多沙河流，属浑水河，而居中的大清河，河水清澈，因此得名大清河[①]。《河北省志·地理志》记载：大清河又称为上西河，上西河的由来可能与天津市的西河有关，因为西河为大清河、子牙河相汇后的河段，大清河位于西河的上段，因此称为“上西河”。

① 天津市地方志编修委员会：《天津通志·水利志》，天津：天津社会科学院出版社，2005年。

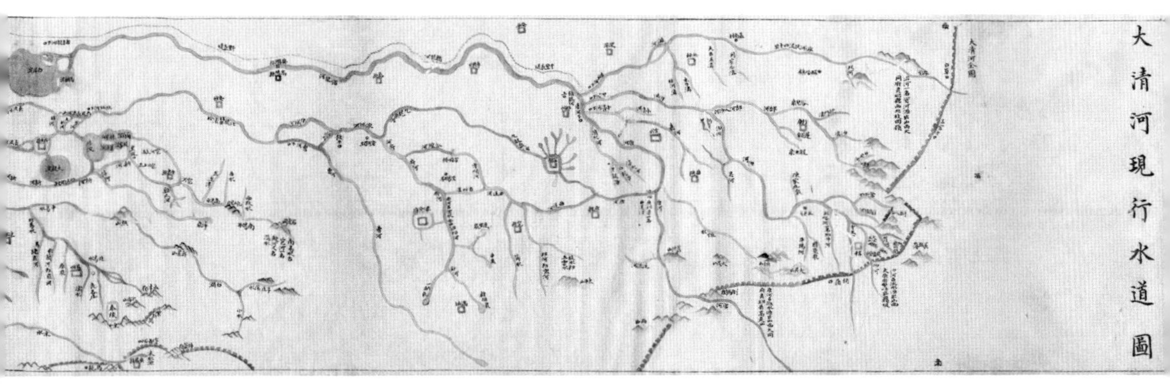

大清河流域

大清河历史悠久，流域广泛，水系分支繁多，水道复杂多变，虽然各支流河道在历史上多有变更，不过河道总体走势一直趋于稳定。发源于河北、山西山区的众多河流，从北部、西部、南部向东部低洼地带汇聚，北支、南支、中支水流汇为一处，入西淀（白洋淀）、东淀后从海河入海。《直隶五大河流源考》载：“大清河总七十二清河之委以汇入东西两淀。”

《直隶五大河流图考》中有一幅《大清河现行水道图》，详细绘制了清末大清河源头、各支流、东淀、西淀及至天津入海情况。大清河主要源出山西，上游河流有滋河、沙河、唐河、府河、曲逆河、曹河等，几河汇合为猪龙河、依城河后汇入白洋淀，过白洋淀后，有源自西北的拒马河、琉璃河、易水等河汇为芦僧河、白沟河后汇入大清河，之后在文安县北的东淀分为多支河流，包括中亭河、北股河、中股河、南股河、南股引河等，过多处洼地，后又汇为一处，之后合永定河水，入北运河，由北运河入海河后入海。

大清河支流

大清河支流众多，河道繁复，如同乱麻。《大清河上游图》则化繁为简，上南下北，将大清河主要支流从西到东，平行绘出，虽然在方位距离上有失精确，却一目了然。图中大清河主要支流从北至南包括小清河、牤牛河、琉璃河、夹河、北拒马河、南拒马河、瀑河、漕河、府河、曲逆河、唐河、沙河、滋河。

为了梳理大清河的支流，史料中有的将其分为南北两系，有的分为南、北、中三系，也有的将其分为 4 支。《畿辅通志》中记载："自北至南计之，大小约分四支，若龙泉、琉璃、胡良等河，即《水经注》之圣水，合拒马河、即涞水，又合北、中二易水，为北支，总其委者曰白沟河；若雹河，即南易水，合嵬、滱等水为别支，总其委者曰长流河；若唐河，即《水经注》之滴水，合恒雹、徐、蒲等河为中支，总其委者曰依城河：若沙河，即故派水，合滋河，即《水经注 · 汾水篇》之资承水，是为南支，总其委者曰猪龙。此四总河可受诸水，皆东归于两淀。"

从《大清河略图》看，大清河支流可以分为南、中、北三系。

北系上游为拒马河，又称为涞水，发源于河北涞源县，拒马河在房山分为南拒马河和北拒马河两支，北拒马河东流汇挟活河、琉璃河和部分永定河水后南流，南拒马河南流汇中易水河、北易水河后东流，与北拒马河在新城县白沟镇汇合后流入大清河干流。

南系主流为猪龙河，传说在颛顼时期，猪化作龙而成河，又名

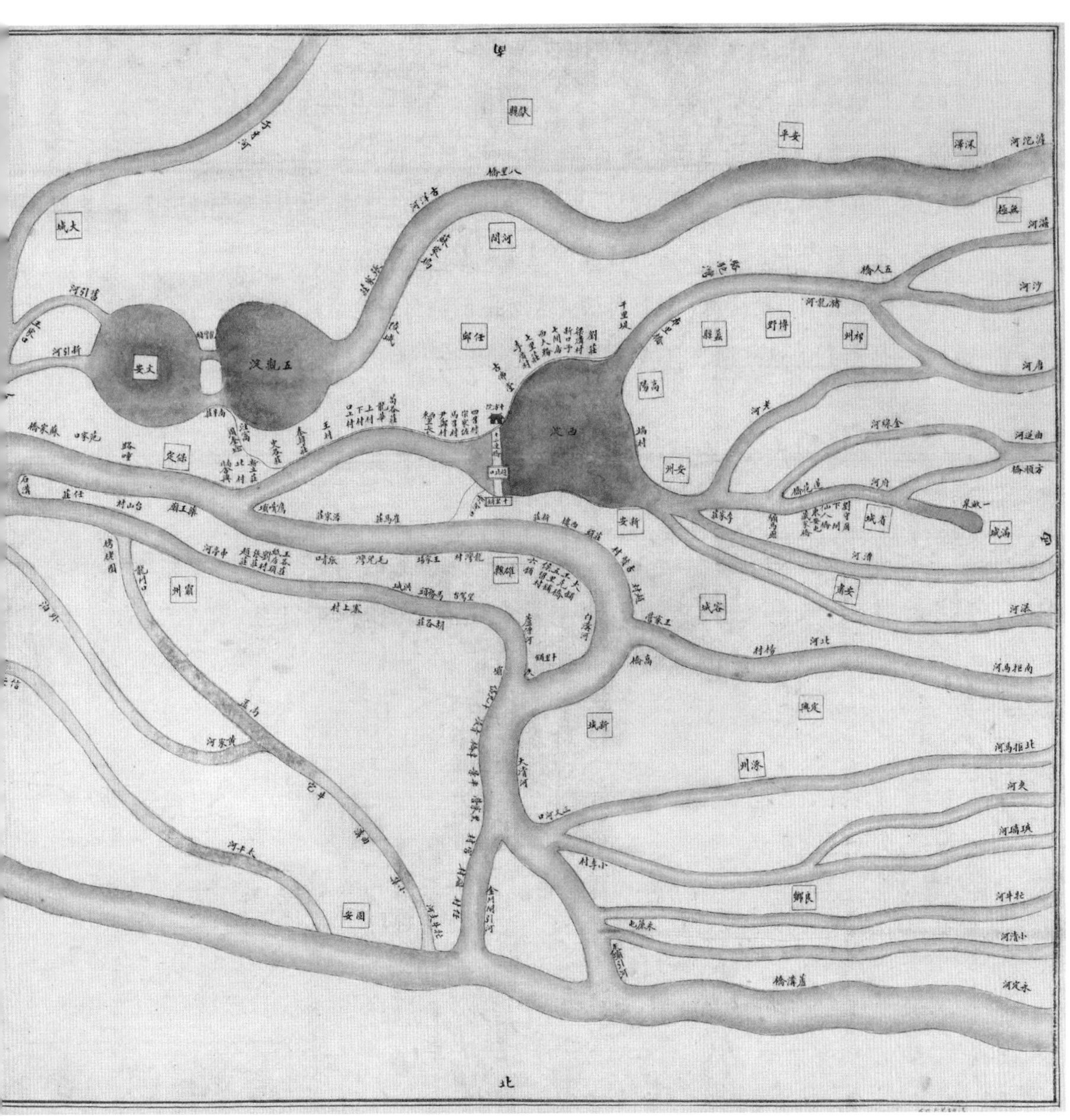

《大清河上游图》

潴龙河。猪龙河由沙河、滋河、孟良河三河汇流而成，之后东北流，在高阳县附近分为两支，一支向北曲折流入大清河，一支向东在张青口汇入大清河。沙河，古称泒河，发源于山西省繁峙县东白坡头。滋河，即《水经注·汾水篇》里的资承水，源出山西灵寿县西北的黑坨山。孟良河，源出山西曲阳县西北的孔山，因过嘉山，因此又称嘉河，又相传嘉山山顶有宋将孟良的遗寨，因此称孟良河。

中系河流则包括唐河、阳城河（清水河）、府河（清苑河）、徐水、南易水（瀑河），这些河流有的直接流归淀洼之中，有的归入大清河

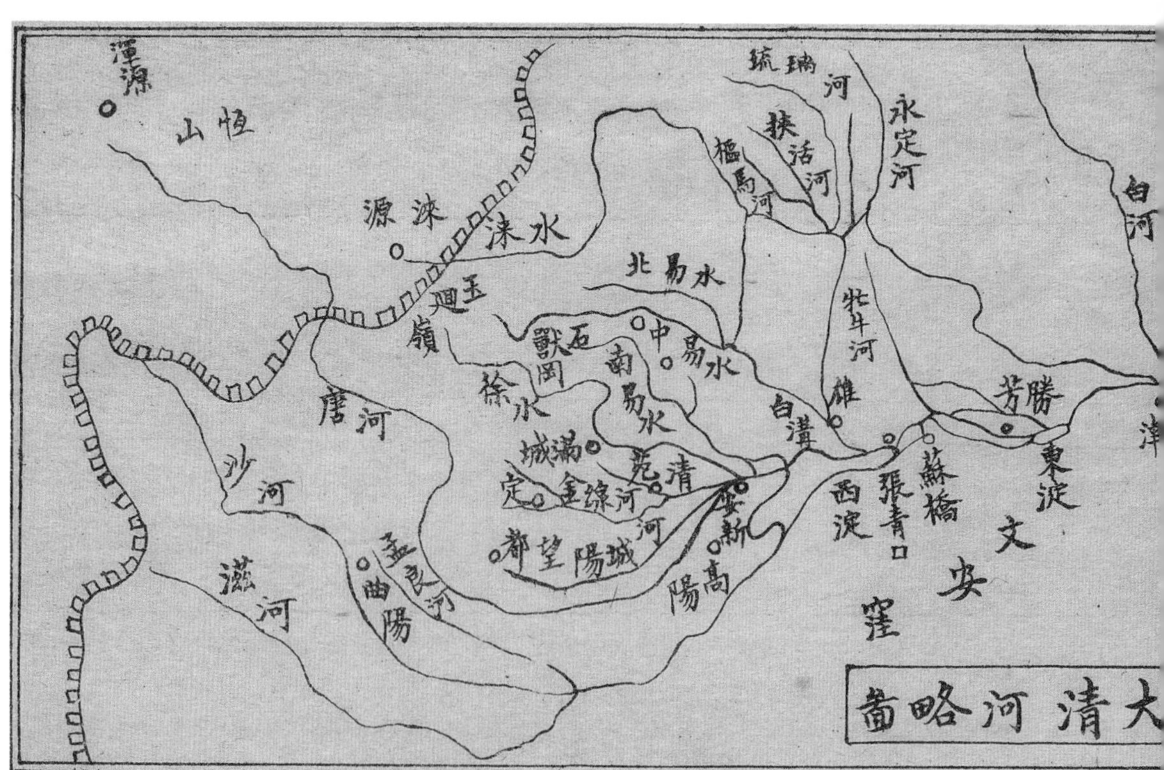

《大清河略图》——选自《中国地图——全河流图》

干流。唐河，《水经注》中称作滱水，发源于山西浑源县，因流经唐县后水流增大，因此叫唐河，历史上称唐河为大清河的正源。阳城河，又名清水河、博水、界河，有宋辽分界之称，发源于河北易县西南山区，东南流经完县、满城县，途中有蒲阳河、曲逆河汇入。府河，《水经注》称沈水，又名清苑河，发源于河北满城，因流经清苑县而得名清苑河，明洪武元年（1368），保定置府后，改称府河。府河在大清河上游各支流中居中，且唐河在清代和民国时期曾汇入府河，因此也有说府河为大清河水系正源。徐水，又名漕河，发源于河北易县的五回岭，自西北向东南流经徐水县折东入西淀，宋辽时期徐水附近战事颇多。南易水，又称鲍河、瀑河，《水经注》称南易水，发源于河北易县狼牙山东麓。

东西两淀

来自西部、北部山区的大清河支流，顺地势流淌，以四周向中央集中，汇聚于西淀、东淀洼地，后向东汇入海河入海。东淀、西淀地处大清河中游，因地势低洼，又承北、西、南各处来水，因此形成多处水泊。《水经注》记载："其泽野有九十九淀，支流条分，往往经通。"起初并未有东淀、西淀之分，清乾隆二十八年（1763）正式划定以张青口为东、西淀界限，"大清河自雄（雄县）入，经张青口（今文安），口西西淀，口东东淀"。因白洋淀面积居西淀之首，所以西淀又称为白洋淀。

东西两淀范围极大，《直隶五大河流图考》记载："西淀跨保定府之安州新安雄县高阳、河间府之任丘，……东淀跨顺天府之保定

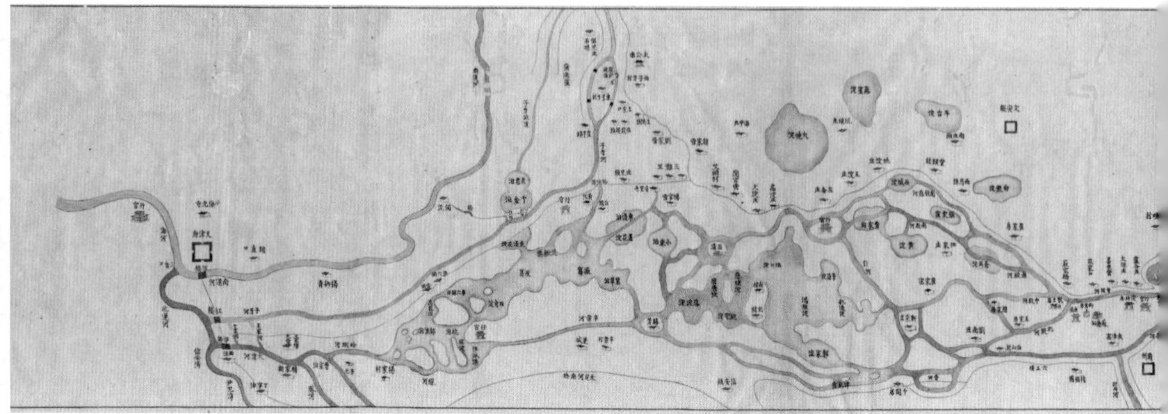

《大清河故道图》——选自《直隶五大河流图考》

霸州文安大城东安武清、天津府之静海。”据乾隆《淀神庙碑记》记载，“西淀之大，周三百余里；东淀尤大，周四百里”。因此，偌大的东西淀承载了大清河及北运河之水，起到了蓄水、滞洪、调节水量的作用。民国十一年（1922）《文安县志》载：“大清河上承西淀之水，注之东淀，达沽入海，此为经流。以西淀受之三十余河之水，汇成巨漫，最为汪洋，伏汛时铺天盖地而来，岂区区大清一线河流所能消纳？向时分三汊，东流归淀，又挑中亭河绕出胜芳之北，用泄大清上游，减其汹涌之力。故清河无北岸，中亭无南堤，南北七八里，遥遥相望。水盛时皆为大清流派所经，徐徐注之东淀，弥流安节，以次宣泄，达沽入海。”

《直隶五大河流图考》中的《大清河故道图》，绘制了从大清河上游各支流源头，汇聚于东西两淀，经北运河入海河的全过程。与《大清河现行水道图》相比，《大清河故道图》上游支流绘制简略，仅做示意，却着重绘制了东西二淀。图中大清河上游支流汇聚为猪龙河、依城河后在安州东入西淀。西淀之水在共成村附近与芦僧河汇聚后在张青口附近分为玉带河、十里河，两河相汇后又分为会同

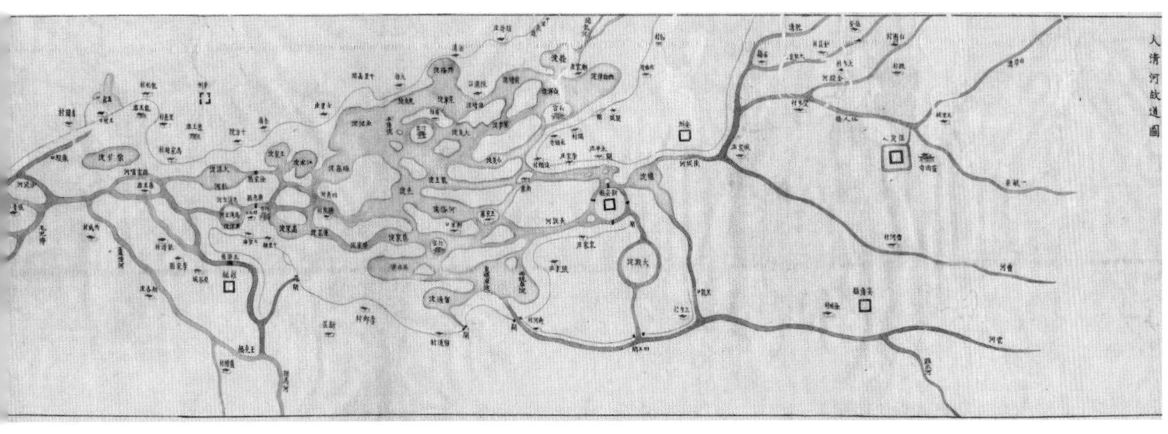

河、中亭河，后流入东淀。其间有牤牛河汇入中亭河。图中东淀西淀淀泊众多，有如星宿，各淀之间有水道互通，淀周围沿村庄筑以堤坝，并题各淀名字于淀上。西淀有白洋淀、兴隆淀、鱼池淀、烧车淀、留通淀、河洛淀、平阳淀、花车淀、大港淀等，东淀有鸿雁淀、泊口淀、笔筒淀、托连淀、黄淀、苍耳淀、莲花淀、泥鳅淀、四角淀等等。东淀西淀建有 9 座行宫，西淀 4 座、东淀 3 座、东西淀交界地 2 座。行宫的修建用于皇帝考察水情及水上围猎。东淀的西侧，绘有建于乾隆年间的淀神庙和行宫。

明清时期降水多年分配不均，东西二淀时而“弥漫数百里之间，无处无水”“淀水汪洋浩渺，势连天际”，时而湖滩裸露，垦殖日众，湖田弥望。又加之清朝多次对东淀西淀进行治理，淀泊有的消失，有的合并，变化诸多。《大清河现行水道图》中的东西二淀与《大清河故道图》中的相比，即发生了极大的变化。《大清河现行水道图》西淀多处小淀汇聚为几个大淀，包括白洋淀、黑羊淀、南营泊、大港淀等，图中着重绘制了明清时期修建的赵北口十二桥，自北而南为易易桥、新桥、炮台桥、广惠桥、皇亭桥、徐家桥、五空桥、九空桥、

《东淀河道堤埝全图》

五空桥、七空桥、洪桥、太平桥。据《安新县志》载，十二桥另又名：月漾桥、航洪桥、普渡桥、广惠桥、御碑亭桥、通济桥、景苏桥、迎暄桥、延爽桥、拱极桥、太平桥、来熏桥。图中东淀水量减少甚多，淀泊仅剩苍耳淀、曹家泊、麻地泊等七八个。

明清时期水患频发，大清河、永定河等多条河流洪水集聚于东西二淀，河流泛滥，村庄稼禾均被淹没。清朝统治者对淀河治理极为重视，康熙皇帝甚至驻跸于淀内行宫，现场指挥，命疏浚河道，开挖引河，扩建堤防，等等，因此也绘制了诸多河工图。

《东淀河道堤埝全图》绘制了西起张青口，东至天津西整个东淀范围内河流淀泊、城池村庄、桥梁堤坝。图下题注："谨将东淀上自保定县周魁埝下至天津府河堤绘图恭呈电鉴。计图内每格五里，其间村庄甚繁未及备载，仅绘沿河临堤州县村镇以供查阅，拟以赤线为堤，黄线为埝，蓝道为大清河、芦僧中亭河，蓝线为赵王河各支河，青色为淀为积水洼，子牙河因素流浑浊设以绿色，永定河流似泥塘，牤牛河系泄永定河水，均拟以粉色，并以粉色为旱田为河淤以别河道堤埝。"

《安州村庄图》绘制了保定府安州（今安新县）境内城池村庄、河道淀泊。安州跨西淀西半部分，境内有白洋淀、烧车淀、杂淀、大激淀等，新安城被水围绕在中央。新安县于清道光十二年（1832）

并入安州，降为新安乡，图中标注为“新并城”。

《雄县境内堤埝河道界址图》图接安州境，西起西淀烧车淀，东到张青口，绘制了西淀东部城池村庄、河道淀泊、河岸堤埝、道路桥梁，并用红签标注各堤埝的长度，图右上角标注：“图内绿色是水，土色是堤，红线是界，红点是道，理合登明。”雄县县城在大清河北，出县城沿路南下，出雄县界即到达赵北口十二桥，出雄县界处建有一座牌坊，上有明代李文忠题“燕南赵北，碧汉层虹”8 个大字。

《霸县河堤图》绘制了东淀西侧与西淀交界处村庄、河道、桥梁、堤埝情形，并用红签标注各河及堤埝情况，如“此埝高三二尺不等，如水势稍大，即行漫过”。

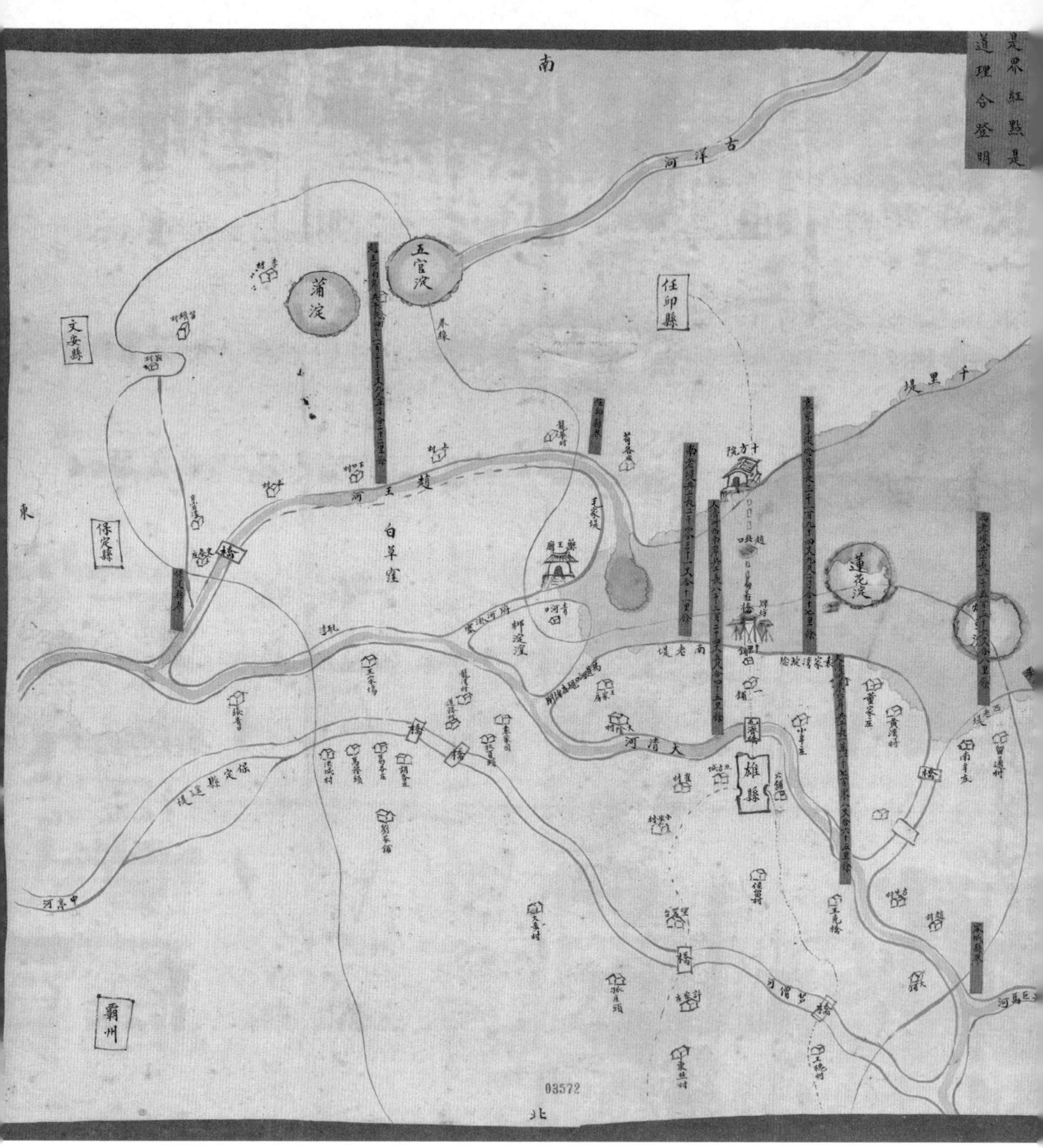

《雄县境内堤埝河道界址图》

《安州村庄图》

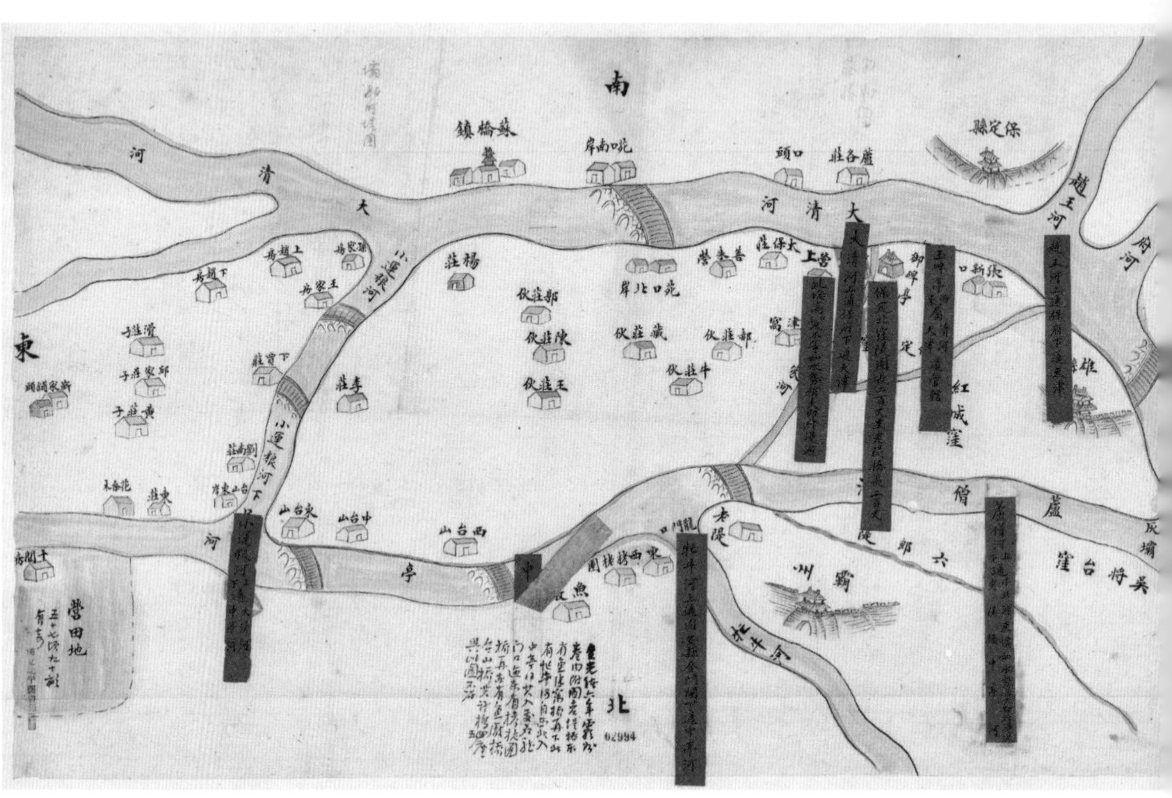

《霸县河堤图》

第二节
拒马河

拒马河位于北京市西南边境，是北京五大水系中离北京城最远的一支。从《北京市行政区域界线基础地理底图》图中可以看出，拒马河紧邻北京西南边境，仅仅占据极小的一角，拒马河干流河道在北京市境内流淌仅 57.3 公里，在整个北京范围内似乎显得微不足道。但是拒马河可以说是北京人类文明和城市文明的发祥地，周口店北京猿人遗址及西周琉璃河燕国都城遗址都位于拒马河流域，但是后来随着北京城址的变迁，拒马河逐渐远离了城市中心。

拒马河之名

拒马河古称“涞水”，约在汉时，改称为“巨马”，后渐写为“拒马”，两岸人一般称其为“大河”。拒马河的这些名称，也反映了古人对河流命名的规则，即根据河流的地理位置、形象特征、著名历史事件

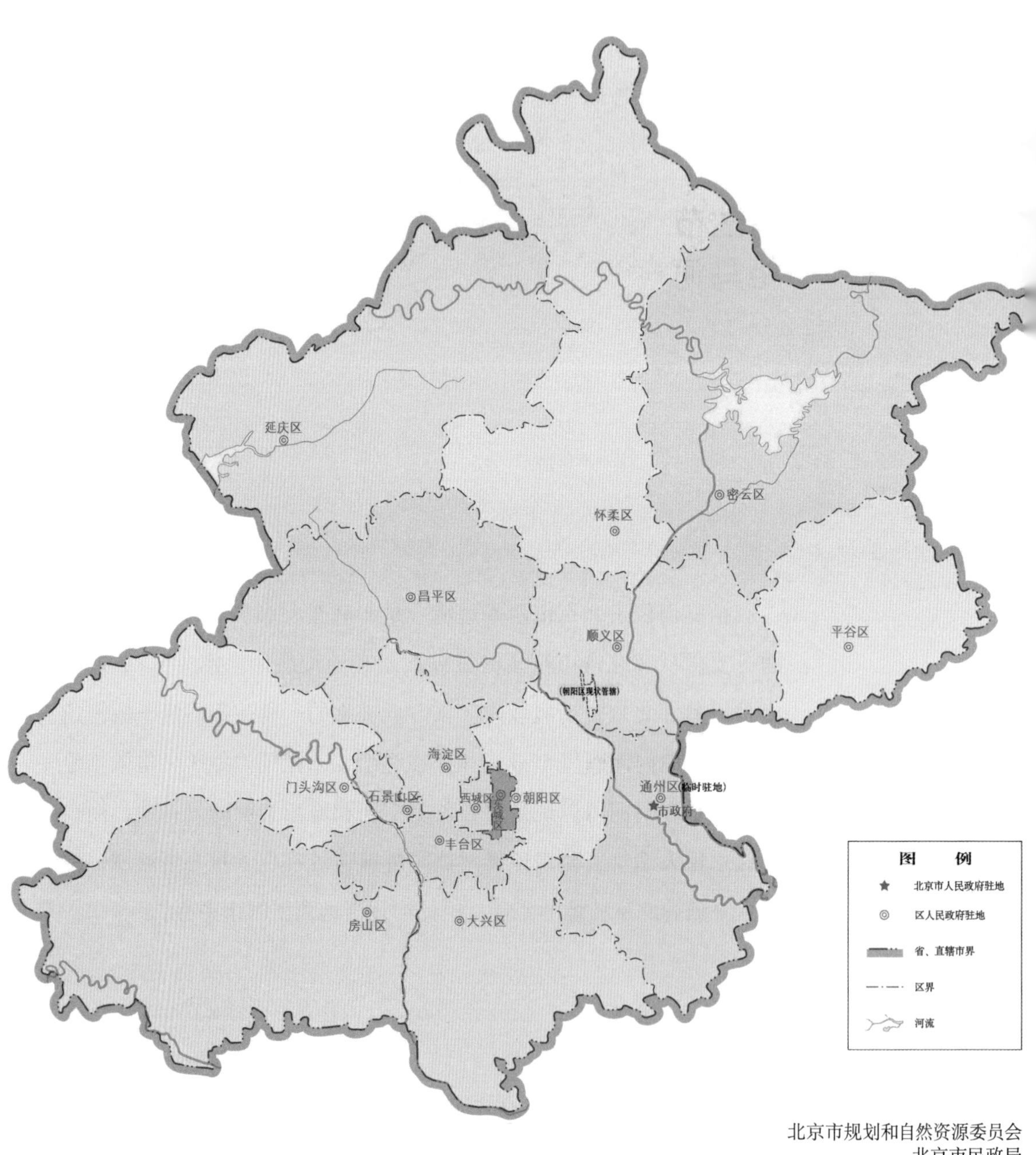

《北京市行政区域界线基础地理底图》

来给河流命名。拒马河最早名为“涞水”，因其发源于涞山，后改名为“巨马”，是因为河水在峡谷中激荡轰鸣，如巨马奔腾嘶鸣。西晋年间，北方羯族将领石勒，率军从太行山攻略河北内地，刘琨率兵以拒马河为天险，抗拒入侵兵马，此后，巨马河改称为“拒马河”，《涞水县志》记载：“晋刘琨守此以拒石勒。”另有一种说法是杨六郎在此拒敌，因此名“拒马河”①。

拒马河之源

拒马河发源于河北省涞源县西北太行山麓，涞源县原名为广昌县，因与江西省广昌县重名，后改为涞源县，意为涞水之源。《河北涞源全县地图》中，涞源县境内群山起伏、沟壑纵横，在太行山、恒山、燕山三山交会处，形成了一处盆地，涞源县城就位于其中。在这深山腹地中，群泉涌溢，汇流成拒马河，从山谷之间向东流去。

《水经注》记“巨马河出代郡广昌县涞山”，《水经注疏》记载：“拒马河……二源，俱发涞山，一出广昌县东泰山庙前古塔下，一出县南七山下，至城东南汇合。”另有《畿辅通志·河渠志》载：“拒马河有二源，一为拒马河源，出自广昌县（今涞源）西南三里涞山，流经城南，至城东三里的泉坊村，与涞水源汇；二是涞水源，出自城东一里泰山庙古塔下，东南流至前泉坊村与拒马河相会，统称拒马河。”关于拒马河源，史料中大多记载有二，一是涞源城西南涞山下的拒马河源，一是城东泰山庙的涞源，根据《广昌县志》载，还

① 刘世治：《广昌县志》，明崇祯三年（1630）。

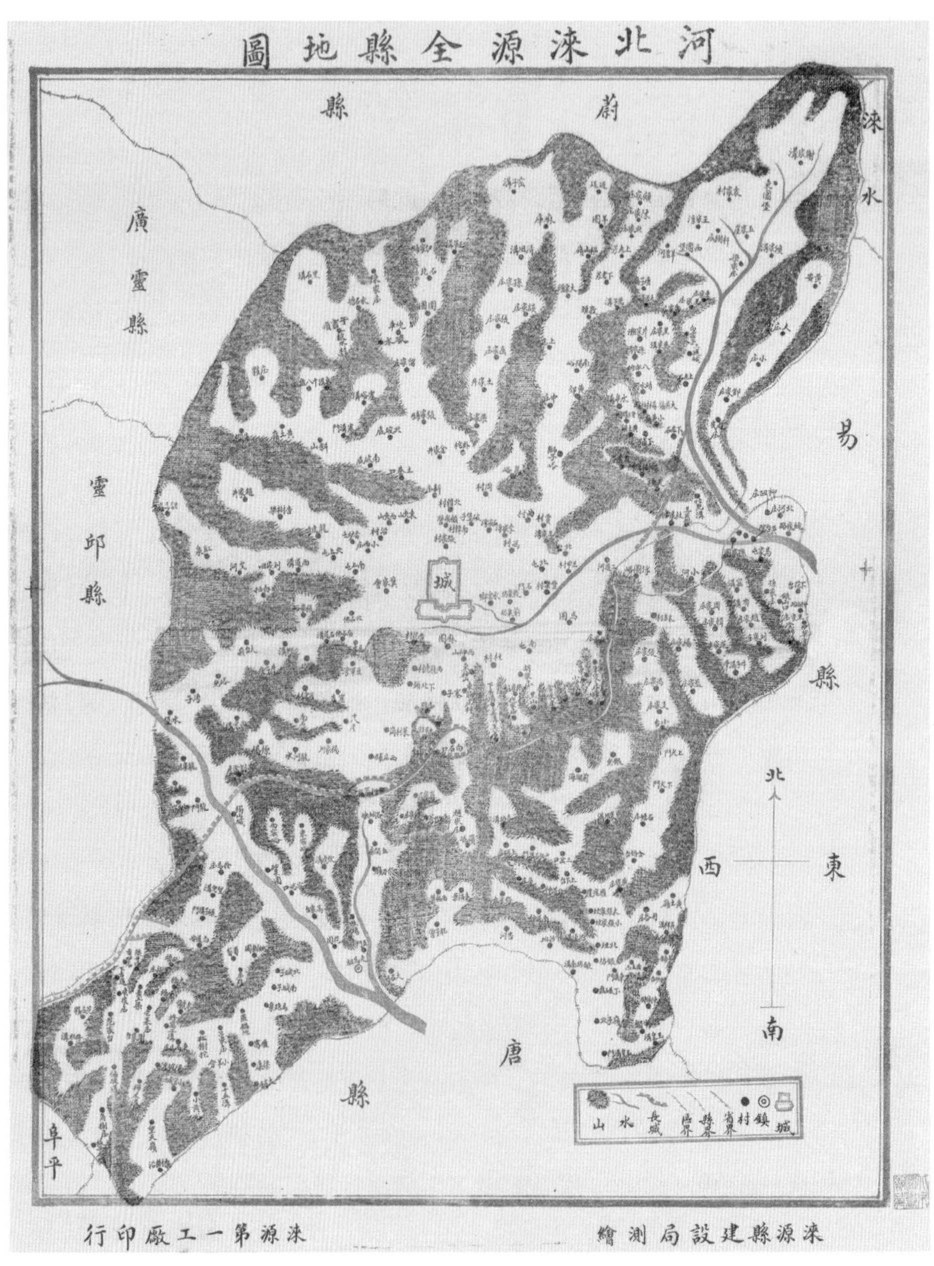

《河北涞源全县地图》

有一源，名为易源，“源发于县南，流入拒马河”。淶、易二源在城东的林间汇合，合流后又东流，再与拒马源水合流。《广昌县志》内《南乡图》[①]中，淶源在城东兴文塔附近，易源在城南，拒马源在城西七山脚下，拒马源与易源向东流淌汇合，之后在前泉坊村附近与南流的淶源汇合，三源合一向东奔去。

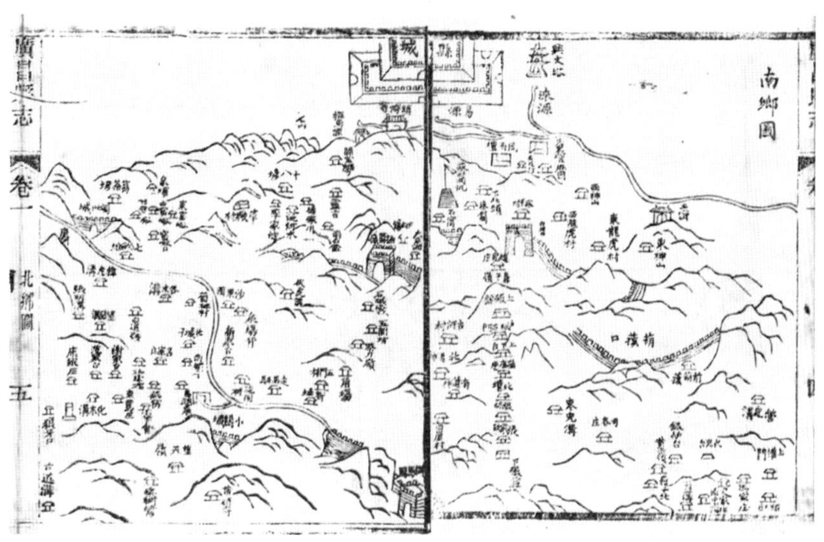

《南乡图》——选自《广昌县志》

拒马源，在城西南淶山脚下。淶山“在县西南三里，七峰相连，相传宋将杨延昭竖旗于上，亦名旗山，其东岗峦秀结，乔松蔚然，上建镇海寺”[②]。《广昌县志》的《南乡图》中，7座山峰并列于城西南，标注为“七山”，一条河流从山脚下蜿蜒而出，标注为“拒

① 刘荣：《广昌县志》，清光绪元年（1875）。

② 刘荣：《广昌县志》，清光绪元年（1875）。

马源”，拒马源又名马刨泉，传说此泉为杨六郎的战马刨出。涞山上建有古刹镇海寺，涞源古十二景之一“镇海晚霞”，就是指傍晚时分，在晚霞烘托下的“七山”、镇海寺之美景。有诗云：“晚来一带落霞烘，寺建南山在望中。七帜峰排开赤嶂，半林树醉染丹枫。烟光黯淡飞孤鹜，笠影歌斜送牧童。暮景最宜闲眺处，夕阳常照满城红。”《广昌县志》内有《镇海晚霞》[①]图，图中可见“七山”脚下农田旁有一眼拒马泉，此为拒马河源泉之一。

涞源，在涞源县城东泰山宫。泰山宫是一座道教庙宇，内有始建于唐天宝三年（744）的兴文塔，又称为东塔。在泰山宫下，有

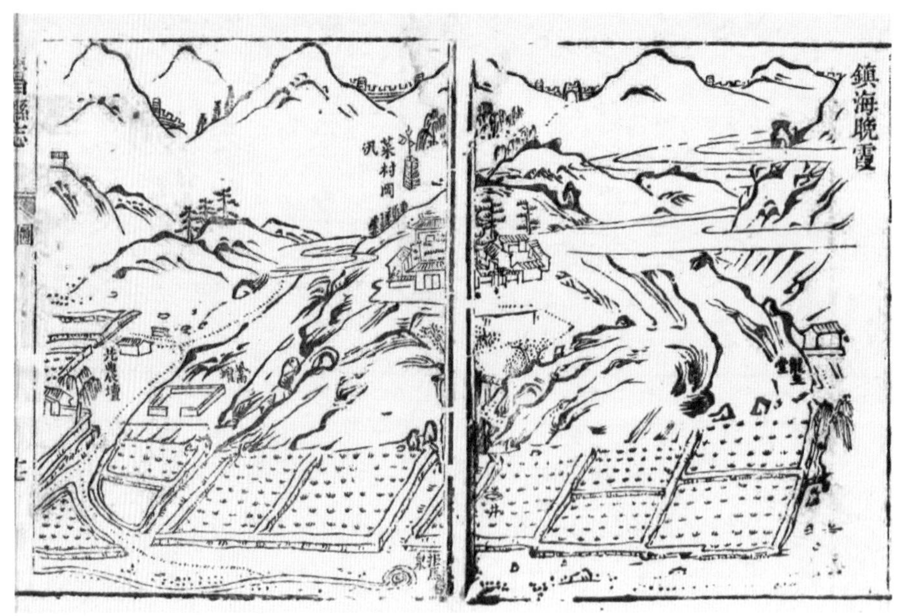

《镇海晚霞》——选自《广昌县志》

① 刘荣：《广昌县志》，清光绪元年（1875）。

泉水涌出地面，《广昌县志》内《东塔松涛》[1]图中，泰山宫左侧的龙王庙前，一眼泉涌出，标注为“涞源”，泰山宫内另有两眼泉水与之合。

易源，在涞源城南偏东，现称为南关泉，辟有南关泉公园。

拒马河水源为泉水，从县志图中也可以看出，三处源头又有多个泉眼，其实除了这三处泉水群外，还有多处泉水汇入拒马河。据载，涞源县泉如繁星，曾达 102 眼或者更多，这些泉水被划分为七大泉群：北海泉、南关泉、旗山泉、泉坊泉、杜村泉、石门泉、石门南泉。其中，北海泉、南关泉、旗山泉分别就是涞源、易源和拒马源。

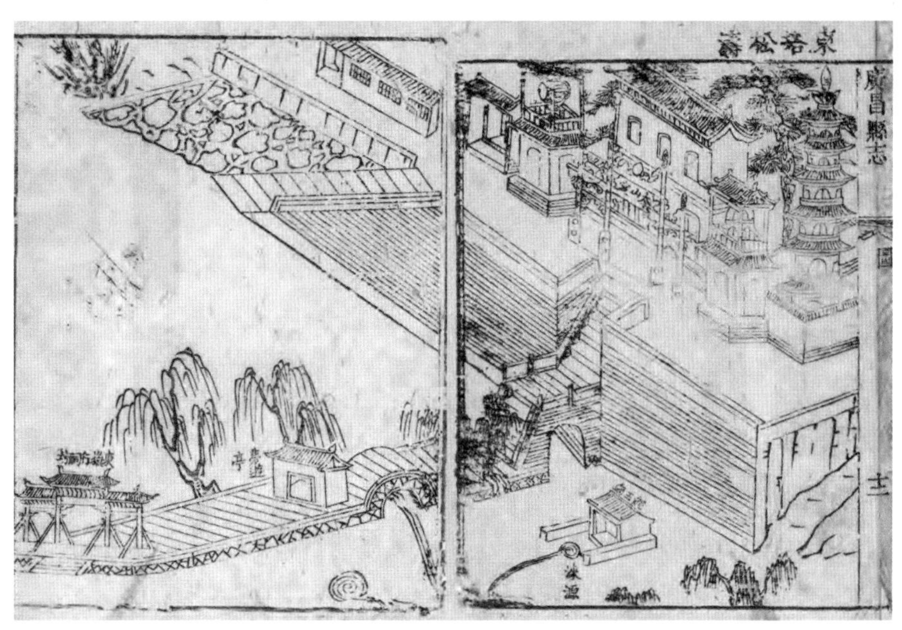

《东塔松涛》——选自《广昌县志》

① 刘荣：《广昌县志》，清光绪元年（1875）。

拒马源

拒马河干流

拒马河发源于太行山腹地，上游在太行山山谷中激荡，一路潺潺滔滔，水流湍急，所经之地坡陡谷宽，流经涞源、易县、涞水、房山，自房山张坊流出山谷，进入平原，一支经涞水、一支绕涿州，合各地支流后，又南下在定兴合为一处，入大清河。

拒马河源出涞源县城后，向东流，其间有乌龙河、小西河汇入，在黄岩头村进入易县北境，向东流经中国九大名关之一的紫荆关，紫荆关居紫荆岭上，高山万仞，大河滔滔，雄伟险要。紫荆关水自西北而来，入拒马河。

过紫荆关后拒马河向北在南城司进入涞水县，流至野三坡，在太行山脉和燕山山脉的交会处，拒马河呈“M”形流淌，两岸群峰崛立，怪石峥嵘，拒马河水清澈见底，时缓时急，拒马河与两岸群山形成一处风景名胜之地，在此有紫石口沟汇入。

过野三坡后，拒马河曲折蜿蜒，在大沙地流入北京房山境内，在山峡内迂回流淌，即今著名的十渡风景区。古代的拒马河水很大，河上不能架桥，每拐一个大弯进一个村庄就有一个渡口，十渡也就由此而得名。流至张坊，出山峡进入平原，在此分为两支，一支向南称为南拒马河，也有称西拒马河，一支向东，称北拒马河，也有称东拒马河。

北拒马河向东南流入涿州后，向北绕过涿州城后向东，在涿州城北，有胡良河汇入，在城东北有琉璃河和小清河汇入，之后称为白沟河，白沟河一路向南奔流入南拒马河。南拒马河向南流入涞水县、定兴县，途中合北易水河、中易水河，之后在白沟镇与白沟河汇合后入大清河。

拒马河支流

拒马河源头虽泉眼密布，但水量并不大，泉水自上而下，流入太行山山脉大峡谷后，由西向东，两岸沿途山间小溪不断汇入后，拒马河水渐宽，又因所经之地坡陡谷窄，故水流异常凶猛。

在拒马河上游，入房山境内之前，有乌龙河、小西河、紫荆关水等汇入，入房山境后，有马鞍沟、千河口北沟、千河口东沟等汇入。

拒马河从锁崖关分为两支，一支向南，称为南拒马河，南拒马河流经涞水、定兴县，途中纳入来自涞水、易县西北山区的多支河流。《易涞定河道名目图》绘制了易县、涞水、定兴三地河流汇入南

《易涞定河道名目图》

拒马河的情况，并贴签用文字详细说明各河流来源及现状。图中南拒马河支流自北向南有清水河、秋兰河、迎紫河、北易水河、中易水河。秋兰河“自县属洛平山下发源”。迎紫河“发源洪崖山”。北易水河，古濡水，“发源孟津岭，上游约有三十余里系属禁地，此水顺流至州西关即渗入沙滩，伏而不见，发源处亦干涸无水”。中易水河“发源鸭嘴沟，距城六十余里，自州属于底村出境入定兴县平岗村，计九十余里，俱系一片沙滩，并无堤岸，现在间断干涸无水”。

北拒马河向东流经房山、涿州，之后向南，途中有胡良河、大石河、牤牛河汇入。从光绪年间《畿辅舆图》内《房山县图》《良乡图》《涿州图》《宛平图》可见北拒马河各支流发源及汇入情况。

胡良河发源于房山，在房山境内由南泉水河、北泉水河汇合，

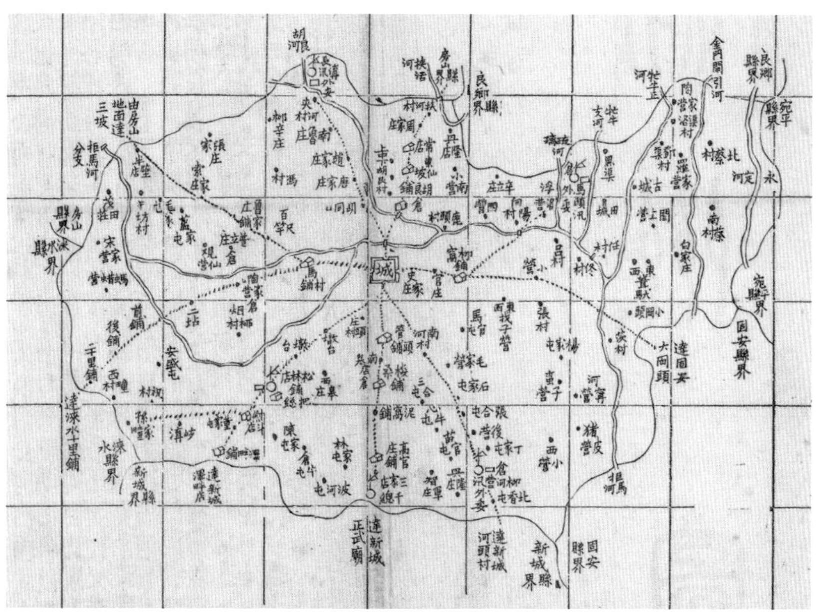

《涿州图》——选自《畿辅舆图》

《房山县图》——选自《畿辅舆图》

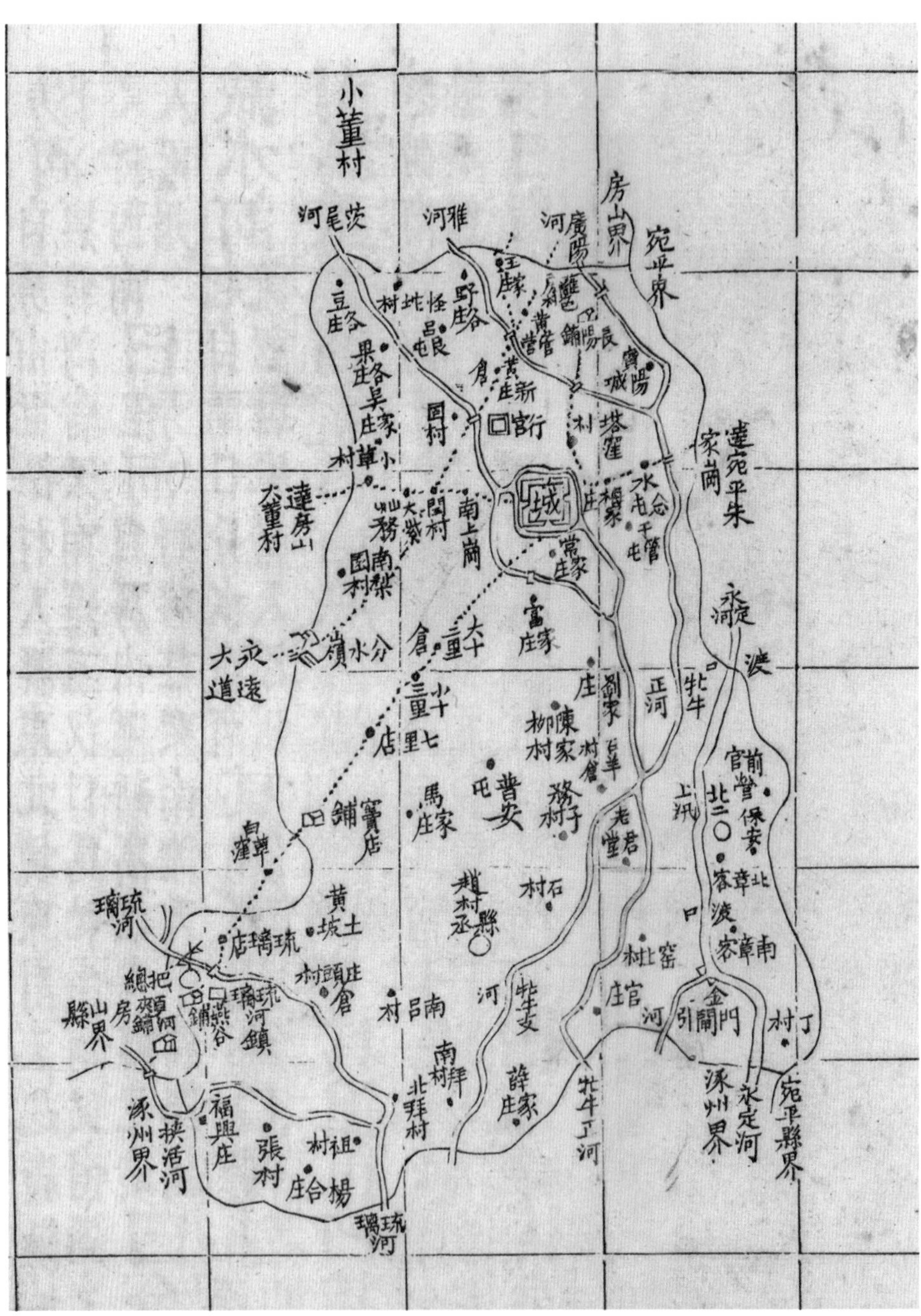

《良乡图》——选自《畿辅舆图》

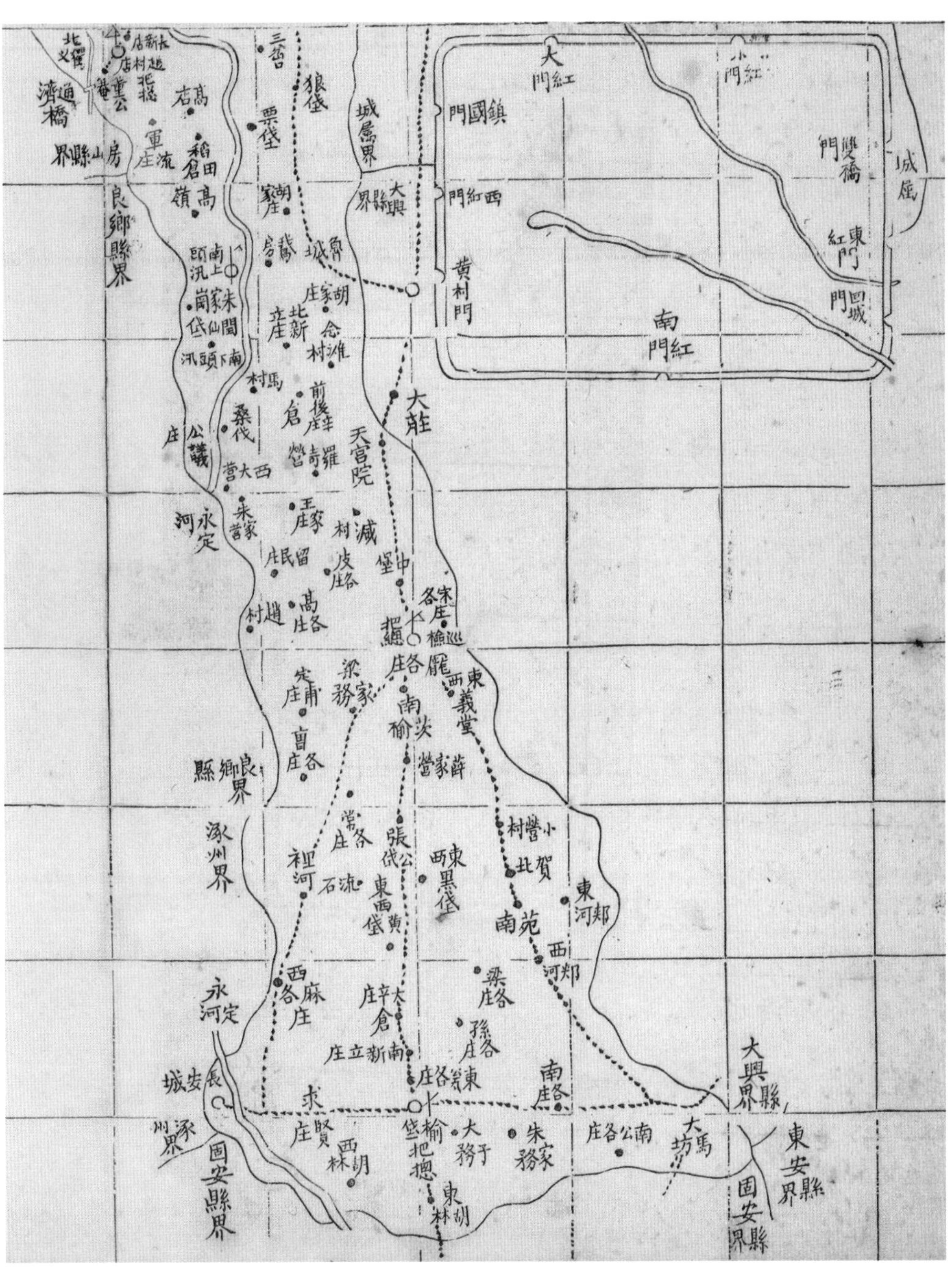

《宛平图》——选自《畿辅舆图》

据《涿州志》记载，胡良河上游多为泉水，水量充沛，冬不结冰。

大石河，古称圣水，又称琉璃河，后称大石河。据《房山区水利志》记载，该河道自坨里出山至县城东北马各庄段长约8公里，均为砂卵石覆盖，洪水过后，河水潜入地下，砂石裸露，形成一条地下河，“大石河”即由此得名。大石河源出房山西北端的圣水峪，其源头有两支，一支出自房山西境百花山麓，一支出自霞云岭西部，两支在佛子庄汇合，河道在山谷间曲折向东，聚山间各条溪水，包括丁家洼河、东沙河、周口店河、司马台水等30多条，经霞云岭、班各庄、河北等乡，在坨里乡辛开口村出山。折转向南进入平原，经坨里乡、城关镇、紫草坞乡、窦店镇、石楼镇，在琉璃河地区转而向东，到祖村向南出境，入河北涿州马头镇入北拒马河。大石河虽然是拒马河支流，但在房山县境内，大石河源流最广，“占全县百分之六十”。

小清河，发源于丰台长辛店西北部，与永定河并流南行，流经房山的长阳、葫芦垡、官道、窑上、南召等地，在河北涿州码头镇以南汇入拒马河。上游有支流牤牛河，此牤牛河与河北霸州流入大清河的牤牛河非同一条。

拒马河与北京

拒马河虽然盘踞于北京西南境，在北京境内流长仅57.3公里，但拒马河却是北京人类文明和城市文明的发祥地，周口店北京猿人遗址、西周琉璃河燕国都城遗址都位于拒马河流域。

周口店北京猿人遗址在北京房山周口店村西，拒马河支流周口店河从此处流过。1929年我国古生物学家裴文中在这里发现了古猿

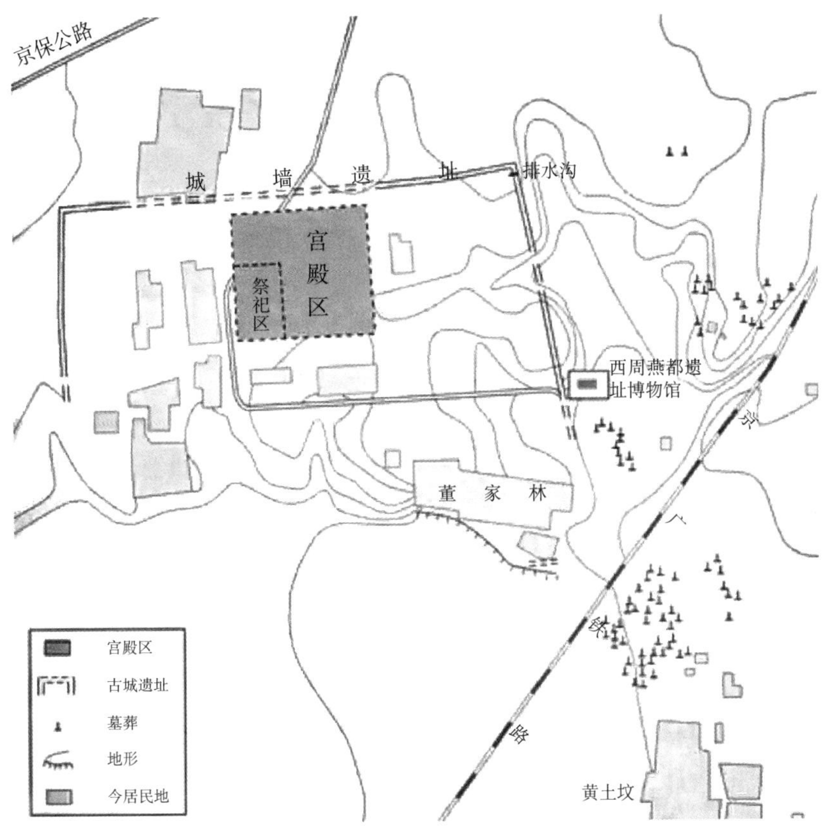

《琉璃河遗址平面示意图》

人化石，被命名为北京猿人，之后又发现了山顶洞人、新洞人遗址。周口店北京猿人可以说是中华民族的祖先，而拒马河流域则可以说是中华民族文化的摇篮。

琉璃河遗址位于北京房山琉璃河镇董家林村，在拒马河支流琉璃河北，是约公元前 1045 年西周燕国的初始国都所在地。琉璃河遗址出土的大量文物记载了周王褒扬太保、册封燕侯和授民疆土的大量史实，为“周王封燕”提供了宝贵资料与依据，证实了该遗址是我国周代重要诸侯国——燕国的早期都城所在地，印证了西周初年周王朝“广封诸侯，以藩屏周”这一重要历史史实，也是北京建城最早的见证。琉璃河遗址中挖掘发现的古城址，将北京的建城史上溯至 3000 多年前。

第七章

北京内外城水系

第一节
历史变迁

水系之于一座城市到底有多重要？也许北京城可以给出确定的答案。在漫长的中国历史上，因河道改变命运的城市有很多。临河而兴，因河而繁，成为很多运河沿岸城市的缩影。作为帝国的核心，都城对水的依赖要更加强烈。帝国的都城，承载更多的人口，需要更多的水源供应城市运转。畅通无阻的河道，同样还是京师物资运送的重要通道。这些河道像心脏的动脉血管一样，源源不断地为都城提供必需保障。河流水系又是一座城市灵动的生命，为皇家园林注入了灵魂。围绕水系，城市园林在京师西郊集中分布。哪座园林都希望自己和水的关系更近一些。河道水系还是都城防御体系的重要组成部分，城墙与城河组成的都城防御体系，继承了上千年的防御传统，让人觉得安全而踏实。这就是河流水系之于都城的意义。正因为河流水系如此重要，所以在北京城成为都城之前，因临河而成为都城选址的城市早已出现。隋大业元年（605），隋炀帝迁都洛阳城。隋炀帝抛弃了位于八百里秦川核心位置的大兴城，远离了隋朝贵族统治的核心地区，执意将都城迁到东部的洛阳。作为大运河枢纽的洛阳城是隋炀帝心中最完美的帝都模样。洛阳城北接永济渠、南连通济渠，富庶的江南为国家中枢提供源源不断的财富物资。同时，沿运河北上又可以保卫隋朝的北部边疆。隋唐时期，作为东都的洛阳城与国家的命运息息相关。北宋东京汴梁城也是一座命运直接与运河相连的都城。俗话说“汴河通，开封兴；汴河废，开封衰”就是这个道理。

金代

在莲花池水系上建立的城市，从周代的蓟城，一直发展到金代的中都城。金朝把这座城市作为都城，是一个划时代的事情，北京城 800 多年的建都史，就是从金朝开始的。金贞元元年（1153），金正式迁都燕京，并在辽南京城的基础上扩建金中都。辽南京北城墙在今白云观北侧，东城墙在今宣武门法源寺东侧，南城墙在今右安门西街，西城墙在白云观西侧。1151 年，金帝完颜亮向东、西、南三面扩建旧城，东南角在今永定门火车站西南、东北角在今宣武门内翠花街、西北角在今军事博物馆南黄亭子、西南角在今丰台区凤凰嘴村西南角。

金中都西邻莲花池，城市用水主要依靠莲花池水系，一方面引西湖（莲花池）水入护城濠环绕全城，另一方面，将洗马沟（莲花河）上游一段圈入城中，成为城内水系的一部分，洗马沟从彰义门北入城后东流南折，在原辽南京城的显义门北分为两支，西支作为城市居民生活用水，继续南流后向东，从南城墙水关出城，东支向东，专供宫苑用水，穿同乐园、鱼藻池后与西支汇合后出城。对于金中都，莲花池水系承担着防护屏障、城市饮水、宫苑造景三重功能。

金代，高梁河—积水潭水系离都城较远，未作为都城用水。金大定十九年（1179），金世宗在中都城东北，借高梁河、积水潭兴建皇家离宫，初名大宁宫，后改名为寿宁宫、万宁宫。

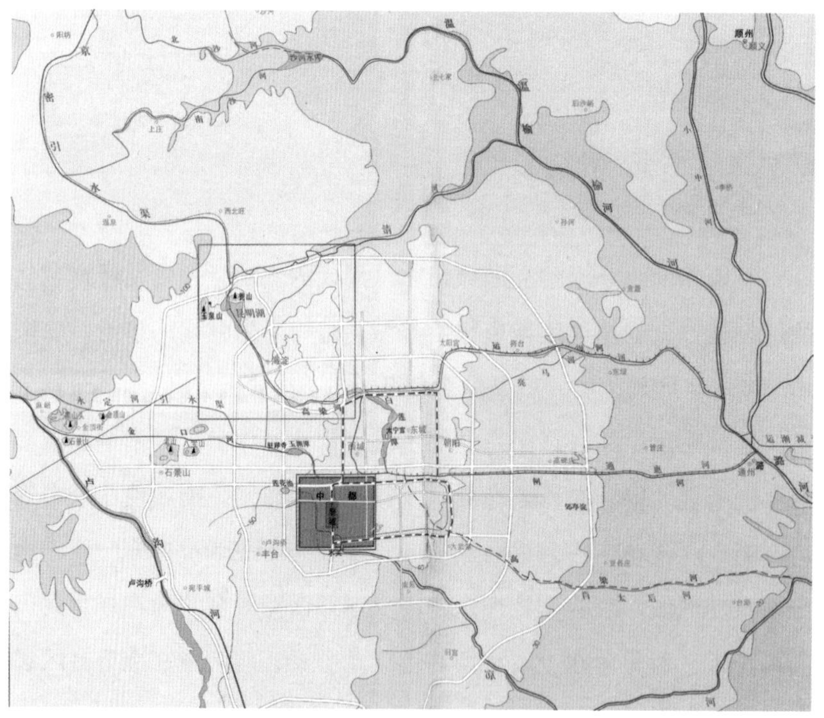

《金中都周边水系图》[①]

① 侯仁之主编：《北京历史地图集·人文生态卷》，北京：文津出版社，2013 年。

元代

元至元元年（1264），忽必烈决定迁都燕京，最初打算沿用金中都旧城，但三年之后，又决定放弃中都，选中都东北郊，另建筑新城。“八月，刘秉忠请定与燕，主从之。诏营城池及宫室，仍号为中都”，“始于中都之东北，置今城而迁都焉”。元世祖忽必烈最后放弃中都，另建新城的原因，众说纷纭，主要有三种：一种是星占学家卜算旧中都将来会发生叛乱；一种是说旧中都城毁于战火，破败荒废，忽必烈不肯住城里；还有一种说法见于《墙东类稿》，旧中都城“土泉疏恶”，莲花池水系污染严重，水量也不足，不能满足新都城的用水需求。前两种说法或许多少影响了忽必烈的决定，但毋庸置疑，水源作为一个城市最基本也是最重要的存在，完全可以决定城市的选址。

金中都城东北郊的高梁河—积水潭水系，河流通畅、湖面宽广，既可以满足城市饮水的需求，又能用作宫廷林苑用水，因此忽必烈选择以此处为中心，新建元大都。元至元四年（1267）元大都开工建设，元至元十三年（1276）建成。除了考虑城市生活用水外，忽必烈还命郭守敬设计了漕运航道。因此经过多年的设计改造，以及通惠河、金水河的开挖，元大都城内形成两条主要的河道水系：一条是由高梁河、海子、通惠河构成的漕运系统；另一条是由金水河、太液池构成的宫苑用水系统。

高梁河由城西和义门以北入城，汇入海子，从海子引出两支，一支从海子向东，从光熙门南出城，直至温榆河，称为坝河，一支

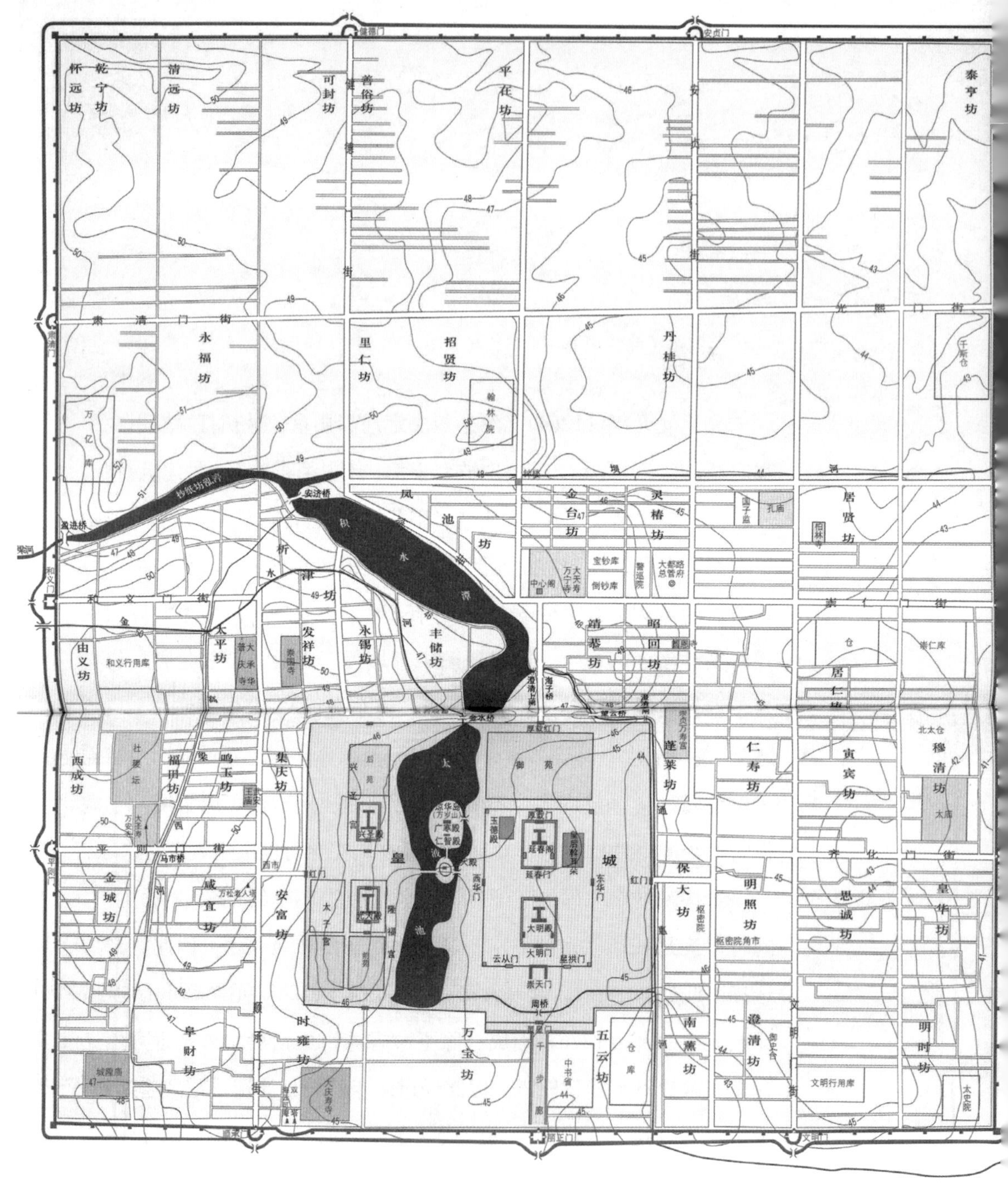

《元大都水系图》[①]

① 侯仁之主编：《北京历史地图集·人文生态卷》，北京：文津出版社，2013年。

从海子南部经澄清闸海子桥往东折向南，沿皇城东墙流至丽正门东水关到城外后转向东，抵达今通州，称为通惠河。

金水河自和义门南入城后向东流，沿今柳巷胡同至北沟沿而南折，过马市桥，至今前泥洼胡同西口转向东流，再转南折东，过甘石桥，流至今灵境胡同西口内，自此分为两支：北支沿今东斜街向东北流，至今西黄城根后，直向北流，在今毛家湾胡同东口处转向东流，经北海公园万佛楼以北、九龙壁西南，向东而注入太液池（今北海）；南支自今灵境胡同一直往东，过今府右街而注入太液池（今中海），后自太液池东岸流出，一直向东注入通惠河。

积水潭广阔的水面被分割为二，南部湖泊被围进皇城，取名为太液池，在此建造宫廷御苑，太液池东为宫城，即大内，太液池西建有隆福宫、兴胜宫，太液池中心小岛称为万寿山，上建有亭台楼阁。积水潭北部湖面作为漕运的终点，东北岸成为大都城最大、最繁华的商业区。

明清

明永乐四年（1406），明成祖在元大都的基础上改建都城，明永乐十八年（1420），全新的北京城建设完成，形成宫殿、皇城、大城三重城墙，新建的北京城较元大都整体向南偏移，北城墙移至积水潭北，南城墙移至今前三门一线。为加强城防，明嘉靖三十二年(1553)开始修筑外城，但因财力不足，只修筑了南郊外城，最终北京城形成了“凸”字形格局。

新城的建设也使得城市水系发生了巨大的改变。明初改建大城北墙，城墙从西直门以北斜向东北，穿过积水潭上游水面最窄处，转向正东，将积水潭分切成两部分，并在德胜门西建有水关，作为引水入城的唯一孔道，引玉泉山水入积水潭，供应城市及宫苑用水。元大都为了满足皇城宫廷用水，曾在西郊开挖了一条专用引水河道——金水河，并于大都和义水门入城，明朝则完全废弃了元西郊的金水河故道，仅保留了城内的金水河。另外，由于城市南移及外城的修筑，将原在城外的通惠河包入城中，皇城内通惠河不能通航，积水潭不再是漕运的终点。

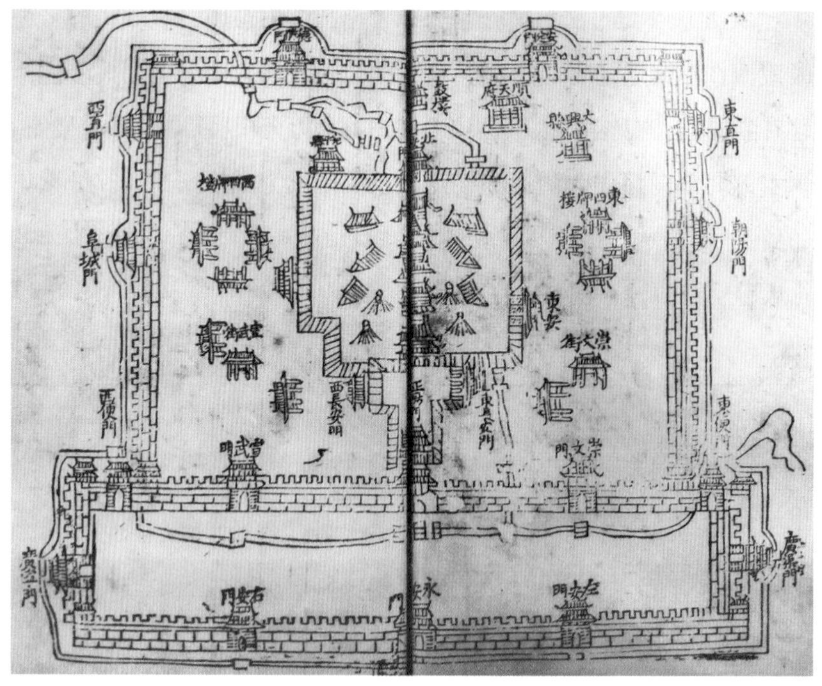

《金门图》——选自《顺天府志》

清代的北京城，基本沿用明代北京城的基础，整个城市布局无变化。城墙之内，居民众多。城市日常生活需要供水，也需要排水。由玉泉山引入城内的水系，解决了京师供水的问题。城内河道怎样布局，才能保证京师百姓正常生活、京师物资正常运转，还有紫禁城及内城皇家园林的用水，必须全面考虑。经过金、元、明、清的建设，京师内外城的河道已经十分完备。

玉泉山水经长河引入北京城。在京师内城西北角，长河与护城河相连，一部分河水注入护城河。而长河水源的大部分经过德胜门西侧的松林闸，注入积水潭。积水潭向南流，经过德胜桥、李广桥、三转桥、西不压桥，进入皇城。河流在皇城北墙南侧分为两路：一路沿先蚕坛东，经卧虎桥、鸳鸯桥，沿景山西墙一线，注入北筒子河。另一路由皇城北墙经北海闸，流入北海。经由北海、中南海，出南海下闸门，经织女桥，汇入西筒子河。水道继续向东，流经天安门、牛郎桥，与东筒子河相汇。这条河道是紫禁城的供水来源，也是太液池的主要水源。

积水潭水南流的另一条路线向东南流，经什刹海、地安门桥、东不压桥一线，进入皇城。进入皇城的河道向东，再向南，沿东黄城根平板桥、骑河楼桥、安子桥、北平桥、望恩桥、南平桥一线，到达崇文门东侧水津门，然后汇入外城河道。这条河道是积水潭、什刹海的排水干渠，也是紫禁城及城北居民的排水渠。

内城西部的主河道是西沟沿。长河引西山之水入西直门水关，向东流至虹桥再向南，经马市桥、太平桥，到宣武门西侧象房桥流入外城河道。这条河道也是内城西部居民的排水渠。另外两条南北向的河道属于护城河体系，沿内城东西城墙流入外城河道。西路河道由西直门内向南，经阜成门流入太平湖。出太平湖，汇入外城河

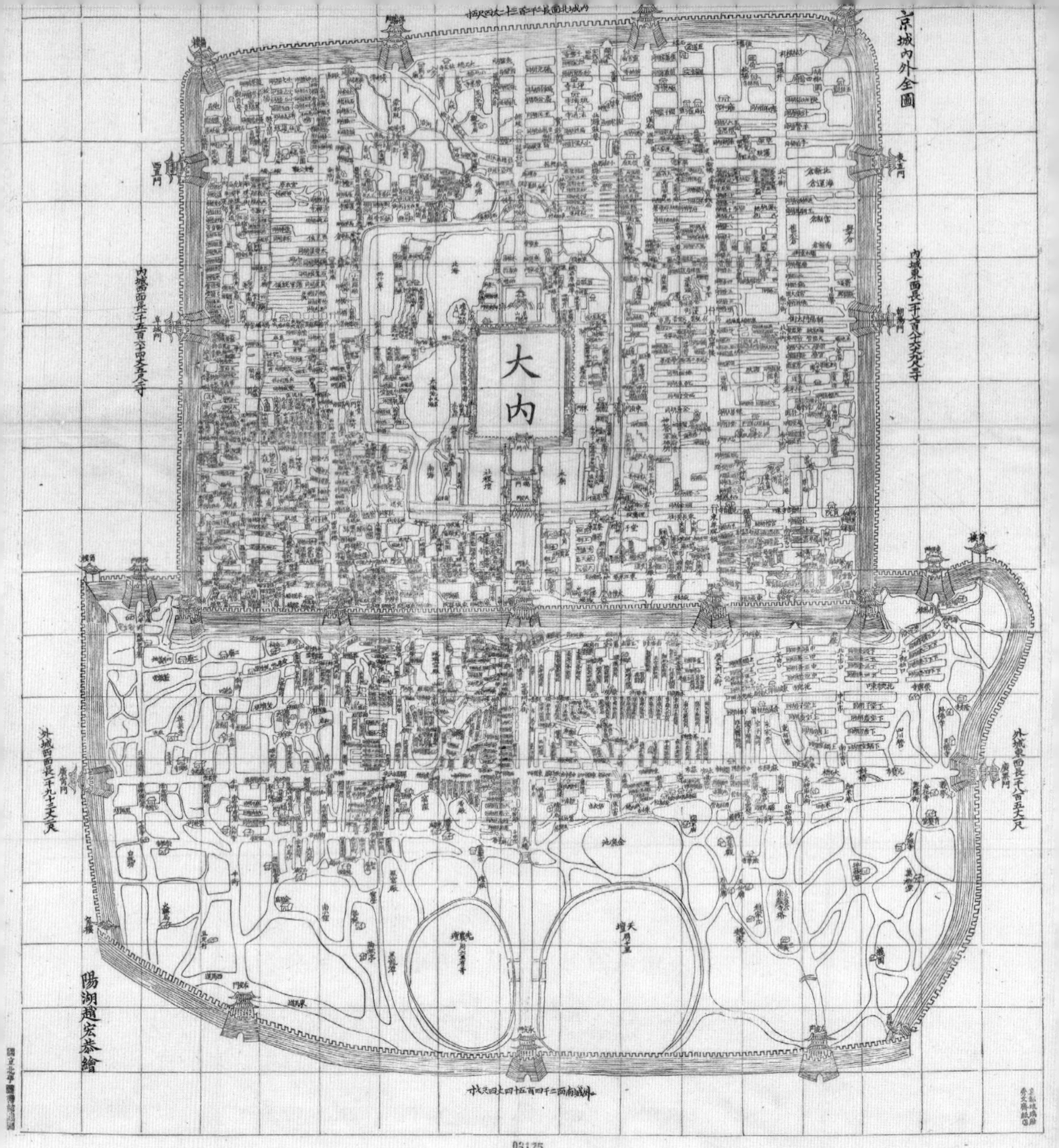

《京城内外全图》

道。东路护城河水由安定门引入，经东城墙东直门、朝阳门一线之后，流入泡子河。出泡子河，汇入外城河道。在这 5 条主河道的两侧，是大大小小的沟渠。这些引水河道和排水沟好像城市的毛细血管，支撑着城内百姓的日常生活用水。

第二节
水系脉络

后三海水系

旧时京城中面积较大的水域集中在皇城西北部，被称为“海”，包括南海、中海、北海组成的“前三海”和前海、后海和西海（积水潭）组成的“后三海”。积水潭原是永定河故道，后因洼地积水和地下水出流汇集而成，当时的范围比今天大得多。元代以这一水域建设大都城，从而使积水潭全部纳入城中，通惠河开通后，积水潭既是供水水库，又是漕运终点码头。明初新建北平城北墙后，将积水潭西北段隔于城外。城内部分，因水源短缺，逐渐萎缩成三个小湖，分别为前海、后海和西海。三海相连的窄道处建有两座桥（德胜桥和银锭桥）互通对岸。以德胜桥为界，西侧水系被称为积水潭，东侧水系为什刹海。《日下旧闻考》中记载积水潭“自明初改筑京城，与运河一分为二，积土日高，舟楫不至，是潭之宽广，已非旧观”。积水潭的水位下降后，与什刹海分成两片水域，中间由细长的河道相连。清乾隆十五年（1750）绘制的《乾隆京城全图》第一排至第四排，详细绘出了积水潭、什刹海水系。

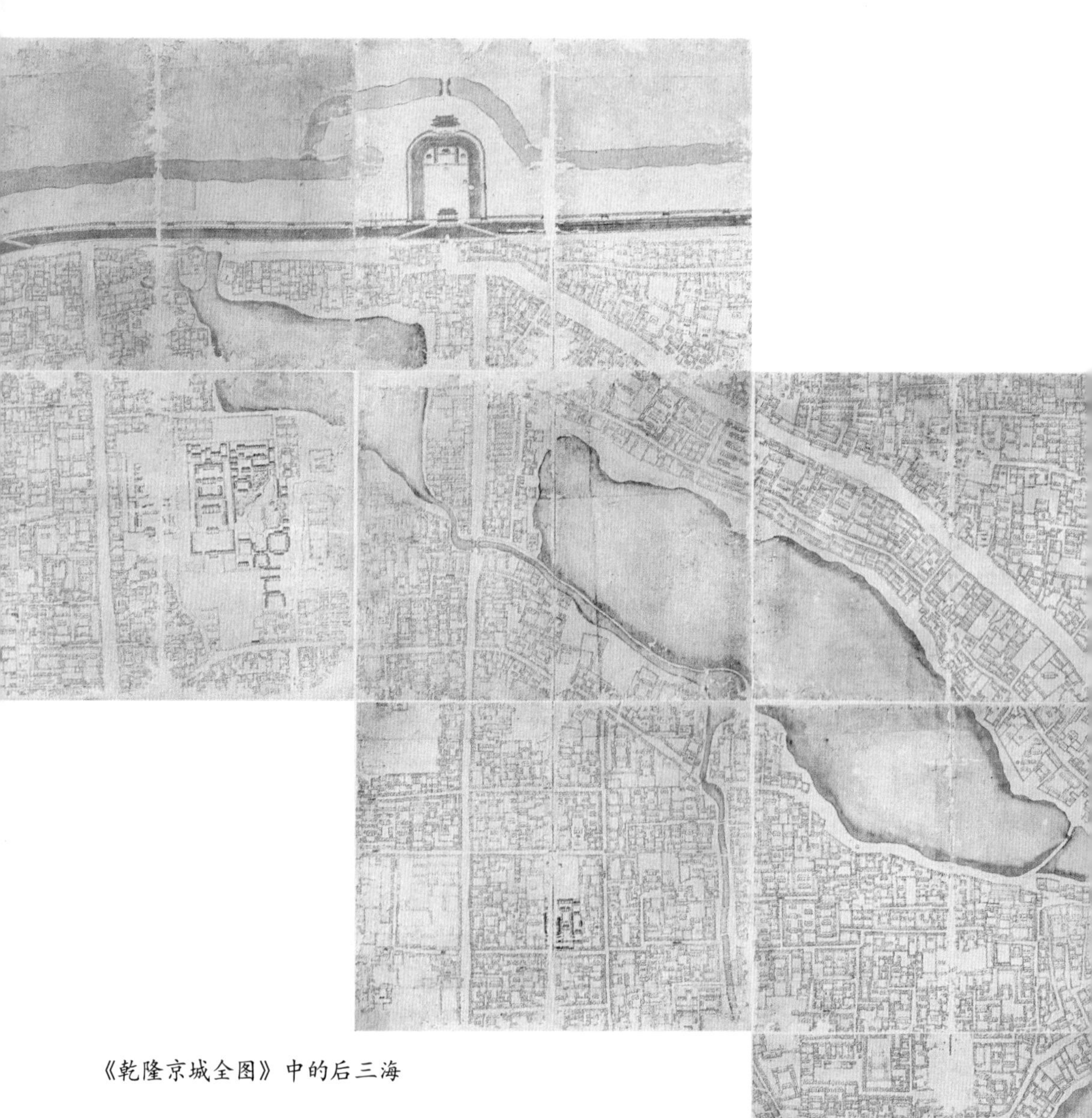

《乾隆京城全图》中的后三海

月牙河

积水潭向南流，经过德胜桥、李广桥、三转桥、西不压桥，在后海的南边形成一道形似弯月的小河，向东南方向蜿蜒，与前海、后海汇合流入北海。那条弯月一般的小河曾被形象地称为“月牙河”。

月牙河的产生没有什么具体的记载，只能根据李广桥的修建时间来推算，大概是在明代中期。月牙河出现的根本原因是因为北京的供水渠道发生了变化。元代郭守敬汇集白浮、玉泉诸泉水，开凿通惠河，使漕运直达北京积水潭。经过明清两代的改造和修葺，仅玉泉水入城，这也是什刹海水域比元大都时期缩小了很多的一个原因。此外，原先的金水河入城的水渠慢慢变成了排水渠，北京的供水由两个渠道变成了一个渠道，都变成由积水潭、什刹海来向皇城宫城供水。为了保障紫禁城的供水，明中期从积水潭德胜桥开辟一条水渠，直接通过这条水渠将积水潭玉泉山的泉水引入皇城，这条水渠就是月牙河。

明清时期，月牙河河水清澈，岸两边多种有杨树和柳树，也称杨柳湾，风光旖旎。清末民初，月牙河年久失修，垃圾滞塞，成了一条臭水沟。民国时期曾改修桥面，改穹隆形为平桥面，桥栏杆改用拆皇城之城砖砌成宇墙平直式。《北京街道详图》中，月牙河两侧街道名为李广桥南街和李广桥西街。20 世纪 50 年代，北京整理城市水系，将月牙河由明渠改建为暗沟，将沿河桥梁全部拆除。60 年代改名柳荫街。

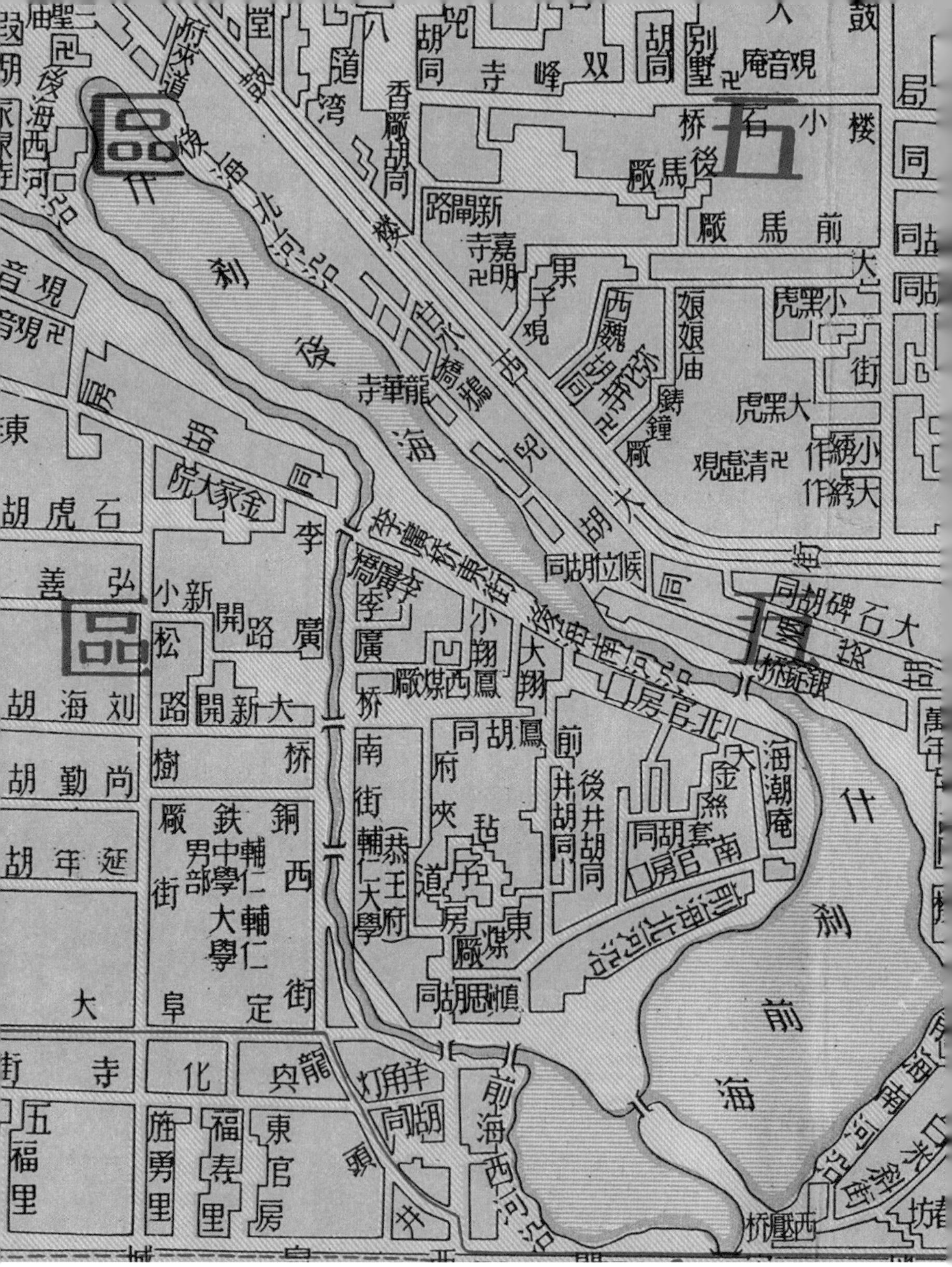

八道湾
香厰胡同
双峰寺胡同
观音庵
别墅
胡同
小石桥
後马厰
前马厰
新開路
嘉明寺
果子观
西魏胡同
娘娘庙
铸鐘厰
小黑虎
大黑虎
清虚观
小綉作
大綉作
龍華寺
侯位胡同
金家大院
石虎胡同
弘善
小新開路
大新開路
刘海胡同
尚勤胡同
延年胡同
銅鉄厰
輔仁大學
李廣桥
李廣桥南街
恭王府
輔仁大學
小翔鳳
大翔鳳
翔鳳胡同
西煤厰
東煤厰
前井胡同
後井胡同
南官房
北官房
海潮庵
大石碑胡同
慎思胡同
羊角灯胡同
前海西河沿
東官房
福寿里
旌勇里
五福里
西壓桥

《北京街道详图》（局部）

御河

御河又称为玉河，是北京“宫城”东侧的一段古河道。始建于元代，由郭守敬于元至元三十年（1293）修建完毕，是漕运进京的通道，元代称为通惠河。白浮泉水从积水潭向东南经澄清闸、地安桥、东不压桥、北河沿、南河沿出皇城，过北御河桥，沿台基厂二条、船板胡同、泡子河入通惠河。

到明代永乐、宣德年间，扩南城皇城后，将通惠河圈入城内。《乾隆京城全图》第四排到第十一排的第五幅图中所绘从什刹海来的水，经东不压桥流入皇城，向南出皇城后，不向东南流，而直向南经今正义路过中御河桥、南御河桥入南濠（前三门护城河），即明代御河，全长 4.8 公里。它是积水潭、什刹海排水的尾闾，进德胜门水关之水，可由御河排泄，是城区中部、北部的排水主干渠。

御河不是很宽，水流也不是很急，但还是在北河沿中段西岸冲出一片沙滩，因而有了“沙滩后街、沙滩巷”等地名。现在南河沿迤西的磁器库、缎库、灯笼库等胡同，是过去漕运为了储存方便，把这些库建在御河旁。

到了民国年间，由于来水日趋减少，御河开始自南往北改成暗沟。新中国成立后，由于什刹海不能经常向御河放水，所以御河常年流淌着污水，环境很差。1953 年开始修建四海下水道，御河在东不压桥被截断，留有直径 50 厘米倒虹吸管，用作什刹海放水冲刷下游河道。

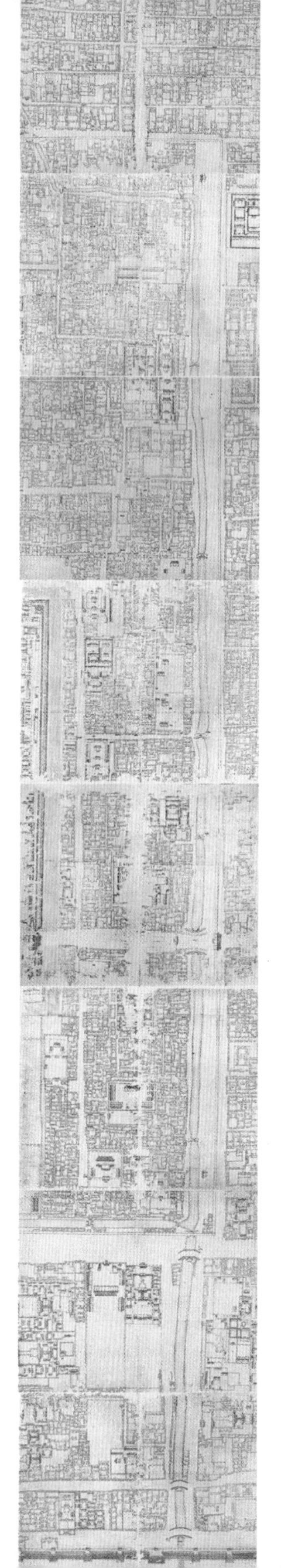

2000年，为保护与北京城历史沿革密切相关的河湖水系，结合地安桥（万宁桥）保护，恢复了御河起端河道，使历经700多年风雨侵蚀、斑驳古老的地安桥重放异彩。2002年《北京历史文化名城保护规划》提出“历史河湖水系的保护”，规划明确玉河作为古代漕运河道，“将玉河上段（什刹海—平安大街）予以恢复”。

2007年，在施工过程中发现了元明时期的玉河古河堤遗迹，市文物研究所随即进场勘探发掘。经过相关部门多次研究以及多位专家学者的反复探讨和论证，2009年5月，玉河历史文化保护工程正式开工。2011年10月，有700余年历史的玉河重新亮相，自万宁桥起至东不压桥止，全长480米，重现了“水穿街巷”的历史景观。

《乾隆京城全图》中的御河（第四排至第十一排之五列）

护城河

在古代中国的防御体系中，有城墙就必有护城河。河与城配伍，成为古代城市一种坚强的防御体系。清朝北京沿用明朝修建的城墙和护城河。明洪武元年（1368），明大军攻占元大都，为便于防守，将元大都北城墙南移，把积水潭西北一区的水面隔在城外，并利用高梁河、积水潭西北部分作为北护城河。明永乐十七年（1419），又将元大都南城墙南移，并开挖新护城河，即前三门护城河。东、西护城河则由原来的护城河分别向南延伸与前三门护城河接通。明嘉靖四十三年（1564），修建了包围南郊的外城，同时挖掘对应的护城河。至此，北京护城河格局初步形成，包括外城护城河、内城护城河和紫禁城护城河。

明清时期，北京护城河的水源主要来自玉泉山及西山诸泉。《畿辅通志》的《京城图》中西山清泉从今天的昆明湖经过长河、高梁河进入内城护城河，分为两支：一支为内城北护城河，称为北支，环绕城由西向东再向南；另一支为内城西护城河，称为西支，环绕城由北向南再向东。北支至德胜门西水关处，又分为两小支：一小支由德胜门入城中，经积水潭、什刹海，入三海、紫禁城护城河、宫中金水河，最后归于玉河，出正阳门东水关，注入内城南护城河；另一小支沿北城墙绕城经东直门、朝阳门，过东便门西水关。西支也分为两小支：一小支绕城墙，经西便门进入内城南护城河；另一小支绕外城墙，经西便门向南，经广安门、永定门、左安门然后向北，至东便门，然后各护城河的水都汇集到东便门，经大通桥，入通惠河。由于地势、地形的不同，内、外城护城河的深度、宽度也都不相同。这一点，在《乾隆京城全图》中也有示意。

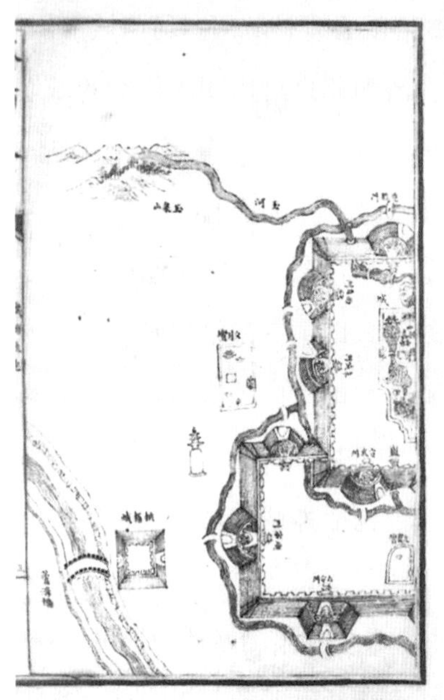

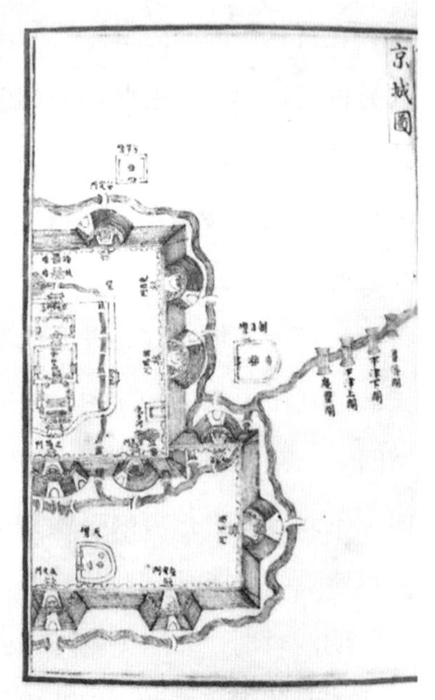

《京城图》——选自《畿辅通志》

新中国成立初期，北京的护城河已经不像之前那么清澈见底了，尤其是前三门护城河，作为唯一一条横穿北京旧城的人工河，随着清末漕运的废止，前三门护城河成了北京最大的排污明渠，又脏又臭。20 世纪五六十年代，北京市着手整治城内水系，疏通东护城河，修建水泥桥，维修被洪水摧毁的内城南护城河的护坡，但都仅仅是修修补补，并没有什么大动作。1965 年，北京地铁修建工程启动，为了保证地铁的安全，防止战时河道炸毁，河水淹没地铁。随着地铁一期工程（也就是地铁一号线）的进行，前三门护城河几乎全部消失，仅余下崇文门以东约2公里。1971年环内城的地铁二期工程开工，内城东西护城河均被埋入地下。

朝阳门以北护城河

1982年，北京市重新编制了城市总体规划，将北京城市河湖定位为观赏河道。此后10年，对北护城河和南护城河进行了综合治理，两岸按规划补充修建了污水截流管，建成水面宽26～40米、带有二层台的复式断面和绿树成荫、风景优美、可供市民休闲的文明河道。

皇城水系

北京内城的地势总体上为西北高、东南低，因此，河流由西北流向东南。来自玉泉山的水源从铁棂闸水关进城，穿过太平桥后流入积水潭，经德胜桥后流入后海，再经银锭桥流入什刹前海。“皇城内河流，四面环绕，由地安门外西步梁桥入者，经景山西门引入，环紫禁城，是为护城河。护城西面之水，自紫禁城西南隅，经流天安门外金水桥，东南注御河，是为外金水河。又西阙门下有地道，引城河水经午门前，至东阙门外，循太庙右垣南流，折向东，注太庙、戟门外筒子河，东南合御河。其由地安门东步梁桥入者，经东安门内望恩桥，注御河。其入紫禁城者，由神武门西地道引护城河水，流入沿西一带，经武英殿、太和门前，是为内金水河。复流经文渊阁前，至三座门，从銮驾库巽方出紫禁城。”①

皇城内水系由地安门外西步梁桥流入，后又分为东西两小支。东小支经北海先蚕坛之东，过画舫斋、濠濮间出西苑（中南海）围墙，变为西板桥明渠，过西板桥、白石桥、景山涵洞、鸳鸯桥后进入筒子河。筒子河又名紫禁城护城河，绕紫禁城一周，下有涵洞相连。紫禁城内内金水河两头接南、北筒子河，全长大约四里。西小支过北闸口入北海，南流从日知阁下闸（今中南海东门）流出，流入织女河，

---

① 侯仁之：《北平金水河考》，出自《历史地理研究：侯仁之自选集》，北京：首都师范大学出版社，2010年，第513页。

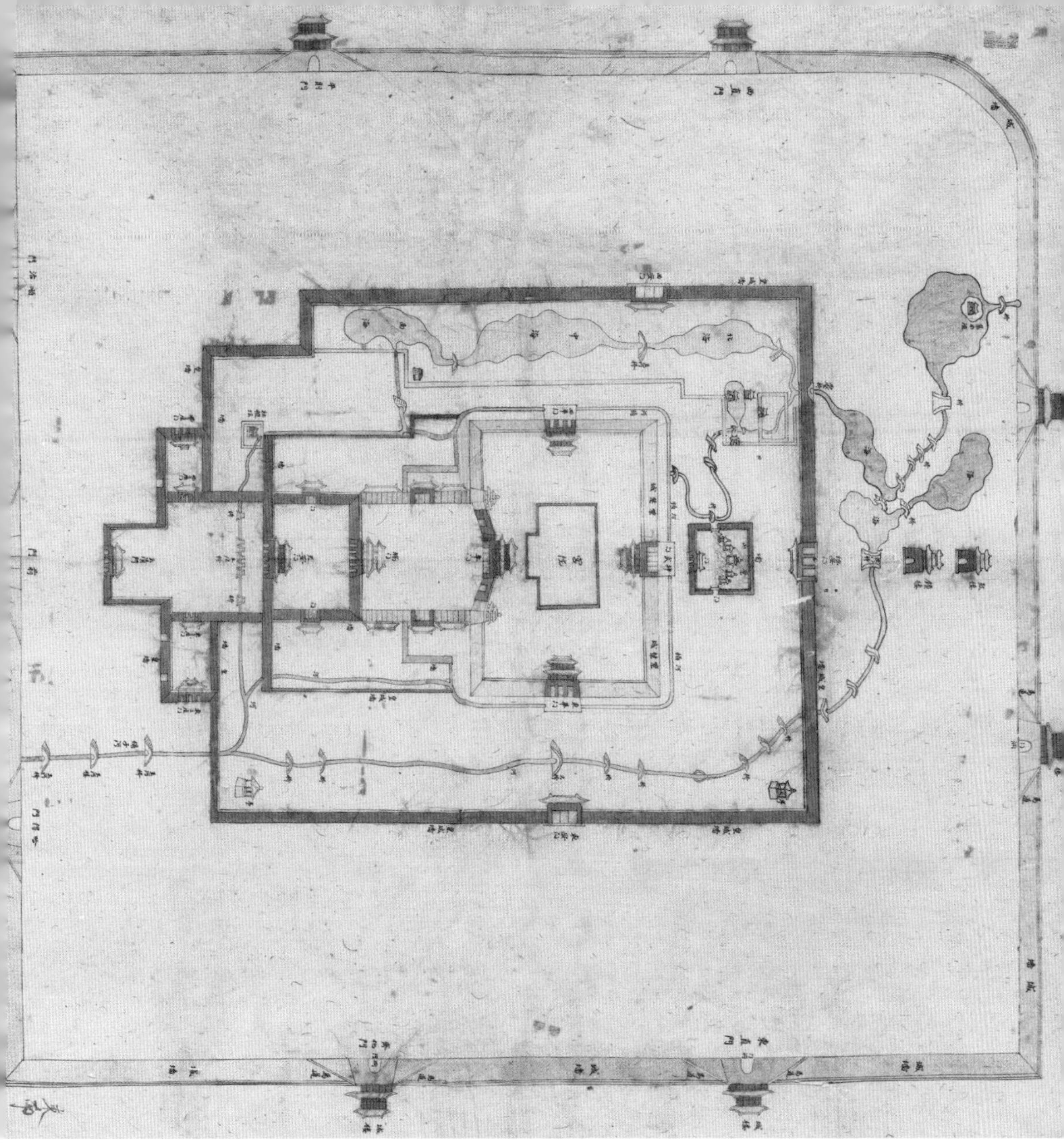

《北京内城图》

从宫城东南隅外南出，东折至承天门（今天安门），穿过承天门前5座汉白玉砌金水桥，向东接菖蒲河，东南注入通惠河流出城外，这条河称为外金水河。

从地图中看皇城水系，最引人注目的就是如明珠穿起来的三海。三海原名太液池，早在金代，此处为大宁宫所在；元代，太液池被辟为宫廷御苑；到明代，在元代的基础上，对太液池及以西加以改造，仍作为皇家御苑，称为西苑。首先在元代太液池南，凿一小湖，即南海，明弘治二年（1489），又将分隔北海与中海的木吊桥改建为石拱桥，雕栏玉砌，石桥东西两端设有牌坊，西曰金鳌，东曰玉蝀，因此石桥名为“金鳌玉蝀桥”。这座石桥将元代的太液池截为两半，北边为北海，南边称中海，与南海并称为“三海”，又称“前三海”；皇城北的前海、后海、西海并称“后三海”。

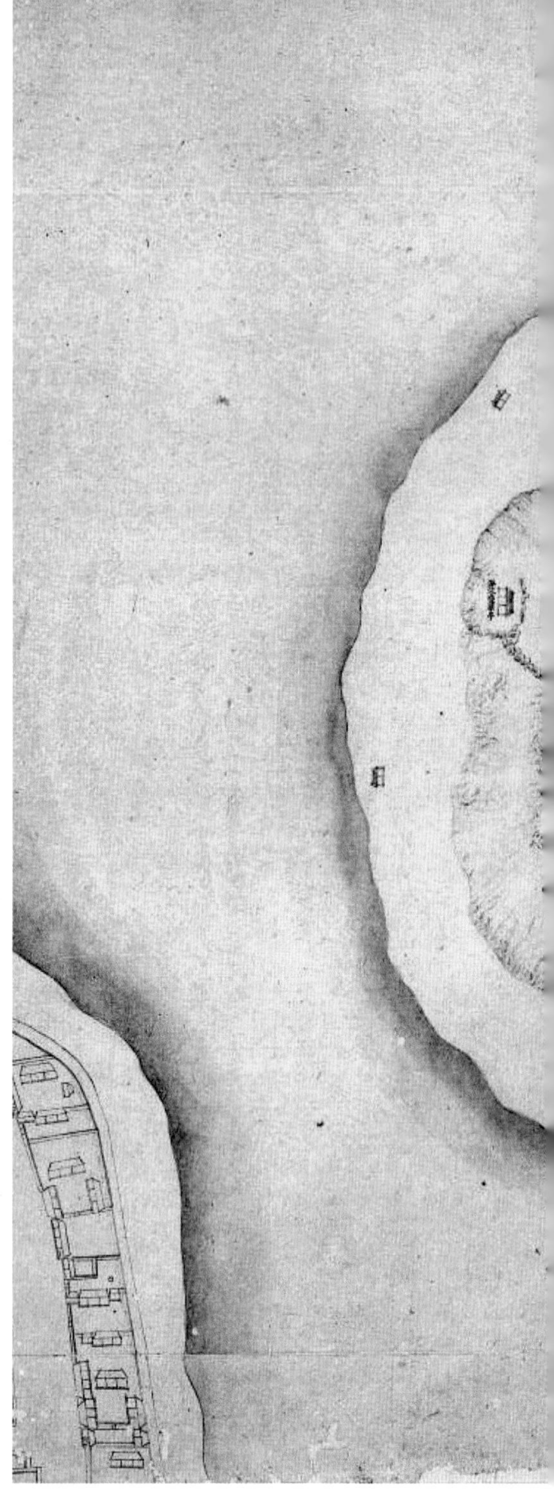

《乾隆京城全图》中的北海及琼华岛

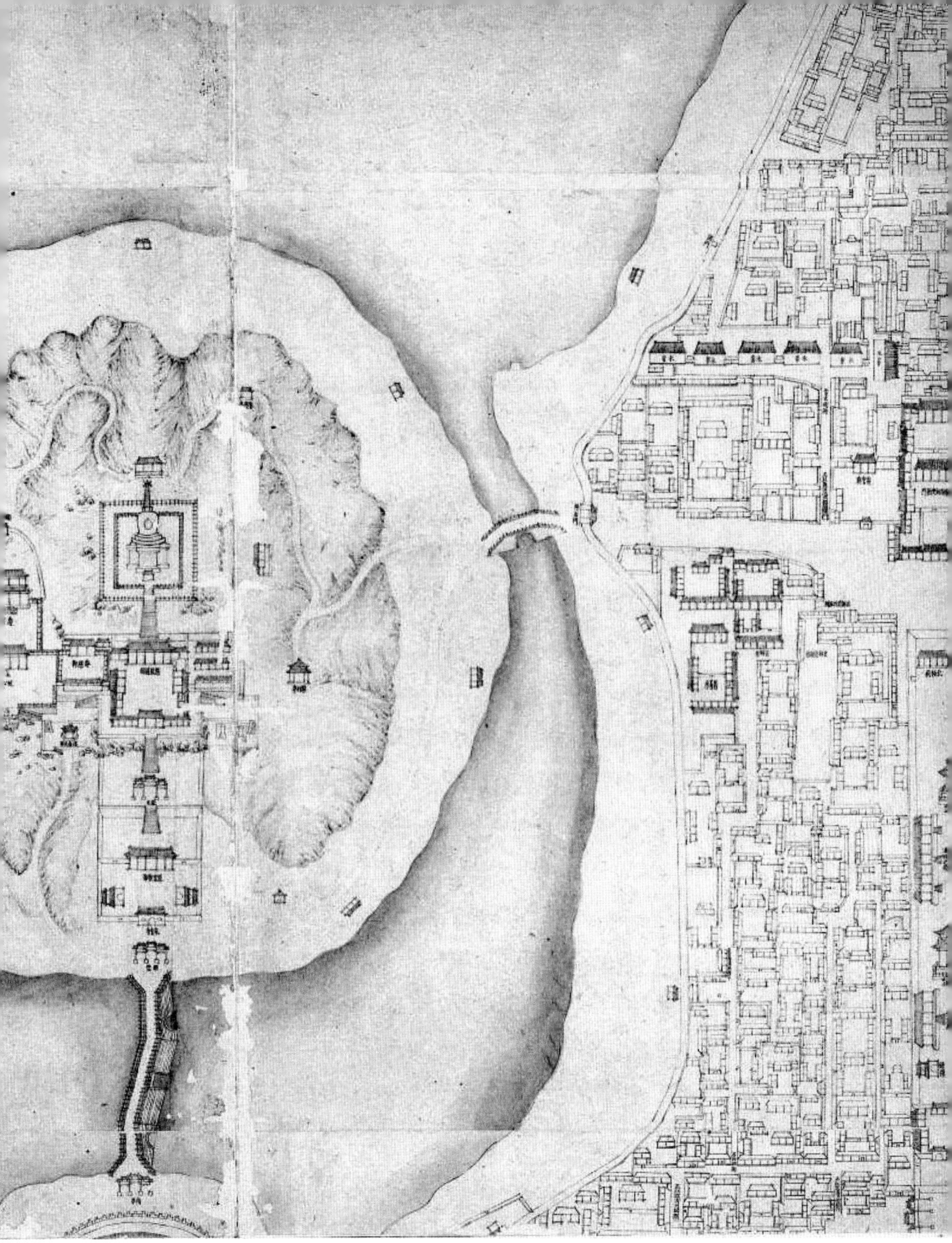

西沟沿

西沟沿本是金代闸河旧引水渠，元代称金水河。元代利用它引玉泉山水，由和义门（今西直门）、引护城河水东流，经小河槽东流入太液池。自明代起，金水河上游断流，改由积水潭及太液池（今北海和中海）为皇城供水。这条河道就成了西城的排水沟，称为河槽。清朝时称西沟沿。民国时期称为大明濠。

西沟沿主要线路从西直门内新开胡同开始，沿赵登禹路南下，经太平桥大街到闹市口北面的沟头东折，流至下岗南折，再经佟麟阁路南下流入南护城河。这条河道并不算宽，水却不浅，据说最深处可以没人，河道两边有斜堤。

《乾隆京城全图》从第四排十直到第十一排的第十幅图清晰地绘出了此条河。从北向南依次可以看到北大桥、南大桥、王公桥、马市桥、赶马桥、太平桥、文盛桥、武烈桥、肖家桥、象房桥等桥。

清末的战乱，也使大明濠的管理疏浚被忽略，河道淤塞，水流不畅，护坡坍塌。民国初年，北洋政府市政公所提出《筹划改筑大明濠方案》："大明濠系明沟……为西城一带各暗沟之总汇。年久失修，已多淤积，而邻近居民复任意倾入垃圾、秽水等物，以致逐段堵塞。且沟墙崩圮，行人车马时虑倾踬……拟定全段改筑暗沟，上修马路。"1921 年开始大明濠治理工程。在此之前，北洋政府因改善交通所需，对城墙进行了部分的拆除，大明濠改筑工程便利用拆下的皇城墙砖，将明渠变成暗沟，在上面铺设马路。变成暗沟后，原

来45度的河堤与沟底组成的梯形河道断面，被改成筒子形、圆形或者方形，断面的面积缩小，排水能力也随之降低。1930年，治理工程竣工，历经元明清三代的河道消失，变成马路，称为沟沿大街。自然，河道上一座座石桥也从此埋于地下。

抗战胜利后，由冯玉祥将军提议，经当时的“北平市临时参议会”决议，于1947年3月13日，由北平市长签发训令，将二龙路南口以南的沟沿大街命名为“佟麟阁路”，将辟才胡同以北的沟沿大街命名为“赵登禹路”，以纪念抗日爱国将领佟麟阁和赵登禹。佟麟阁路命名之初，还包括今复兴门内大街以北至新京畿道西口的一段，后来这一段并入了太平桥大街。佟麟阁街因其在民族文化宫南侧，1971年曾改名为民族宫南街，1984年恢复今名。

《乾隆京城全图》中的西沟沿

外城水系

《乾隆京城全图》中可以看出北京城内规模较大的水系内城有三海一线、皇城环城护城河，外城则是围绕着山川坛和天坛零散分布的一系列湖泊、水坑及其相连水道。外城水系主要有三条，分别是龙须沟、虎坊桥明渠和正阳门东南三里河。这三条沟渠均依据地势，因势利导，自北向南顺流而淌，成为外城排水的重要通道。

龙须沟从山川坛（先农坛）西北隅外的一个大苇塘向东流，穿过正阳门大街的天桥和天坛北侧，又绕过天坛东侧，蜿蜒曲折，经过左安门西水关排入外城南护城河。龙须沟大约是永乐年间兴建天坛和山川坛时，利用原有低洼地带疏导而成的，龙须沟从西到东大约六七里。清末及民国年间，龙须沟分段被改为暗沟，架在河沟上的桥也被纷纷拆除。据记载，从明朝至乾隆年间，龙须沟上共架 13 座桥。由于《乾隆京城全图》的破损，目前图上只能看到一座位于山川坛西北的石桥。

内城三海与外城水系原本由一条古水道相连，元大都修建之时，这条故道被大都南城城垣在今长安街一线截断，下游部分则变成一条断头河。明代初年，内城城墙南扩，新的内城南城墙再次截断河道，北段即为今北新华街一线，南段为外城南新华街一线，经虎坊桥汇入先农坛西北的一片苇塘，旧时称为虎坊桥明沟。民国初年，北京大量明沟改建暗渠，故于河道上新辟南、北新华街，然而那时虎坊桥以南仍为明沟。直至 20 世纪 50 年代，才将明沟改暗管，南北向

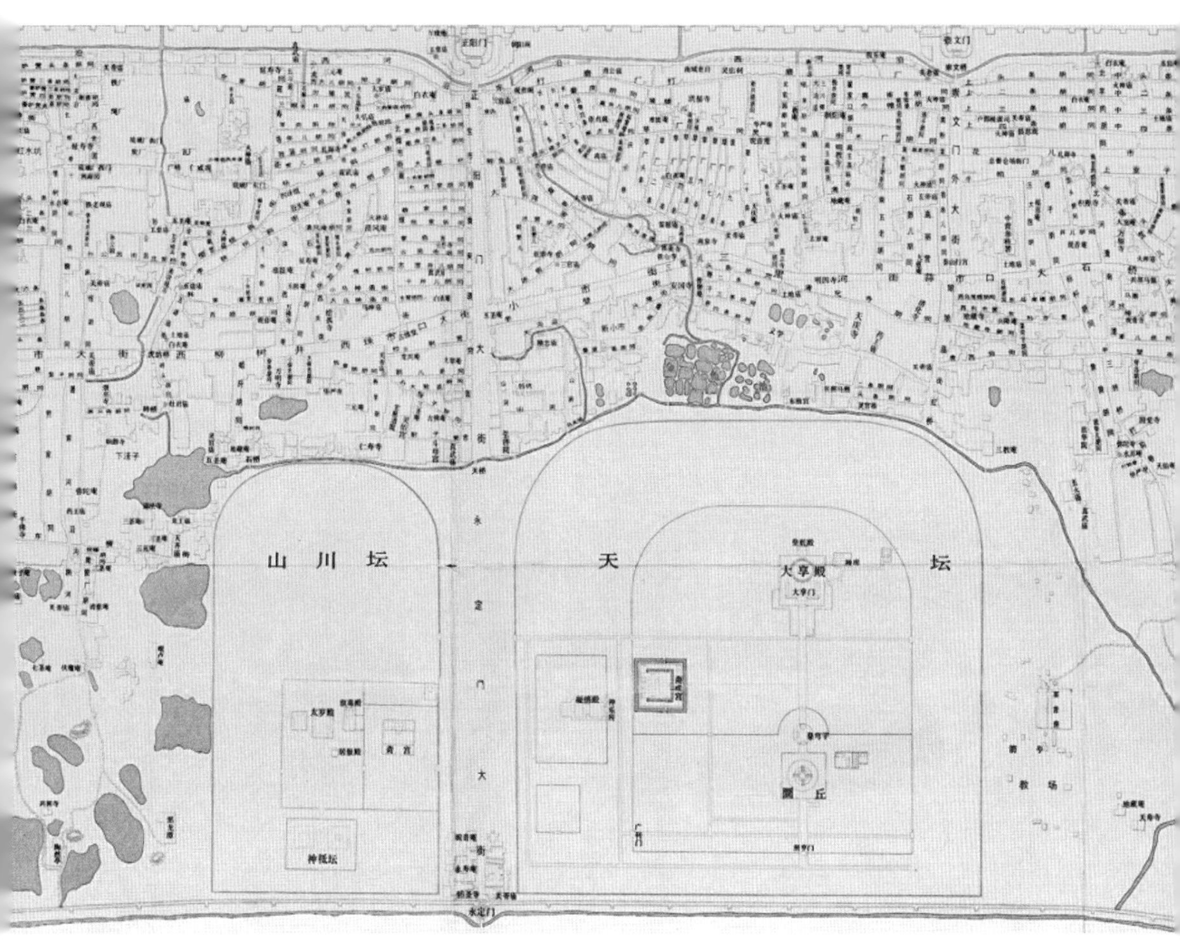

乾隆时期外城内的水系

辟为虎坊路，东西向为永安路。

正阳门外三里河是正统年间修浚护城濠时开凿的减水河。河从正阳门以东护城河南岸开渠，经金鱼池，入龙须沟。

《京师全图》中可见从南海流出一条小河，向南至内城城垣后消失不见，再往南从虎坊桥流出一条断头河，向南流入先农坛西北苇塘，以上即为虎坊桥明渠，从先农坛西北苇塘的河流向东，过天桥、天坛北，在金鱼池纳入北来的外三里河水，之后向东南经一片苇塘，后从左安门水关入南护城河，这段为龙须沟。

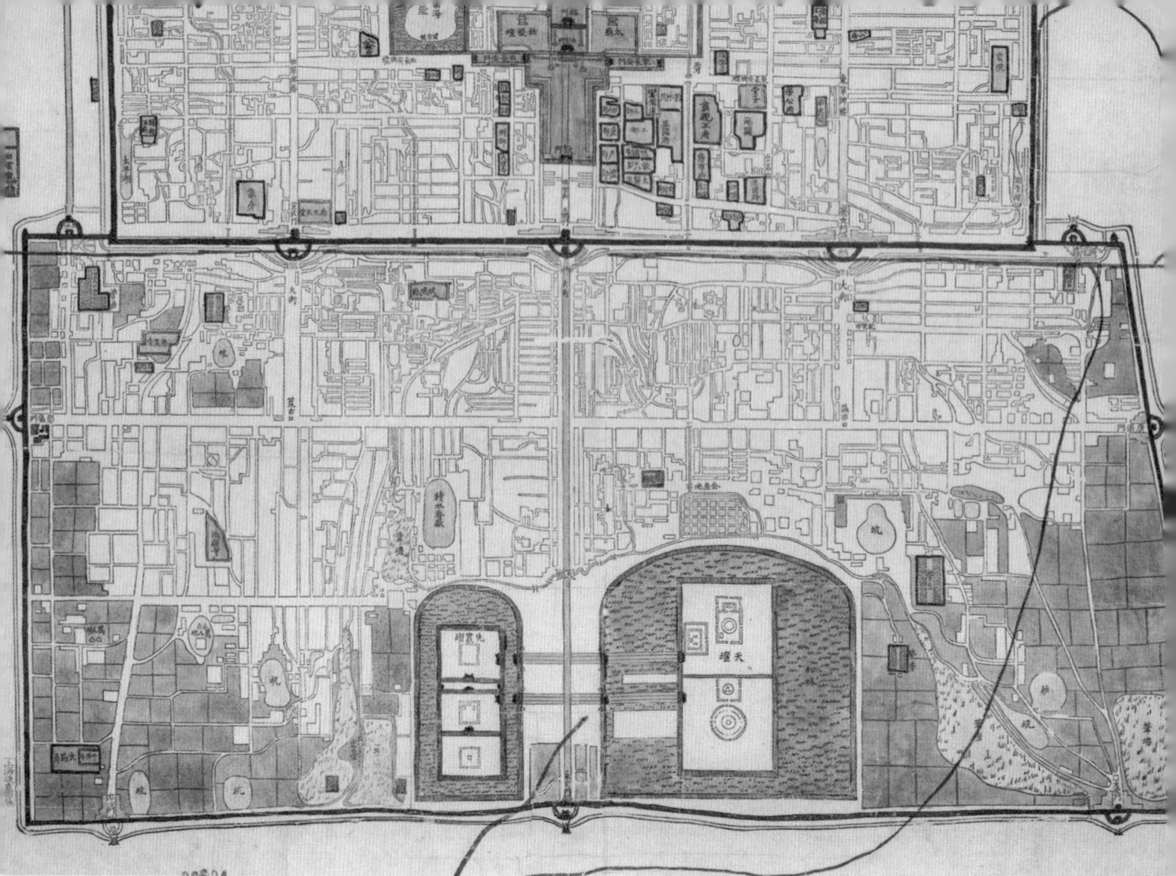

《京师全图》(局部)

第三节
河道沟渠

明清时期的北京城内，除了几条主要河道以外，还开凿有许多的明渠暗沟，这些沟渠的主要作用是城市排水。清时北京城内，护城河、西沟沿、御河、内金水河、龙须沟、虎坊桥明沟、正阳门东南三里河如同大动脉一样，支撑起整个城市的水循环，与这些大动脉连接的，是如毛细血管般的街巷暗沟，遍布每一条街道。清光绪《会典事例》记载乾隆五十二年（1787），北京内城“大沟三万五百三十三丈”“小巷各沟九万八千一百余丈”。

《京师城内河道沟渠图》是光绪年间拓印本。地图采用双色套印的方式，用黑色表示城市布局，用红色线条表示河道沟渠。地图对内城城门、城墙、胡同均绘制详细，但紫禁城内宫殿却没有画出。这是一幅民间刻印的光绪年间北京内城的河道沟渠图。从地图上看，京师内城河道沟渠非常发达。几条南北向的主河道贯穿整个内城。由主河道引出的沟渠，又将西山供水引入千家万户，形成完整的城

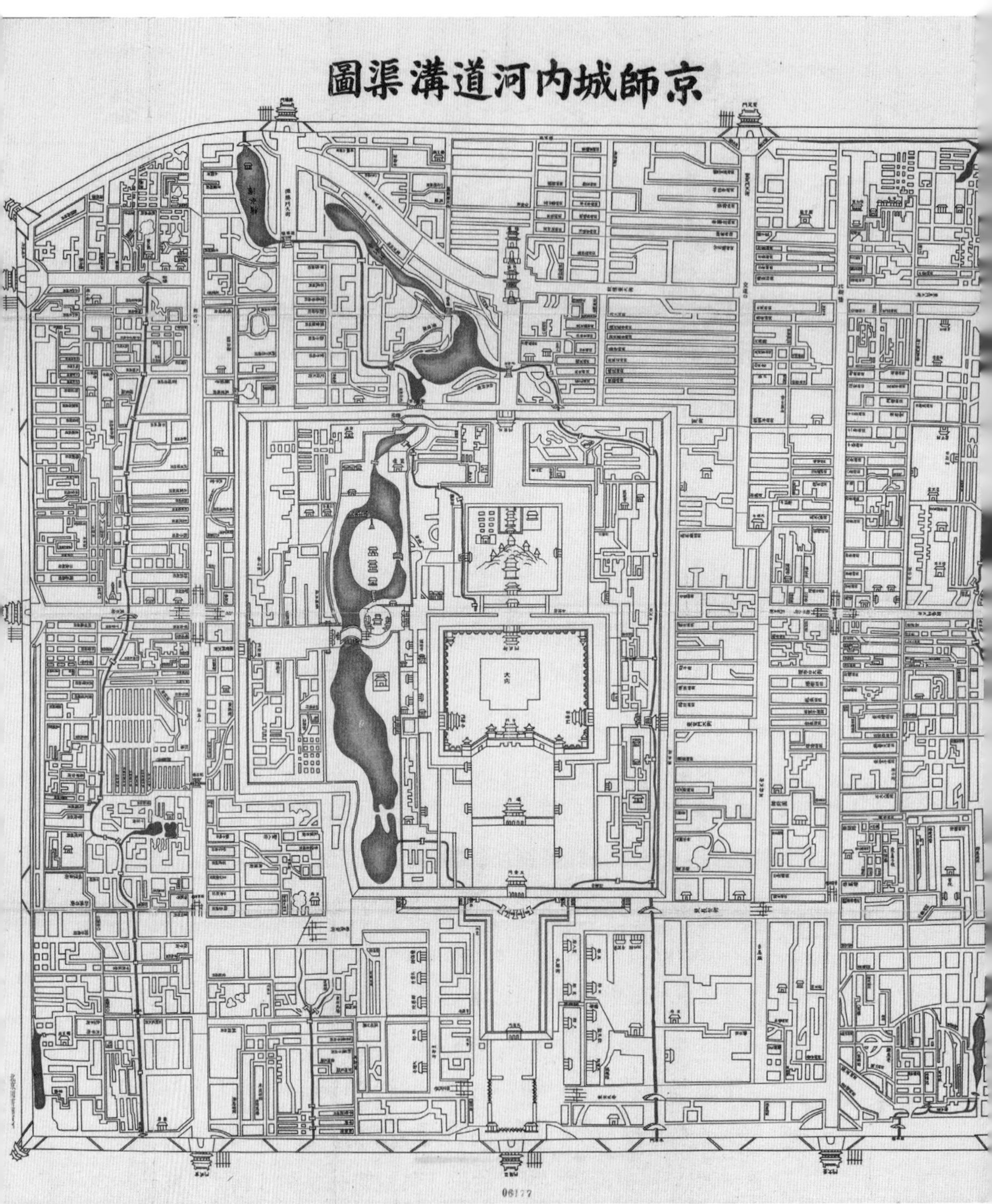

《京师城内河道沟渠图》

市供水排水系统。

京师内城的几条主河道都穿过内城南墙，汇入外城河道。那么京师外城河道情况如何？我们通过民国时期绘制的《北京市内外城清代沟渠现位置想定图》和《乾隆代北京河道沟渠图》外城部分，来梳理一下外城河道情况。这两幅图是日本学者今西春秋在1939年和1941年分别绘制的。今西春秋是日本著名的满文研究专家。七七事变之后，华北沦陷。日本侵略者统治下的北平成立了伪北京市政府。今西春秋曾参与伪北京市政府的市政规划建设。在北京城生活的今西春秋利用自己的专长，曾对《乾隆京城全图》进行研究，并发表《关于乾隆北京全图》的文章。《北京市内外城清代沟渠现位置想定图》和《乾隆代北京河道沟渠图》都绘制于日占北京期间，推测这两幅地图是今西春秋在系统研究《乾隆京城全图》基础上，汇集光绪《京师城内河道沟渠图》一类的地图资料，重新绘制的清代河道沟渠图。

虽然这两幅地图是民国时期日本人绘制的清代京城河道沟渠图，但两幅地图明显继承了光绪年间《京师城内河道沟渠图》的绘制传统。从图名上看，《乾隆代北京河道沟渠图》是在《京师城内河道沟渠图》的基础上，加上了“乾隆代”3个字。北京城的地点没变，河道沟渠的主题没变。乾隆代的意义是基于作者对《乾隆京城全图》的研究，将清乾隆三十五年（1770）地图上的京城水系在新地图上标绘出来。《北京市内外城清代沟渠现位置想定图》是作者对清代京城河道沟渠的推测。“北京市内外城”是对地图范围的界定。“清代沟渠”的主题同样没有改变。《北京市内外城清代沟渠现位置想定图》说明地图并不是实际勘测，而是通过资料推测考证而来。这幅地图的画法与现在我们常说的历史地图比较相似。从地图绘制风格上看，《北京市内外城清代沟渠现位置想定图》和《乾隆代北京河道沟渠图》与光绪《京师城内河道沟渠图》都是采用黑红两色套印，黑色线条表示城市布局，红色线条表示河道沟渠。不同的是今西春秋绘制的两幅地图使用的是抽象画法的北京地图作为底图。无论是城门城墙，还是中轴线宫殿，都用抽象画法表示。这与光绪《京师城内河道沟渠图》用形象画法表示城门和宫殿非常不同。此外，《北京市内外城清代沟渠现位置想定图》明确标注了图向、比例尺、图例等现代地图要素。这些都是光绪《京师城内河道沟渠图》所不具备的。今西春秋绘制的两幅地图，还增绘了外城及外城河道沟渠，并且对宫城内建筑的标绘都要比光绪《京师城内河道沟渠图》详细。两幅地图展现了比光绪时期河道沟渠图更多的地理信息。

单就《乾隆代北京河道沟渠图》和《北京市内外城清代沟渠现位置想定图》比较。《乾隆代北京河道沟渠图》所用底图更加简单，与光绪《京师城内河道沟渠图》关系更密切一些。《北京市内外城清代沟渠现位置想定图》采用底图比较复杂，与现代制图风格更加接近。这幅地图推测的京城河道沟渠位置，与光绪《京师城内河道沟渠图》几乎相同，但从制图的角度来说，地图更加精细准确了。从光绪时期的《京师城内河道沟渠图》到民国时期的《乾隆代北京河道沟渠图》和《北京市内外城清代沟渠现位置想定图》，以河道沟渠为主题的京师地图无论是绘图风格还是绘制内容，都保持了高度的继承性。战乱中，我们看到属于河道沟渠的地图系统固执的传承过程。

京师外城河道在《乾隆代北京河道沟渠图》和《北京市内外城清代沟渠现位置想定图》上标绘得十分清晰。《北京市内外城清代沟渠现位置想定图》反映了清代晚期京师内外城的河道情况。从图上来看，外城河道沟渠的密集程度明显低于内城。两条流经外城的主河道都是东西流向，与内城南北流向的主河道也不一样。外城主河道一北一南横贯外城城区。北侧主河道由护城河经西便门东侧的铁棂闸进入外城，然后沿内城南墙外侧一路向东流，经过宣武门、正阳门、崇文门，至东便门东侧雷闸口，汇入运河和东护城河。内城几条主河道都汇入此河，一并流入运河。南侧主河道位于外城正中，由西护城河和莲花池来水合流的水源，经广安门进入外城。河道一路向东，沿现在的广安门内大街、菜市口、虎坊桥、珠市口、磁器口，在安化寺东北角折而向北，汇入外城北侧主河道，然后一并由东便门水关出城，汇入运河。外城的其他河道沟渠均由两条主河道供水排水，形成成熟的河道沟渠网络。

《乾隆代北京河道沟渠图》是根据清乾隆三十五年（1770）《乾隆京城全图》所绘河道重新绘制而成。与光绪《京师城内河道沟渠图》和《北京市内外城清代沟渠现位置想定图》相比，反映了乾隆时期北京城的河道情况。从图上来看，乾隆时期京师内外城的主河道基本形成，但密集的沟渠网络还未形成。内城方面，沿内城东西城墙南北流向的两条主河道没有形成。由玉泉山水系引入内城的三条主河道与光绪时期基本相同。外城方面，北侧东西向连接运河的主河道画出，但南侧由广安门入城的河道还没有形成。另一条由先农坛西北部苇坑向东流，经过金鱼池，在天坛东北角改向东南流，经由左安门西侧出城的河道标绘清晰。这条河道要比光绪时期河道沟渠图上更加醒目。从乾隆朝到光绪朝，京师内外城的河道沟渠在不断完善，越来越适应城内人们的日常生活。最后，所有内外城河道集中汇入东流的通惠河，使京师与更宽阔的京杭大运河联系起来。

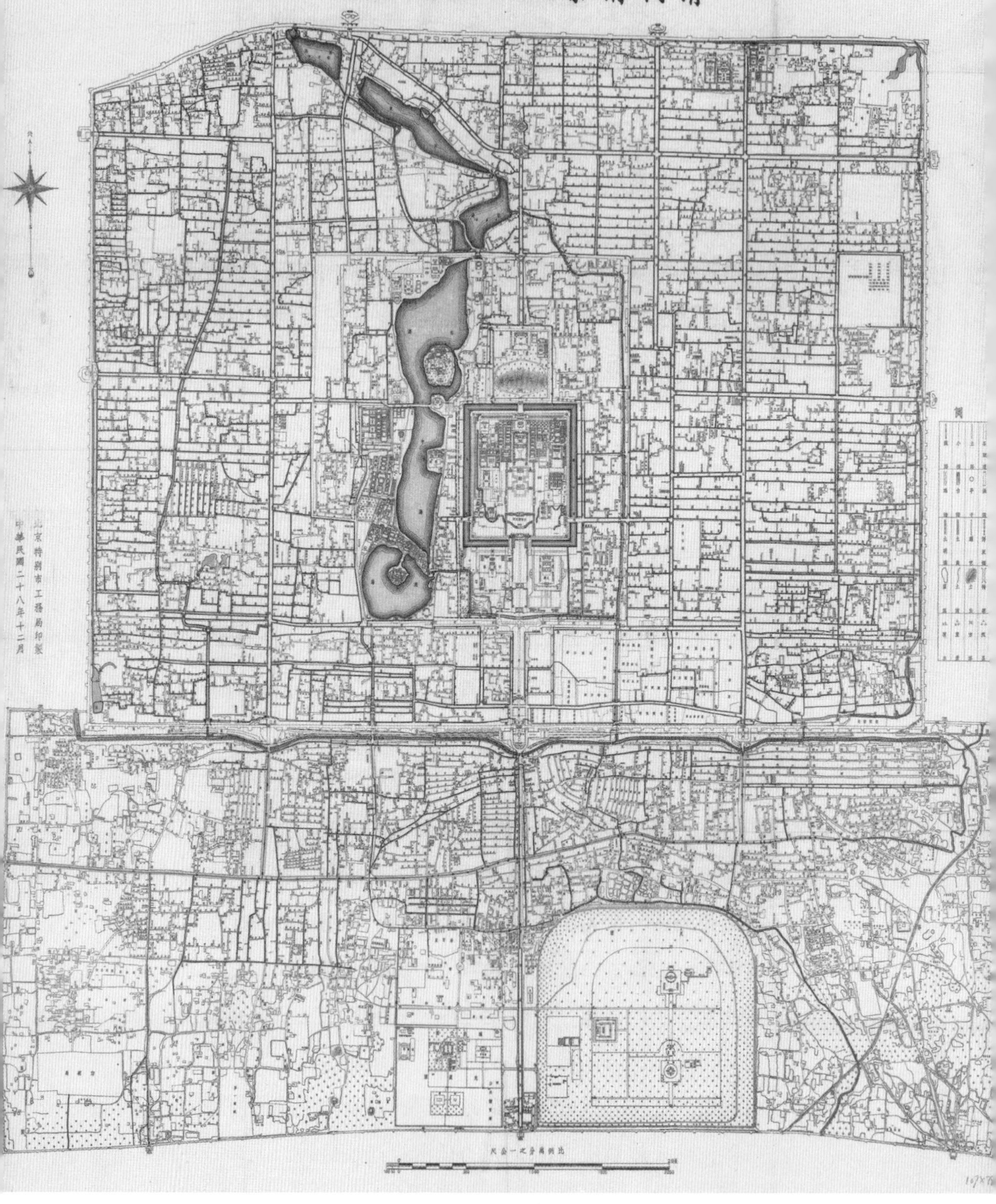

《北京市内外城清代沟渠现位置想定图》

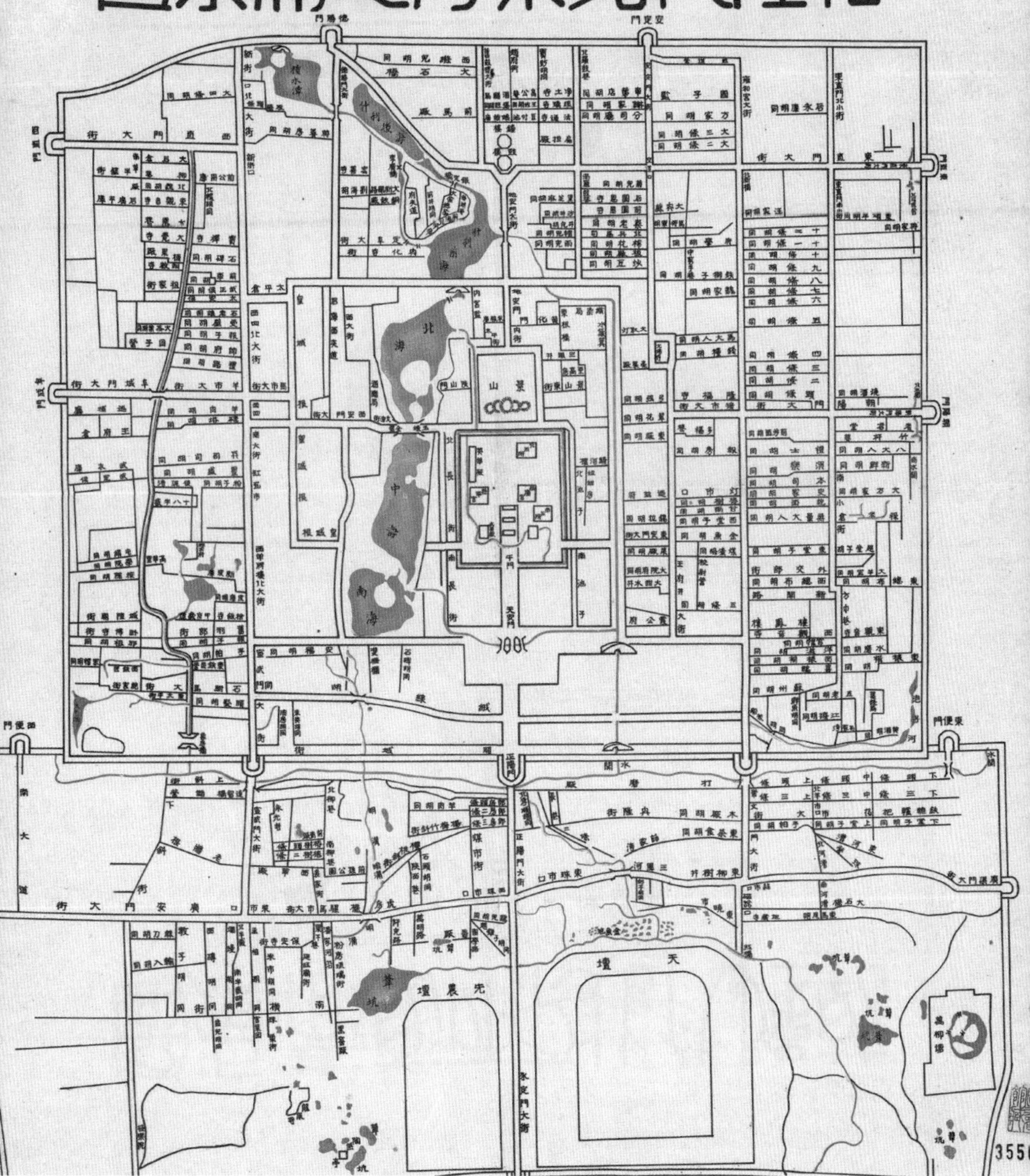

《乾隆代北京河道沟渠图》

第四节
湖泊池沼

积水潭

积水潭位于今北京城区西部，别称西海，是后三海西海（积水潭）、后海、前海之一，后三海又统称为什刹海。积水潭历史悠久，其前身为永定河故道。永定河古时称浑河，发源于晋西北的黄土高原。每当夏秋之际，浑河就会在北京平原上泛滥，其中留下一条故道，名为“三海大河”。这条故道从石景山一带向东，经紫竹院由德胜门附近进城，再经积水潭、后海、前海、北海、中海折而向东南流经正阳门、三里河、红桥，在龙潭湖西部流出城外，而浑河在今天什刹海、北海、中海一带留下的积水便是积水潭的前身。在金代，积水潭被称作白莲潭，元代始称为积水潭，或又称海子。明嘉靖年间绘制的《北京城宫殿之图》，其左上角就绘制了一片名为“海子胡（湖）”的湖泊。

《北京城宫殿之图》（局部）

1271 年，元朝兴建都城，依傍积水潭东岸，顺水势自北而南，确定了大都城的中轴线，中轴线的北端，就在积水潭东北岸（今鼓楼的位置所在），在此建造了一座“中心阁”，代表着整个大都城平面设计的几何中心。为解决城市用水及漕运问题，元代著名的水利学家郭守敬设计开挖了通惠河，引昌平白浮泉及玉泉山泉水汇入昆明湖，沿高梁河经和义门北注入积水潭，然后南流出城向东直至通州。这一工程使得积水潭的水面扩大。当时的积水潭状如“长茄”：西北部为“茄把”，水面较窄，越向东南水面越宽。由于积水潭当时水面异常宽阔，汪洋如海，因此又被人们称为“海子”。《元史・河渠志》载：“海子一名积水潭，聚西北诸泉之水，流行入都城而汇于此，汪洋如海，都人因名焉。”为便利漕运，元延祐六年（1319）和元泰定元年（1324）元廷曾在积水潭沿岸修筑条石。经考古发掘，在今天北京新街口豁口外的北京变压器厂院内，以及地安门商场地下，都曾发现元代积水潭护岸遗址，可知元代积水潭要远大于今日什刹海。

积水潭作为城市中心，同时又是漕运的终点，沿大运河从杭州来的漕船，顺着通惠河可直接驶入城内积水潭。除了粮食，全国各地的物资商货也集散此处：苏杭的丝绸、景德镇的瓷器、佛山的铁锅、安徽的茶叶等。因此积水潭的东北岸成为大都城最大、最繁华的商业区，旅馆、酒肆、饭馆，各种商店遍布沿岸。除了运粮和运送物资，在元代积水潭还是皇家的洗象池，来自暹罗、缅甸的大象作为运输工具和宫廷仪仗队使用，在夏伏之日，驯养员会带领大象到积水潭洗浴。于奕正《帝京景物略》记载了洗象的盛况：“三伏日洗象，锦衣卫官以旗鼓迎象出顺承门，浴响闸。象次第入于河也，则苍山之颓也，额耳昂回，鼻舒纠吸嘘出水面，矫矫有蛟龙之势。象奴挽索据脊。时时出没其鬐。观时两岸各万众。”

明初，元明交替百业凋敝，积水潭引水渠年久失修，北京又失去了国都的地位，通惠河废弃，积水潭漕运功能丧失。永乐年间，北京再次作为都城，受城市建设的影响，积水潭也发生了较大的变化。由于城墙北垣南移至安定门—德胜门一线，积水潭西北部分被挡在城外；德胜门内建德胜桥以后，积水潭城内部分被一分为二，桥西的水面称为“积水潭”，桥东则被称为“什刹海”；银锭桥建成后，什刹海又被分成两个部分，桥西称为“后海”，桥东南称为“前海”，前海盛产荷花，又被称作“荷塘”“莲花泡子”。故而积水潭在明朝时被一分为四,《订正改版北京详细地图》及《京师城内首善全图》左上角,可以清晰地看到积水潭从北到南被分为“苇塘”“积水潭”“十刹海”“荷塘”,中间有三座桥,分别是“太平桥”“得胜桥”“银锭桥”。城墙水关南侧建有一小岛,岛上建有“法华寺”,法华寺后改名为“汇通祠”，祠内供奉着龙王。

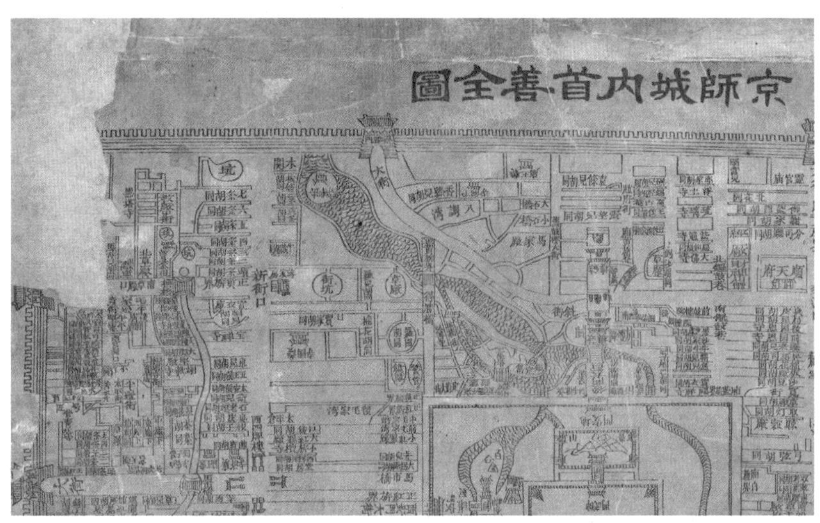

《京师城内首善全图》（局部）

银锭桥

銀錠橋

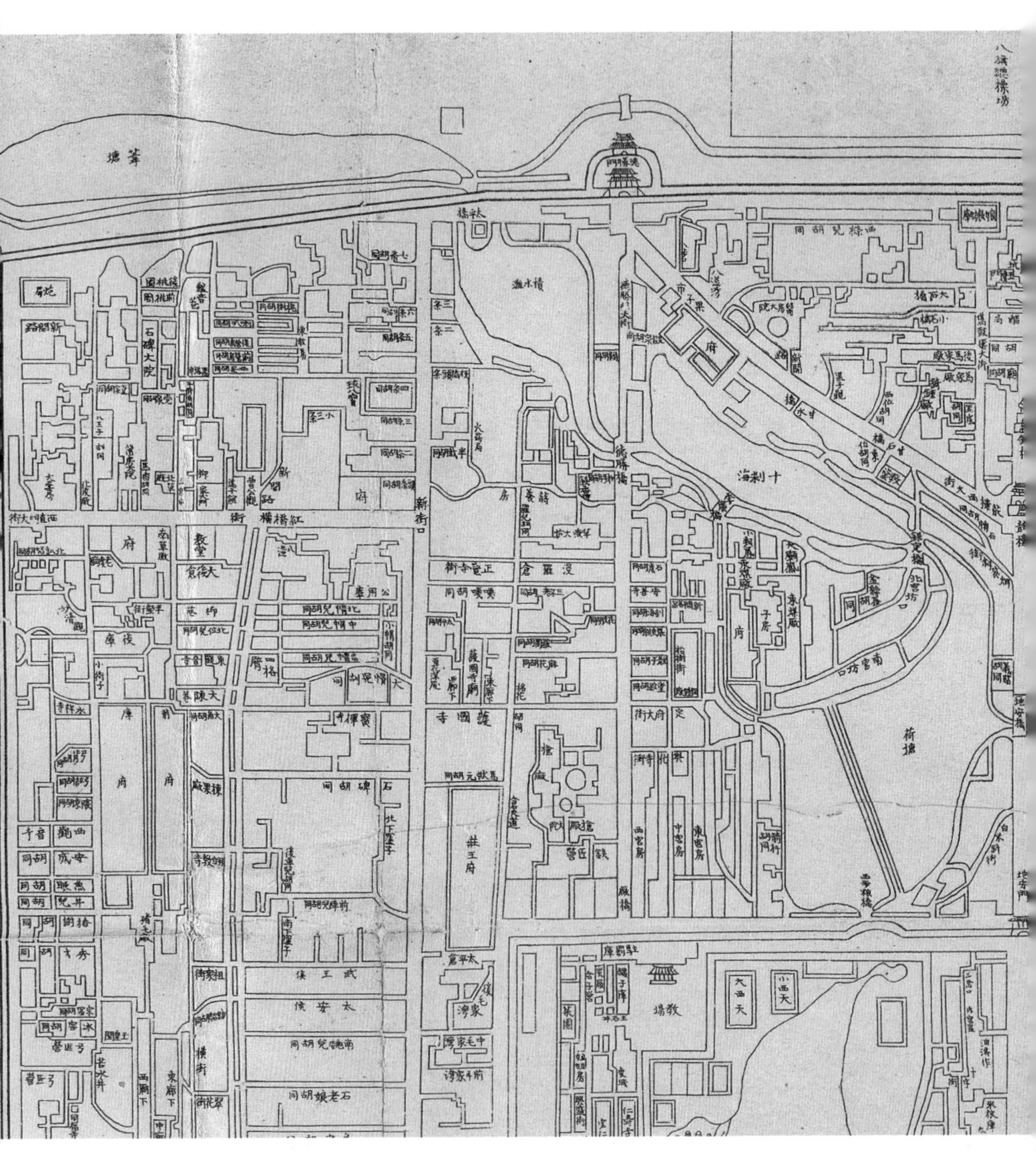

《订正改版北京详细地图》（局部）

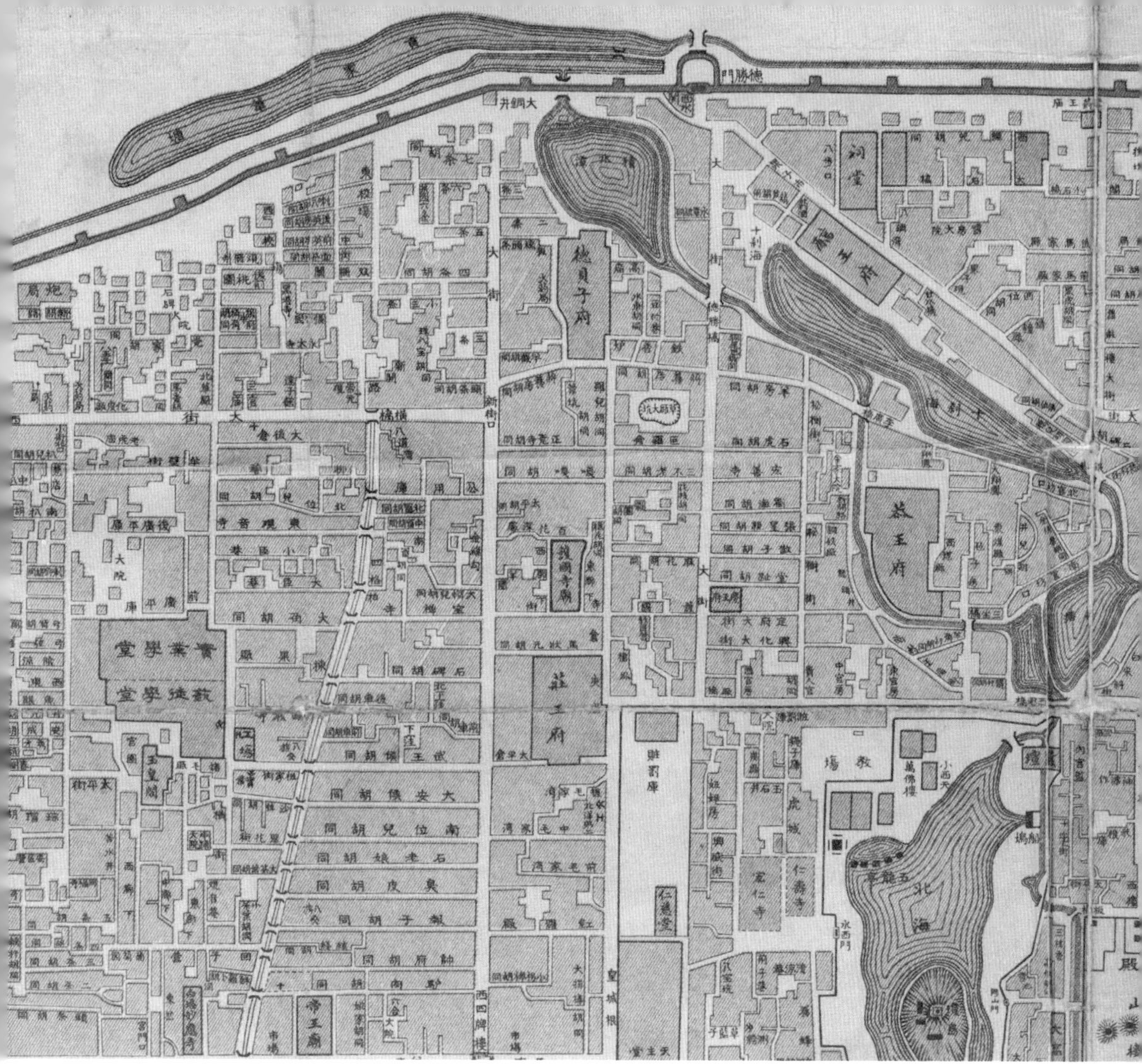

《最新北京精细全图》（局部）

明朝北京城的修建，将通惠河的一段圈入城内，漕船无法再北上至积水潭，积水潭与京杭大运河的联系也被切断。明清时期通惠河与积水潭失去联系以后，积水潭上游河段逐渐淤塞，积水潭来水逐渐减少，积水潭的名称也逐渐被什刹海这一名称取代，而前者开始仅指什刹海的一小部分——西海。虽然不再作为漕运码头，但由于独特的地理位置和优美的环境吸引了众多官宦权贵在湖畔修园建第，明代的方园、堤园、杨园、英国公新园、李广花园、漫园都在

西海湿地公园

积水潭附近，清代著名的醇亲王北府和恭亲王府也建在积水潭南北两侧。《帝都景物略》中也收集了不少歌咏积水潭（什刹海）的诗句，称其具有“西湖春、秦淮夏、洞庭秋”之美。清宣统元年（1909）的《最新北京精细全图》中，绘制了北京内外城胡同街巷、河流水系、宫殿坛庙，其中重点标注了城内各处王公府第，积水潭附近有醇王府、恭王府、德贝子府、庆王府。

清末到民国再到北平和平解放这一段时间，积水潭水少潭浅，污染严重，一度处于“野水”状态。新中国成立后，自 1950 年起，全面整治城市明湖，改善了积水潭的水路。将西小海改建成游泳池，清除淤泥，砌筑护岸，修建栏杆，广植花木。如今，旧时积水潭被改造为西海湿地公园、什刹海湿地公园，北边岛上的汇通祠被重新修建后辟为“郭守敬纪念馆”。

西海湿地公园郭守敬像

莲花池

莲花池，位于京城的西南部，因在都城西边，古时称西湖，又称太湖、南河泊。莲花池虽说叫池，其实它是一个天然湖泊，这个湖泊在战国时代就已经与蓟城建立了联系。“先有莲花池，后有北京城。”这是北京大学历史地理学家侯仁之提出的，他认为，有3000年历史的莲花池是战国时蓟国的饮用水系，之后的辽、金时北京城都是依托莲花池而建的，是北京城最早的重要生命印记。

作为北京城的摇篮，据史料记载，早在三四千年前，由于永定河的冲击和改道，莲花池就形成了。永定河大致形成于7000万年前的中生代，是华北地区仅次于黄河的第二大河。它发源于山西高原、蒙古高原，横穿北京西山，在三家店附近形成了一个面积达1000平方公里的洪积冲积扇，这里的平原是华北平原的最北端，为城市的发展提供了良好的基础。但永定河是一条流量极不稳定的河流，泛滥无常，又时时威胁着这里的城市。春秋战国时期燕国的都城蓟城大概建在莲花池的东侧，地处古代永定河所形成的洪积冲积扇脊背的西南侧。这里蓟丘微微隆起，不致受到洪水侵害，而莲花池又恰巧处在蓟城所在蓟丘地貌上的潜水溢出带上，溢出的地下水储水为湖，形成了莲花池。根据相关地层资料显示，莲花池内相关层位存在较多的瓦片，可能是旧城的遗址。同样，根据北京西站基坑工程对莲花池区域地层剖面沉积物所做年代测试，也证明湖的年龄在3000年上下。作为北京平原上早期城市形成的依托，自春秋战国起，莲花池担负了汉代至唐代幽州城、辽南京城、金中都城的城市水源供应，所以有“先有莲花池，后有北京城”的说法。

辽代改蓟城为燕京，莲花池是北京最早的建城之地。金灭北宋之后开始修建中都城，为解决护城河与城内宫苑的水源问题，便把发源于城西的天然湖泊西湖的下游洗马沟引入中都。《水经注》曾记载：“湖有二源，水俱出县西北平地，导源流结西湖。湖东西二里，南北三里，盖燕之旧池也。绿水澄澹，川亭望远，亦为游瞩之胜所也。湖水东流为洗马沟，侧城南门东注。”在《三才图会》之《顺天京城图》

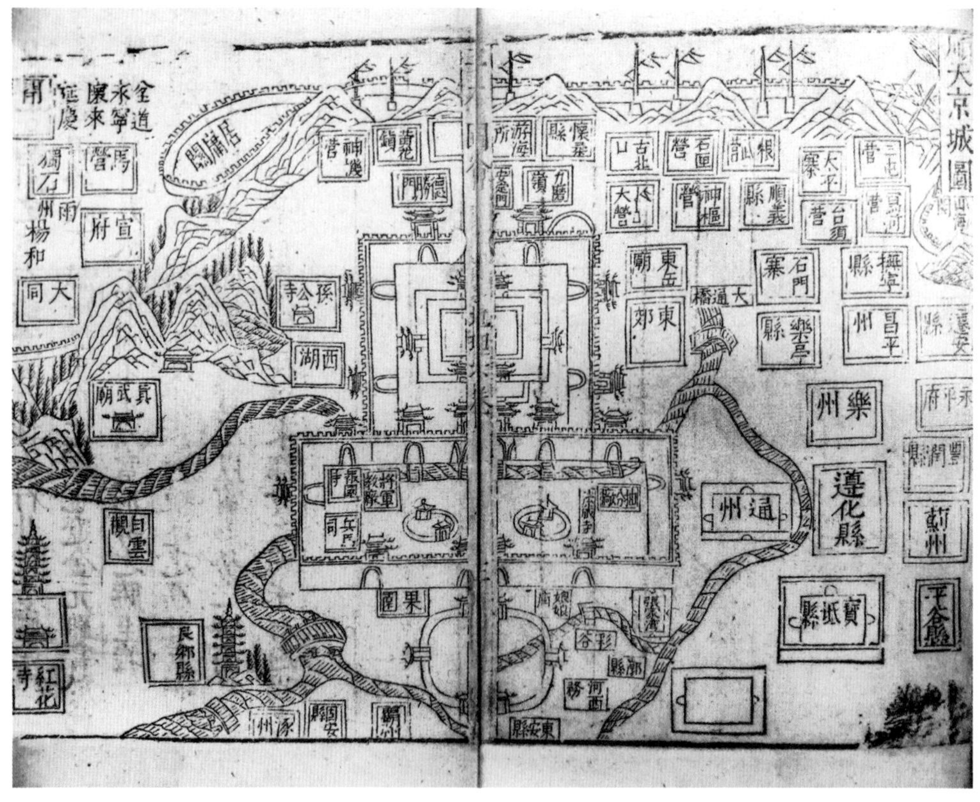

《顺天京城图》——选自《三才图会》

中，可以清晰地看到毗邻皇城西部的莲花池，图中标注的名称为西湖。后来洗马沟被称为莲花河，而西湖就是今日的莲花池。莲花池之名可能与海陵王完颜亮喜欢莲花有关。据载，完颜亮曾在寒冷的黑龙江种植 200 株莲花，但未成活，他故意在朝会上询问臣下是何原因，可能是他授意，一位大臣直言："自古江南为桔，江北为枳，非种者不能栽，盖地势也。上京地寒，惟燕京地暖，可栽莲。"又说："燕京自古霸国，虎视中原，为万世之基。"迁都之后，完颜亮确实在西湖，也就是今日莲花池种植了大量荷花。

13 世纪中叶元灭金后，为解决漕运和城市供水的问题，元廷建设元大都时另辟新址、重寻水源，将北京城的城址从莲花池水系移到了高梁河水系。究其原因，首先金代原有宫阙已成废墟，且莲花池水系"水流涓微""土泉疏恶"，难以满足作为全国性政治文化中心和漕运对水的需求。其次，高梁河水系不仅地表水源丰沛，水面宽阔，而且还可引导西山的玉泉山泉水。此后莲花池水系一直处于荒废状态，直至明嘉靖年间北京修筑外城时，才又将莲花河截流，把水引入南护城河，明代莲花池称为"太湖"，广袤十数亩，明代将其接入南护城河，纳入了通惠河水系。清代莲花池称为"南河泊"，居住在宣南地区的士大夫常结伴游览，泛舟其间，成为近郊一处名胜。清人《天咫偶闻》又记载："南河泊，俗呼莲花池，在广宁门外石路南。有王姓者于此植树木，起轩亭。有大池广十亩许，红白莲满之，可以泛舟，长夏游人竞集。"

从元大都城到明清时期的北京城，可以明显地看出，随着北京被确立为全国性的政治中心后，由于社会经济、文化等各方面的发展，莲花池水系有限的水源已远远满足不了城市诸方面的用水需求。元大都放弃了莲花池水系而改用高梁河水系为都城用水来源（高梁河水系经过改造后较之莲花池水系水量丰富充沛数倍），明、清两朝基本上沿用的是高梁河水系的水供应北京城的需要。这样，莲花池水系就完成了它对北京城的历史使命，而被高梁河水系所替代，莲花池及其水系逐渐荒废，至清末已经不足原有的二分之一。

新中国成立后，1951 年即着手疏浚了莲花池，修建出口闸，将其辟为滞蓄西郊洪水的水库。为了解决玉泉路至羊坊店地区的排水问题，又修建了 10 余条下水道，并开挖了新水渠，使得京西的雨洪能够顺利地排进莲花池和莲花河。在国家图书馆藏《北京自来水分配计划图》中可以看到疏浚前的莲花池。1957 年再次治理莲花河时，在孟家桥与万泉寺间开挖了新莲花河，将京西污水汇入凉水河，避免污水和洪水穿越城区。60 年代后期，莲花河遭遇比较严重的填埋问题，河水受到比较严重的污染。七八十年代莲花河又遭遇了占用问题。1998 年开始治理莲花池，到 2000 年底，干涸的莲花池逐渐恢复过来。

莲花池旁边的大楼现在是西客站，当时西客站在修建的时候，原本的设计是要把莲花池填掉，然后在上面修建西客站的一部分。著名历史地理学家、北京史专家侯仁之先生听到建设北京西站选址莲花池的消息，向有关部门据理陈述。他认为莲花池和北京城有着血肉相连的关系，它是北京城最初依赖的水源，没有莲花池也就没有北京城，我们对这个小湖泊要尽可能地爱护，不能抹去这样一个带有历史印记的遗迹。最终，有关部门终于决定修改原有的规划方案，就这样将莲花池完整地保留下来。

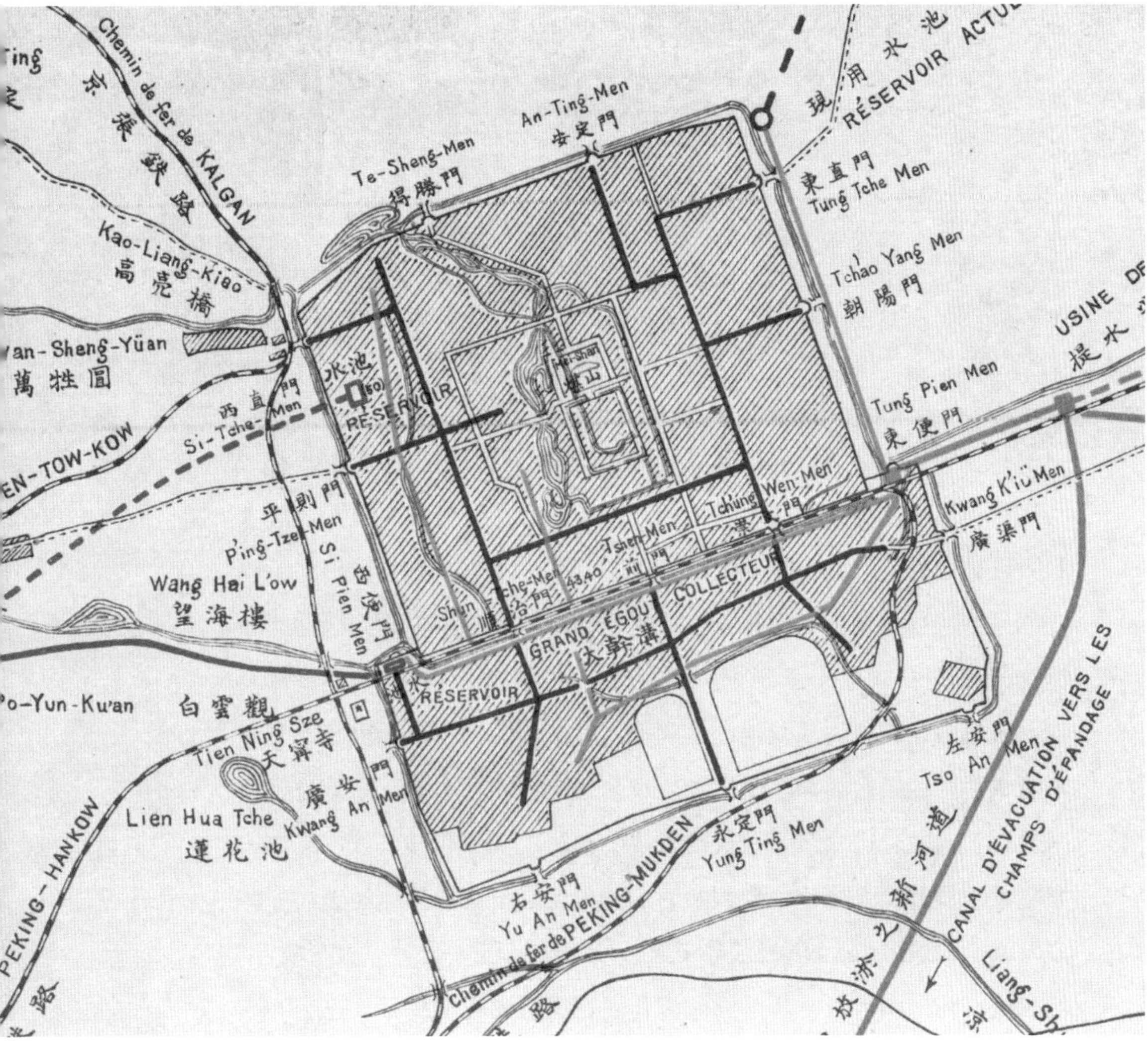

《北京自来水分配计划图》(局部)

今日莲花池公园

玉渊潭

玉渊潭历史悠久，在辽代就是风景胜地，当时玉泉山水由西北而来，流经玉渊潭，汇注于护城河，这条河道在辽代主要用于运送粮食，被称为“萧太后运粮河”。后来，不少官商富户在周围建起了花园别墅，远远望去好似掩映在绿树繁花中的村落，于是人们称此处为“花园村”。金代著名才子王郁曾在玉渊潭隐居、静心著述，并在池上筑台，钓鱼为乐，他钓鱼的地方就被称为钓鱼台。也有部分学者认为，钓鱼台的命名是由于金章宗喜欢在此处垂钓。不管是哪种原因，钓鱼台得命名于金代是无误的。《日下旧闻考》记载：“钓鱼台在三里河西北里许，乃大金时旧迹也。台前有泉从地涌出，冬夏不竭，凡西山麓之支流悉灌注于此。”后金代帝王将此处圈为禁地，改建为“同乐园”行宫。由玉渊潭和莲花池组成的玉渊潭—莲花池水域是金代及以前统治者所看重的。也因此，金中都城市的建立，以莲花池为源头展开，引玉渊潭河水补充护城河及宫廷用水，甚至如前文所述在玉渊潭建造行宫。这种引流和利用，直接对北京西南的水系进行了归拢和改造。到元代，同乐园一部分成为丁氏园地，元朝皇帝也常来此处游行，并正式更名为“玉渊潭”。“据刘侗《帝京景物略》，元时谓之玉渊潭，为丁氏园池。”“玉渊潭在府西，元时郡人丁氏故池，柳堤环抱，景气萧爽，沙禽水鸟多翔集其间，为游赏佳丽之所。”宰相廉希宪也曾在这里修建过别墅，名为“万柳堂”。明代初年玉渊潭仍为风景胜地。万历年间，皇亲武清侯李伟在此建造别墅。明末因战事，玉渊潭被夷为废墟。

到清乾隆年间，西郊玉泉山、香山一带泉流因疏泄不畅，每逢夏伏季节大雨成灾，乾隆决定挖掘玉渊潭、扩大湖面，使之成为接纳西郊诸水的大水库：“乾隆三十八年，命浚治成湖，以受香山新开引河之水。复于下口建设闸座，俾资蓄泄湖水，合引河水由三里河达阜成门之护城河。又南流折而东，一经宣武、正阳、崇文三门城河至东便门，入通惠河；一经广宁、永定、广渠三门城河合通惠河。此湖河合流之所经也。”经过整治，玉渊潭变成了一个水面宽广的湖泊，湖泊四周有山石、花草、宫门、围墙、亭台等。湖西面大门有乾隆御书匾额“钓鱼台”，东面有御制诗：“三十九年始命修建台座，台西面匾石恭悬御书钓鱼台三字,东面匾石恭勒御制诗。”“钓鱼台水别一源，伙于台下涌冽泉；亦受西山夏秋潦，漫为沮洳行旅艰；迩来治水因治此，大加开拓成湖矣；置闸下口为节宣，江以成河向东酾；分流内外护城池，金汤万载巩皇基；众乐康衢物兹阜，由来诸事在人为。”在清文津阁四库全书本《畿辅通志》中收录了一幅《皇城图》，图中可以看到清代的钓鱼台。玉渊潭周围还建有养源斋、潇碧轩、同乐馆、清露堂、望海楼等。在普意雅绘制的《北京自来水分配计划图》中，玉渊潭旁边标注的就是望海楼。《北平特别市城郊地图》中可以看到玉渊潭水源出香山，向东南经鲍家窑、东平庄、双槐树村、朱各庄、农业大学进入玉渊潭，然后从东钓鱼台向东而后向南流入护城河，望海楼、东钓鱼台在玉渊潭东，西钓鱼台在玉渊潭西北。

养源斋是清代胜地之一，不少民俗活动在这里举行。每年农历七月十五为中元节，人们要在水中放灯赶鬼驱邪，养源斋一带湖水宽阔，正是放灯的好地方，王公大臣们都到这里看河灯。农历九月初九为重阳节，也是北京例行的登高日。这一天在钓鱼台西南和南面以及附近一带，都有骑马、赛车之会。清代，以骑射著称的八旗兵丁驻扎京城，骑射技术逐渐普及到民间。乾隆及其以后帝后前去西陵、西郊等路过此地时，必在玉渊潭用膳，这里也成为皇家的娱乐场所。清末，玉渊潭虽已败落，但仍是御苑禁地。清光绪二年(1876)刻本《宸垣识略》中收录一幅《西山图》，可以看到清末的钓鱼台。辛亥革命后，溥仪把养源斋作为私产赠予太傅陈宝琛，后由办理清宫善后的单位管理。

新中国成立初期，玉渊潭钓鱼台附近已相当荒凉，除旧有的傅作义将军消夏别墅外，四周荒芜冷落、杂草丛生。1951 年 4 月，疏浚了玉渊潭进口上游南旱河至西钓鱼台一段河道，增加了玉渊潭的

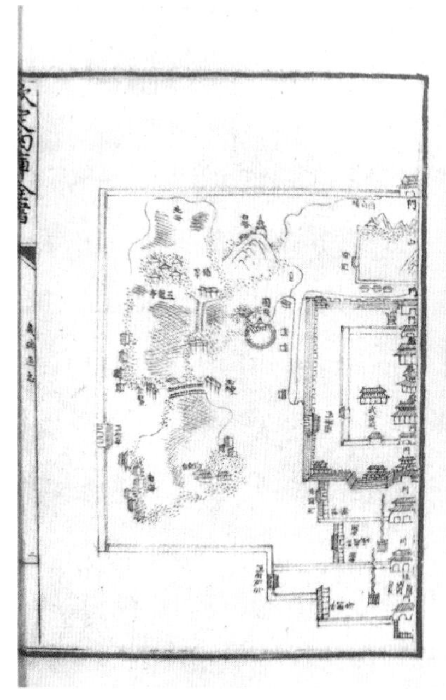

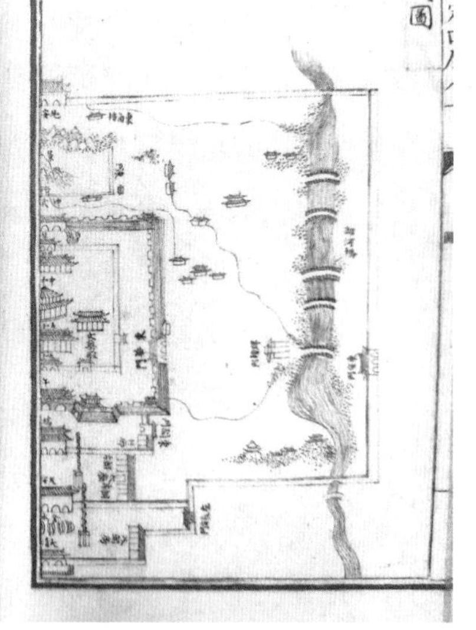

《皇城图》——选自《畿辅通志》

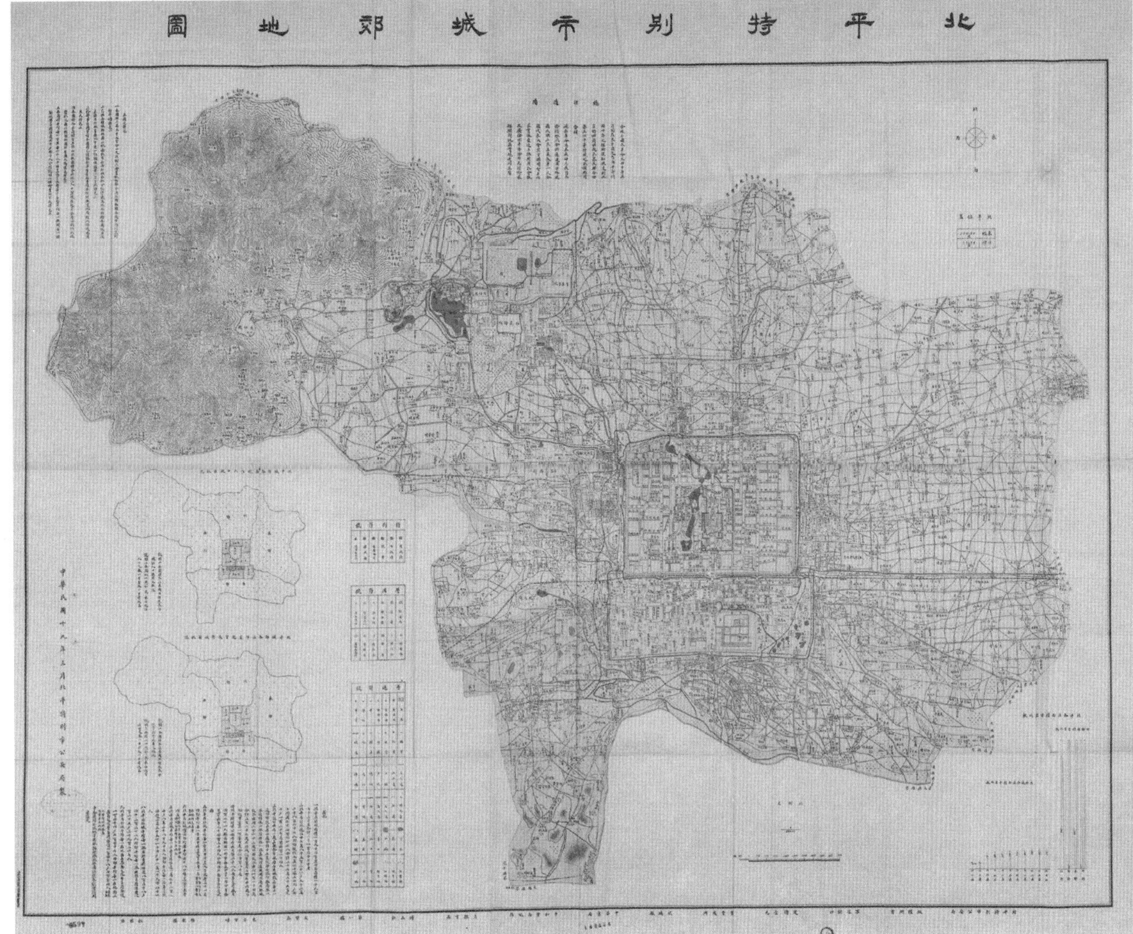

《北平特别市城郊地图》

蓄水量。1956 年初，随着永定河引水工程的开展，玉渊潭南侧原有的一片洼地被扩展成湖，取名“八一湖”。永定河引水进京，给玉渊潭送来了丰沛的水源，也为利用钓鱼台修建国宾馆创造了极好的环境条件。1958 年，玉渊潭风景区的清代钓鱼台行宫被改建为钓鱼台国宾馆。1964 年，北京市政府决定彻底疏挖玉渊潭，进行大规模整治，蓄水量继续增加。经过 50 余年的建设，玉渊潭在原有茂林阔水的基础上，初步发展形成了独居闹市，“以樱为特色，以水为主题”的自然山水园林。

玉渊潭夜色

金鱼池

金鱼池位于北京外城东南部，天坛北面。在北京城的水系中，金鱼池是一个特殊的存在。与北京其他的湖泊不同，金鱼池附近既无泉水涌出，也无河道流过，那它是如何形成的呢？北京天坛北面的这一大片区域，曾是唐幽州城、辽燕京城东面的郊野。到了金代，开始从这里取土烧砖，扩建中都城，因此形成了许多大大小小的窑坑。窑坑废弃后积水形成许多池塘，人们便开始因地制宜修筑塘坝，利用这些窑坑蓄水养鱼，并在鱼塘四周植柳、开田、建屋，明代称此地为"金鱼池"。明永乐年间修建天坛时，在其后面挖了一条排水沟，之后与正阳门东护城河并流。清代，这条河作为外城的主要排水河道，始自虎坊桥，经三里河，在天桥、金鱼池、虹桥附近汇合，再折向南，注入永定门外护城河，被称为"龙须沟"。

有许多史书把金鱼池与金中都内的"鱼藻池"混为一谈，《明一统志》记载："鱼藻池，在文明门外西南，燕京城内。金时所凿，池上旧有瑶池殿。"《日下旧闻考》记载："鱼藻池，俗称金鱼池，其明仍蓄金鱼为业焉，明人多往观鱼。"《燕都游览志》中描述"鱼藻池在崇文门外西南，俗呼曰金鱼池"。鱼藻池在金中都宫城内的西南角，是皇家御苑的一部分，其前身是辽南京的瑶池，池上有岛名瑶屿。金代扩建，岛上建有瑶池殿、鱼藻殿、琼华阁等宫苑建筑。金鱼池则位于金都城东郊，是金中都建城时挖土烧砖之处。显然《日下旧闻考》《燕都游览志》将金鱼池误作鱼藻池。

明清时期，皇亲国戚、达官贵人蓄养金鱼日渐成风，并竞相高价购买新奇品种，因此金鱼池的金鱼业日趋兴旺，有记载此处“池广数十亩，分百余池”，《清稗类钞》有言：“但见荇藻一碧，朱鱼浮泳，堤旁垂柳成阴，参差掩映。”随着时间的迁移，人们在金鱼池游玩赏景逐渐形成潮流，还衍生出类似于骑射等的运动项目。到了清乾隆年间，每到夏季，金鱼池边都是游人如织。《燕都游览志》中描述“鱼藻池在崇文门外西南，俗呼曰金鱼池，蓄养朱鱼以供市易。都人入夏至端午，结蓬列肆，狂歌轰饮于秽流之上，以为愉快”。清光绪末年所绘《京师全图》中，在天坛北部，整齐地排列着许多池塘，并标注有“金鱼池”。

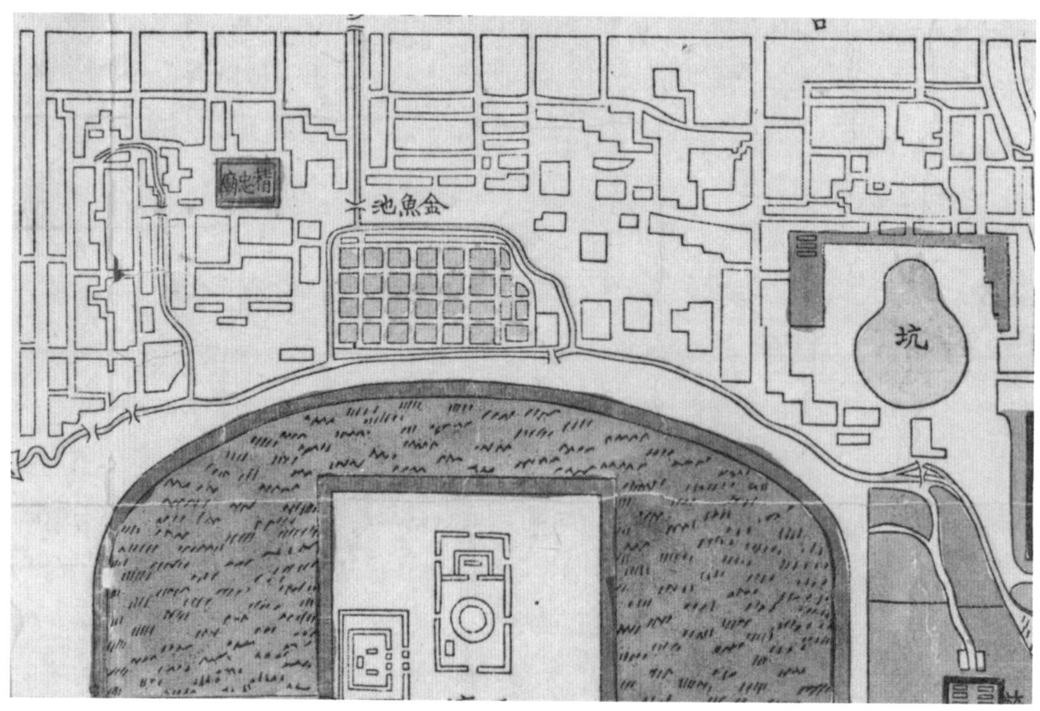

《京师全图》（局部）

民国年间，金鱼池以北的三里河水枯竭，河道淤泥堆积，雨水、污水汇集的龙须沟，成了北京最大的臭水沟。金鱼池一带垂柳被伐，园亭颓废，污水流淌，劳苦人民居住在简陋低矮的窝棚里，生活极为贫困，由于没有厕所和自来水，用水要到六七百米外的水站（水龙头）去挑。每到夏日雨季，这里污水泛溢，蚊蝇滋生，疾病蔓延，当年歌舞升平之地成为北京最大的贫民窟。

解放初期，老舍先生以金鱼池臭水沟旁的一个小杂院中几户人家的遭遇，完成了剧本《龙须沟》的创作，排成了话剧，拍成了电影。剧中描述旧社会时的金鱼池地区“是北京天桥东边一条有名的臭沟，沟里全是红红绿绿的稠泥浆，夹杂着垃圾、破布、死老鼠、死猫、死狗和偶尔发现的死孩子。附近硝皮作坊、染坊所排出的臭水和久不清除的粪便，都聚在这里一齐发霉，不但沟水的颜色变成红红绿绿，而且气味也教人从老远闻见就要作呕，所以这一带才俗称为‘臭沟沿’”。继而又展现了新中国成立后，百废待兴，人民政府大力改善贫民窟生活条件的故事。老舍先生把对北京和城市贫民的熟悉和热爱，同对于他们获得新生的兴奋和喜悦结合在一起，写出了古老的北京和备尝艰辛的城市贫民正在发生的深刻变化，也因此被授予“人民艺术家”的称号。《龙须沟》不但成为戏剧经典，也使“金鱼池”又有了名气。

1952年，北京市政府投资修缮金鱼池，把大部分河段埋入地下成为暗沟，又组织填坑修湖，四周都用花岗岩砌成护坡。竣工后的金鱼池，湖水澄清如镜，沿岸垂柳依依，树枝低垂到水面上，阵阵微风吹来，水面上泛起微微波浪，令人心旷神怡。但这次改造，街道和房屋还基本保留原样，房屋破旧，缺少厕所和自来水、污水管线的问题并未解决。

1960 年，第二次大规模改造金鱼池工程开始，填埋了残余的金鱼池，以东、中、西街的格局建起 50 余栋简易楼，几代住在棚户房里的居民搬进了楼房。然而，好景不长，随之而来的自然灾害使得金鱼池遭到了严重破坏，护栏大面积倒塌，护坡平台的大方石板也被周围居民搬走了，照明灯泡都被孩子们用弹弓打碎了，金鱼池再一次变成浑浊肮脏、臭气熏天的臭水沟，往日美丽的景色也荡然无存。

时至 20 世纪末期，昔日的简易楼已陈旧不堪，墙皮脱落，下水道堵塞。2001 年，政府下决心再动一次“大手术”，启动北京市最大的简易楼改造——金鱼池危改工程。2002 年 4 月 18 日，首批回迁居民拿到了新房钥匙。这个日子，成为金鱼池社区的“回迁纪念日”，每年的这一天，人们都会想起新中国成立后这里三次翻天覆地的变化。

如今，已归属北京市东城区天坛街道的金鱼池社区，即原金鱼池旧址所在地，可以看到《龙须沟》里的小妞子手捧鱼缸的雕塑矗立在那里。在老舍先生笔下，“程疯子”的梦想是“有一天，沟不臭，水又清，国泰民安享太平！”今日，梦想已经照进现实。

参考文献

1. 秦淮 :《什刹海小记》,《金秋》, 2017 年第 3 期。

2. 李裕宏:《京水钩沉（一)》,《北京规划建设》, 2007 年第 1 期。

3. 金风 :《什刹海与京杭大运河》,《中国民族博览》, 2020 年第 3 期。

4. [明] 宋濂，等 :《元史》，北京 : 中华书局，1976 年。

5. 刘頔 :《2 号线，积水潭站》,《旅游》, 2016 年第 6 期。

6. 付邦 :《什刹海兴衰往事》,《北京档案》, 2019 年第 1 期。

7. [明] 刘侗，于奕正 :《帝京景物略》，北京 : 北京古籍出版社，1980 年。

8. 朱祖希 :《莲花池与北京城》,《前线》, 2004 年第 5 期。

9. [北魏] 郦道元 :《水经注》，乾隆三十九年刻本。

10. 李裕宏 :《北京的摇篮——莲花池水系》,《北京水利》, 2004 年第 5 期。

11. 刘元章，李文贤，康晓军，王树芳，刘久荣 :《辽代以前北京城址变迁初探》，《城市地质》，2021 年第 3 期。

12. 刘元章，李文贤，康晓军：《北京莲花池湖的形成时间探讨》，《城市地质》，2020 年第 3 期。

13. [清] 震钧 ：《天咫偶闻》，甘棠转舍，光绪丁未年刻本。

14. 北京市丰台区地方志编纂委员会 ：《丰台区志》，北京 ：北京出版社，2001 年。

15. 唐涤尘 ：《北京莲花池及金中都遗迹》，《海内与海外》，2006 年第 11 期。

16. 《嘉庆重修一统志》，四部丛刊编辑部。

17. 李建平 ：《北京最早的皇家园林遗址——鱼藻池》，《北京社会科学》，2006 年第 1 期。

18. [元] 脱脱 ：《金史》，北京 ：中华书局，1975 年。

19. 李裕宏 ：《挽救历史名城的生命印记——恢复金代莲花池水系的建议》，《水利发展研究》，2003 年第 12 期。

20. 朱祖希 ：《从莲花池水系到高梁河水系——从土生土长的宣南文化到“北京精神”的升华》，《西城文苑》，2012 年第 1—2 期。

21. 金雷 ：《钓鱼台今昔》，《城市防震减灾》，1999 年第 6 期。

22. 李裕宏：《京水钩沉（三）》，《北京规划建设》，2007 年第 3 期。

23. 李征 ：《历史上的钓鱼台国宾馆》，《老年教育》，2008 年第 11 期。

24. [清] 英廉等：《日下旧闻考》，北京：北京古籍出版社，2000 年。

25. 刘明纯 ：《北京 ：城与水的变迁》，《知识就是力量》，2020 年第 5 期。

26. 杜鹏志 ：《北京湿地的变迁》，《北京农学院学报》，2010 年第 4 期。

27. 马晓蕾：《燕京佳丽地，名园玉渊潭》，《中国商贸》，2013 年第 10 期。

28. 吴季松：《治河专家话河长——走遍世界大河集卓识治理中国江河入实践》，北京：北京航空航天大学出版社，2017 年。

29. 中共怀柔区委宣传部编著：《天下怀柔》（卷 2），指尖流过的岁月，北京：五洲传播出版社，2014 年。

30. 蔡蕃编著：《北京古运河与城市供水研究》，北京：北京出版社，1987 年。

31. 北京铁路分局局志办公室编：《京畿铁路中间站》，北京：中国铁道出版社，1990 年。

32. 北京市水利局编：《北京水旱灾害》，北京：中国水利水电出版社，1999 年。

33. 任昳霏：《京华印象：明清地图中的北京城》，北京：科学出版社，2021 年。

34. 陈喜波：《漕运时代北运河治理与变迁》，北京：商务印书馆，2018 年。

35. 杨良志，杨家毅：《走读北京大运河》，北京：北京出版社，2018 年。

36. 沈兴大：《沟通南北的京杭大运河》，北京：少年儿童出版社，1987 年。

后　记

北京地区的地势西北高，东南低，西、北及东北三面环山，源自山西、内蒙古的永定河，穿过北京西北山地的重峦叠嶂，与源自北京北部燕山山脉的潮白河、温榆河等共同铸就了一个面积广阔的洪冲积扇，使得北京小平原水网密布，地下水资源丰富，为北京城的孕育、成长提供了优越的自然地理条件。

4000 多年以前，北京城的原始聚落开始发展。公元前 1045 年，周武王建立周朝，“未及下车”而封黄帝的后裔于“蓟”，此即为北京城的初始，自此开始了北京城三千多年的历史。在北京西城区广安门内滨河公园内，古蓟国都城旧址上，建有一座“蓟城纪念柱”，上曰“北京城区，肇始斯地，其始惟周，其名曰蓟”。在一个城市的孕育和发展中，最基本最不可或缺的就是水。古蓟国都城所处位置地势较高，又处于古永定河冲积扇的潜水溢出带上，既不易受到永定河洪水的威胁，又有充足的水源，有丰富的泉水湖沼，比如莲花池的前身。此后的幽州、辽南京、金中都都傍莲花池而居，到元朝，由于莲花池的水源不足，元大都移建到东北处的积水潭附近，明清都城亦傍此而建。

除了永定河、潮白河外，元代为了运送粮食的需要，人工开挖了通惠河，与北部的温榆河共同行成北运河水系，同时又有拒马河盘踞北京西南，蓟运河流经北京东北，这五大水系除了给北京人民生活生产提供用水以外，也造就了西郊一系列的皇家园林。同时由于气候、地理因素的影响，永定河、潮白河常常泛滥，改道，也给人民带来了很大的灾难，为了减轻水患，明清政府花费巨资治理河流。

地图是最能直观展示河流地理位置、河道变迁、河道工程的载体，因此本书以图为索，精选国家图书馆藏明清时期北京水系图以及历史资料中的地图，包括河道图、河工图、城市地图、地形图等，以形象直观地展示几千年来北京水系的变迁、北京各水系如何影响北京城市建设及人民生活，以及北京人民对北京河流治理所做出的努力。

在本书的初期编撰过程中，翁莹芳负责第一章地图上的北京水系变迁、成二丽负责第二章蓟运河水系、第六章大清河水系和第七章的第一节，白鸿叶负责第三章潮白河水系和第七章的第二节，吴寒负责第四章北运河水系，任昳霏负责第五章永定河水系和第七章的第三节，金靖负责第七章第四节的积水潭、金鱼池，易弘扬负责第七章第四节的莲花池、玉渊潭。在后期编撰过程中，成二丽、白鸿叶负责全书的统稿和修订工作。